TECNOLOGIA
DE LOS
EMBUTIDOS ESCALDADOS

Tecnología de los embutidos escaldados

Wirth, F. y otros

Traducido por:
Dr. Luis Bernardo Lüdden

Editorial ACRIBIA, S.A.
ZARAGOZA (España)

Este libro es traducción de la obra alemana *«Technologie der Brühwurst»*. La edición española se realiza por acuerdo con el *Förderergesellschaft der Bundesanstalt für Fleischforschung, E.-C.-Baumann-Straβe 20, D-8.650 Kulmbach (Alemania).*

I.S.B.N.: 84-200-0723-4

IMPRESO EN ESPAÑA PRINTED IN SPAIN

Depósito legal: Z-214-92 Editorial ACRIBIA, S.A. - Royo, 23 - 50006 Zaragoza

Imprime: Tipo Línea, S.A. - Isla de Mallorca, s/n. - 50014 Zaragoza, 1992

Prólogo

El Instituto de Tecnología del Centro Federal de Investigación de Carnes, que tiene a su cargo el desarrollo del «Kulmbacher Fortbildungstage» (Conferencias anuales sobre investagación de carnes) de 1984, ha elegido como tema:

TECNOLOGIA DE LOS EMBUTIDOS ESCALDADOS

En la presente obra se ofrecen los aspectos esenciales de los temas expuestos en las conferencias.

El embutido escaldado es, tomando como base el volumen de producción, el producto cárnico de mayor importancia en Europa Central. Se conocen más de cien clases diferentes de estos embutidos con sus variedades regionales. Si bien los embutidos escaldados están compuestos fundamentalmente de tejido muscular, tejidos adiposos y agua, no obstante, considerando los procesos bioquímicos, químicos y físicos durante la elaboración, se trata de un alimento complejo. Incluso en el área de la investigación de carnes no se conocen todos los aspectos, existiendo aún puntos sin aclarar especialmente durante los procesos de liga y desmenuzamiento. Sin embargo, actualmente poseemos los conocimientos respecto de las etapas fundamentales en la elaboración pudiéndoselos brindar al fabricante para contribuir al entendimiento de los procesos de fabricación y evitar los fallos durante la misma.

Al igual que en el caso de las conferencias de años anteriores, para el entendimiento de los temas aquí presentados no se requiere de conocimientos técnicos profundos. El objetivo de los autores era ofrecer el estado actual de los conocimientos en la elaboración de embutidos escaldados a un amplio número de interesados.

F. WIRTH

Indice de contenido

Capítulo 1

Obtención y aptitud de las materias primas

W. WOLTERSDORF

En los alimentos, más importante que la exigencia de la buena calidad es la inobjetibilidad desde el punto de vista de la salud. La calidad de la carne para el procesado depende, entre otras cosas, de su calidad microbiológica. Esto significa que un bajo contenido de microorganismos puede provocar el deterioro de la carne. Esto se evita con adecuadas condiciones higiénicas durante la explotación del ganado durante la obtención de la carne y el troceado de la misma. El «recuento inicial de microorganismos» posee una influencia importante, no sólo sobre la conservabilidad de la carne, sino también sobre la calidad de los productos cárnicos que se obtienen a partir de la misma. Por eso en la obtención de la carne son muy importantes las medidas higiénicas. La producción animal, el transporte y la tecnología de la matanza pueden originar defectos en la calidad de la carne. Las anomalías en la calidad de la carne disminuyen su aptitud para transformación en productos cárnicos. La calidad del embutido escaldado, al igual que la de los otros productos cárnicos, está en relación con la calidad inicial de la carne.

1. Disposiciones legales para la obtención y tratamiento de la carne

El transporte de los animales hasta el matadero, la obtención y el tratamiento de su carne están reglamentados por disposiciones legales. Se mencionarán aquí las resoluciones más importantes, sin entrar en detalles y solamente en la medida que sea necesario para la comprensión de los distintos puntos de este tema.

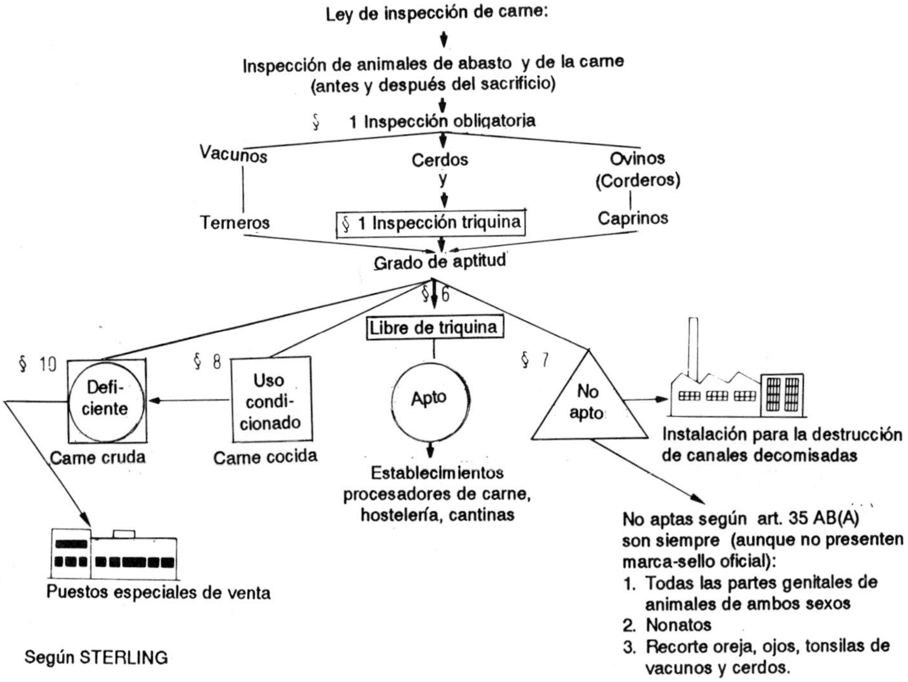

Según STERLING

Los animales destinados al sacrificio son un bien económico valioso y toda reducción en su valor, por un tratamiento o por un transporte inadecuados puede originar grandes pérdidas. Por tanto, los animales a ser sacrificados deben ser manejados cuidadosamente durante el transporte, de acuerdo con **la reglamentación del transporte de animales para el sacrificio** (código de circulación ferroviario; ley de transporte de mercancías por carretera) y con las **leyes sobre protección de los animales.**

Las materias primas más importantes para el embutido escaldado son la musculatura esquelética del vacuno y del cerdo y la grasa de ambos. Además se emplea la corteza del cerdo y el plasma obtenido de la sangre. En algunos tipos de morcillas o en algunas calidades de embutidos escaldados se procesan además vísceras y también sangre. También las tripas de los animales, que se usan como envase para embutidos escaldados, son materias primas. Según la **Ley de inspección de la carne** todas estas partes son «carne». La cuidadosa inspección de la carne debe proteger a la población de los riesgos originados por gérmenes patógenos o por parásitos. El procesamiento y la distribución de la carne no inspeccionada se encuentra penada por ley.

En el **decreto de aplicación A (AB.A)** de la ley de inspección de la carne sobre epizootias se citan los requisitos necesarios para la higiene en el sacrificio. Estas ordenanzas exigen, por ejemplo, prohibición del sacrificio de los animales enfermos que padecen determinadas enfermedades contagiosas. Por otro lado existen ordenanzas que actúan sobre la higiene de la carne, por ejemplo, la que prohibe el sacrificio de animales que debido al transporte se encuentran muy excitados o fatigados. Si existe sospecha de que los animales se encuentran bajo el efecto de tranquilizantes, el veterinario del matadero debe ordenar en la «inspección ante mortem» una postergación del sacrificio (24 horas). Además se prohibe el sacrificio cuando existe una fundamentada sospecha de que los animales fueron tratados con medicamentos. Además se menciona aquí que la evisceración (extracción de vísceras y órganos) de los animales se debe efectuar en el término de los treinta minutos posteriores al degüello y que no deben usarse en la matanza instrumentos sucios sin limpieza previa y desinfección.

La reglamentación de la inspección de la carne y los decretos para aplicación de aquella evitan la transmisión de enfermedades, especialmente de los animales hacia el hombre, protegen la salud de la población (por ejemplo la detección de sustancias con efecto farmacológico en la carne) y brindan también una ayuda al industrial y al consumidor protegiéndolos de pérdidas económicas (responsabilidad en las reclamaciones protección frente al deterioro, cumplimiento de las normas cualitativas de la calidad de la carne, etc.).

La ley orgánica **normas de la CEE «para carne fresca»** regula el transporte de carne fresca dentro de la Comunidad. En estas normas la carne fresca se define como aquella carne «que no ha sido sometida a ningún tratamiento que influya sobre su conservabilidad». Además está reglamentado que la carne se considerará fresca cuando ha sido sometida a un tratamiento con frío (refrigerado, congelado). La reglamentación higiénica de estas normas es aplicable a los mataderos, salas de despiece y establecimientos de refrigeración y congelación. Para los mataderos, por ejemplo, está reglamentado que los vacunos y los cerdos deben ser sacrificados en secciones separadas. También se puede efectuar el sacrificio en forma alternativa, o en diferentes momentos, siempre que el escaldado y el depilado de los cerdos se efectúe en lugares separados. Además se deben crear locales especiales para el vaciado, limpiado y procesado de estómagos e intestinos. Los locales de trabajo de los establecimientos deben contar con instalaciones para el lavado y desinfección de las manos, dispositivos y equipos para el trabajo. La temperatura del agua para la limpieza debe ser al menos de 82°C (reglamentación reñida por presentar el riesgo de originar un exceso en el escaldado, formación de incrustaciones en la caldera y una elevada formación de vapor).

Otra disposición, también discutida, indica que en salas de despiece deben regularse a una temperatura ambiente inferior a 10°C y que la carne a deshuesar no debe presentar una temperatura superior a los 7°C. En el momento del deshuesado el pH de la carne se encontrará entre 5,6 y 6,1 debiéndose medir éste en el músculo dorsal (músculo longissimus dorsi a la altura de la decimotercera costilla). La temperatura de los subproductos que son muy susceptibles al deterioro (cabeza, rabo, vísceras, sangre), no deben superar los 3°C. La carne que ha sido trabajada en salas de despiece será sometida a refrigeración. Sólo en el caso de despiece en caliente está permitido transportar la carne directamente a la sala de despiece. Con las **exigencias reglamentarias mínimas** se garantiza que la carne que importa la Comunidad Económica Europea presente las mismas condiciones que aquella producida dentro de la CEE.

La modificación de la **Reglamentación de carnes** del 21.1.1982 brinda la posibilidad de agregar cantidades limitadas de plasma de sangre, suero de sangre y plasma de sangre seco a los productos escaldados sin necesidad de especificación , pero actualmente aún no se poseen garantías respecto de la obtención y tratamiento higiénico de las materias primas sangre y plasma, debido a que por su elevado contenido de agua, elevado pH y composición química son sustancias muy susceptibles al deterioro. La reglamentación existente respecto de la obtención de plasma sanguíneo debería adecuarse al desarrollo técnico con especial incidencia sobre las condiciones de su obtención en los grandes mataderos. Para la obtención de plasma sanguíneo, la **Reglamentación de plasma de sangre** presenta especificaciones especiales. El plasma debe obtenerse solamente de la sangre de vacunos (excepto terneros) y cerdos. Debido a la necesaria autorización para el establecimiento, existe la posibilidad que se exijan requisitos higiénicos en las instalaciones para la obtención y elaboración de plasma de sangre, en la medida en que se elabore no solamente a partir de la sangre proveniente de su propio establecimiento. Los **requisitos para las instalaciones y normas para el funcionamiento de las plantas de obtención de plasma saguíneo** del 15.9.1939, responden ampliamente a los requisitos higiénicos, los mismos que se exigen para la obtención de alimentos, pero respecto de la forma de obtención de la sangre no se tiene en cuenta los avances técnicos actuales, sino los de aquel entonces. No obstante la mayor parte de los requisitos tienen validez general:

- Para la obtención del plasma sólo puede ser procesada sangre fresca.
- La sangre se obtendrá de tal manera que no habrá contacto ni con la piel del animal ni con la mano del operario.
- Se exige limpieza (cerdos) o que la exposición de la herida en el desangrado (vacuno) sea tal que garantice la higiene de la sangre.
- Se exige inmediatamente después de la obtención del plasma una refrigeración a 0°C si es posible, pero como mínimo a 5°C.

A los embutidos escaldados y a productos semejantes se les puede agregar plasma líquido y suero de sangre y plasma de sangre seco en la relación 1:10 en cantidades del 10% (respecto de carne y grasa). Además el plasma de sangre seco se usa como tal hasta un 2% para determinados productos, siempre que éstos sean en envases o recipientes herméticamente cerrados, sometidos a un tratamiento por calor hasta una temperatura en el centro del envase de 80°C.

2. Transporte y tratamiento de los animales antes del sacrificio

Para el transporte de los animales, incluso para aquellos que van al sacrificio, se aplica el principio general de la ley de protección a los animales: «Nadie puede provocar dolor, sufrimiento o perjuicio a un animal sin motivo razonable». Y en el transporte de los animales se producen frecuentemente sufrimientos, perjuicios o dolor. Pero ésta infracción por lo general no se transgrede deliberadamente sino por descuido o ignorancia. Más adelante se demostrará que el manejo cuidadoso de los animales durante el transporte previo al sacrificio, además de un problema de protección al animal, afecta en gran medida a la posterior calidad de la carne. Frecuentemente los errores en el transporte son previos al embarque. Por ejemplo, muchos cerdos y vacunos que mueren durante el transporte previamente a éste habían comido. El requisito es: no alimentar a los cerdos doce horas antes del transporte. También los vacunos deberían ayunar por lo menos ocho horas.

Animales con estrés – Anomalías en la calidad

En la actualidad el transporte de cerdos es muy problemático (1). No es la distancia en el transporte lo que desempeña el papel más importante. La causa fundamental de las pérdidas es el pánico que nuestros cerdos, susceptibles al estrés (2), frecuentemente presentan cuando son desalojados de la granja. Los atizadores eléctricos aplicados solamente a los que en el pasillo son los últimos animales aumenta el miedo incrementando esta circustancia la presión sanguínea y la temperatura corporal. Esto origina una sobrecarga adicional al de por sí débil aparato circulatorio de los cerdos. Por esta circustancia el atizador debería tener una longitud mínima de un metro y mejor aún de 1,50 m para poder azuzar a los animales que están situados a la cabeza de la manada y que son los que tienen la posibilidad de huir hacia adelante. Por lo general las rampas de los vehículos son demasiado empinadas (como máximo 20 - 30°C). Los vehículos para el transporte moderno deberían estar acondicionados con ascensores hidráulicos. Los pisos y rampas de los vehículos deberían ser antideslizantes. Además el ambiente interior del transporte debería estar iluminado porque los animales se resisten cuando desde la claridad se trasladan hacia la oscuridad. El vehículo debe contar con suficiente espacio como para que cada animal pueda acostarse y debe contarse con la posibilidad de subdividir la jaula para que los animales que ya están aislados juntos permanezcan de igual manera. De lo contrario se originan peleas y mordiscos que frecuentemente terminan en la muerte.

Los mismos problemas se presentan cuando los cerdos previo al sacrificio son mezclados en un mismo corral. Con frecuencia se observa como los cerdos con estrés se derrumban jadeantes sobre el piso, las orejas se tiñen de color azul rojizo; estos animales están próximos a morir por fallo cardíaco. Si previamente a éste tiene lugar el sacrificio, la carne presentará con seguridad anomalías en la calidad. El fallo a la necesaria capacidad de adaptación al nuevo ambiente debido a la especial susceptibilidad al estrés, es el resultado negativo de la explotación porcina de las últimas décadas. Son especialmente susceptibles las razas porcinas de alta selección que en la canal presentan gran proporción de carne. Las causas de este fenómeno son complejas. Seguramente desempeña un papel muy importante la debilidad del aparato circulatorio. Pero el factor desencadenante se localiza, con toda seguridad, en la esfera neurohormonal; se originan desequilibrios hormonales, que provocan como consecuencia alteraciones en el metabolismo.

Durante el estrés, las reacciones químicas que tienen lugar en el músculo evolucionan en forma diferente a la normal. El metabolismo en el músculo se acelera, está alterado. Este proceso tiene lugar incluso cuando los animales son sacrificados bajo estrés. Su consecuencia son las modificaciones que se presentan en la carne tras la muerte. Se presentan dos tipos de anomalías, carne pálida exudativa, denominada PSE y carne oscura, untuosa denominada DFD. Lo característico de la carne PSE es la acumulación de ácido láctico en el músculo. Aquel origina un rápido descenso del pH después de la muerte. Dado que en este momento la temperatura de la canal aún es elevada, se produce la desnaturalización de la proteína muscular. Debido a la lógica escasa capacidad para la retención de jugo o sea una menor capacidad de fijación de agua de la carne, ésta no es adecuada para la elaboración de embutidos escaldados. Precisamente en la fabricación de embutidos escaldados, la capacidad de fijación de agua de la carne es de especial importancia. Por otro lado, en el caso de la carne DFD, después del sacrificio la cantidad de ácido láctico que se puede formar es ínfima porque la sustancia que provee de energía al músculo, el glucógeno, ya se agotó en gran parte antes del sacrificio. Por consiguiente es escaso el descenso de pH. Si bien esta carne, por su elevada capacidad para la fijación de agua, sería apropiada para la elaboración de embutidos escaldados, ésta y los productos elaborados a partir de ella poseen una menor capacidad para conservarse debido a su escasa «acidificación». Las diferencias entre las anomalías PSE y DFD radican en el contenido de glucógeno del músculo. Debido a la excitación, transporte, etc., de los animales el glucógeno que existe en el músculo se transforma rápidamente en ácido láctico tras el sacrificio por una intensa actividad muscular previa a la muerte. Debido a ello se origina después del sacrificio un rápido descenso del pH por exceso de ácido láctico, lo que origina la carne PSE. En el caso de la carne DFD las reservas de energía (glucógeno) del músculo se encuentran agotadas debido al prolongado ayuno o al estrés del transporte, de tal manera que tras el sacrificio se origina poco ácido láctico a partir de la degradación del glucógeno (glucogenólisis). Los vacunos son menos susceptibles al estrés. No obstante también en ellos se producen daños durante el transporte que repercuten en la calidad de la carne. Esta anomalía se denomina «dar-cutting beef» y las causas son fundamentalmente las mismas que la carne DFD en el cerdo, es decir, un sacrificio anormal acompañado de una excitación previa, con el consiguiente agotamiento de las reservas de glucógeno.

Desde hace algunos años existen contenedores para el transporte de animales. Estos contenedores que resultan de la separación del vehículo de transporte parece que tienen un efecto positivo para el buen trato de los cerdos (8) aunque presentan desventajas desde el punto de vista económico y organizativo. En la mayoría de los casos las altas pérdidas durante el transporte de los animales son producidas por los conductores. Cuando se conduce en forma demasiado enérgica la fuerza centrífuga y de empuje que sufre un animal o un grupo de animales en el interior del vehículo es muy grande. Du-

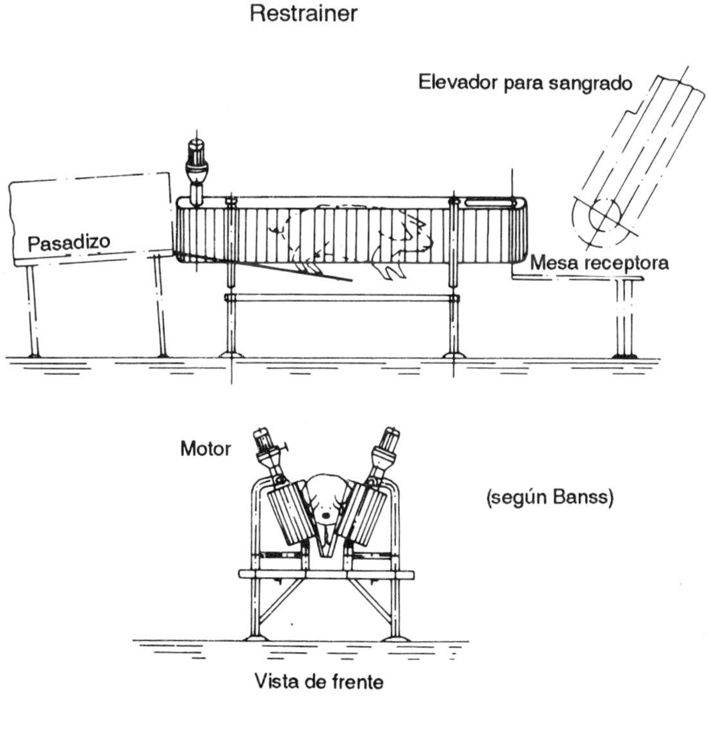

Figura 1.

rante el transporte de animales vivos los conductores tendrían que preocupase, no sólo por razones económicas, de efectuar un transporte lo más apropiadamente posible para los animales. Deberían acelerar lentamente, no efectuar frenazos bruscos y tomar las curvas con cuidado. Lo que se ha dicho para el embarque de animales también es aplicable para la descarga y en el matadero. Respecto del período de descanso en el matadero, se busca una solución de compromiso a fin de reducir en lo posible anomalías de la calidad (PSE-DFD). En la mayoría de los casos tiempos de descanso superiores a las dos horas no presentan ninguna ventaja. Las indicaciones respecto a los óptimos tiempos de descanso son muy controvertidas. Esto se debe a la diferente intensidad del estrés durante el transporte y las posibilidades que puedan presentan los corrales del matadero para la recuperación de los animales. Así y todo en los animales sensibles al estrés no cabe esperar que el tiempo de descanso suscite un efecto positivo sobre la calidad de la carne. También en aquellos animales en los que se han agotado las reservas de energía, debido a un transporte totalmente impropio, no cabe esperar una mejora en la calidad de la carne sólo por un descanso prolongado, si éste no se acompaña de un suministro adicional de energía (ración). En la mayoría de los casos es recomendable un tiempo de descanso acorde con el estrés sufrido. Después de un transporte efectuado sin problemas de estrés, los animales estabulados empiezan a inquietarse originándose peleas entre ellos. Si en este caso el tiempo de descanso no se adecua con una suficiente confortabilidad sin peleas, cabe esperar efectos negativos sobre la calidad de la carne. En general, en el sacrificio inmediato de los cerdos o sea sin tiempo de descanso, se observa la mayor proporción del PSE. Luego se presenta una reducción de la incidencia de PSE, pero ya después de una hora de descanso se incrementa la proporción de animales con agotamiento de reservas de glucógeno y carne con características DFD. Para las épocas calurosas es efectivo para cerdos el rociado (aerosol) con agua. De esta manera se disminuye la temperatura superficial de la piel y simultáneamente se «ablanda» la suciedad de la misma.

También han demostrado ser muy efectivos los «pasillos» en los que los animales son conducidos uno tras otro hasta el sacrificio. Una moderna instalación de este tipo, es el restrainer (Figura 1). Se trata de un sistema compuesto de dos bandas transportadoras dispuestas en forma paralela que elevan, sujetan y conducen al animal hasta donde se insensibiliza. La insensibilización eventualmente puede ser automática.

3. Sacrificio

Por sacrificio se entiende la muerte de los animales domésticos por degüello para la obtención de carne para la alimentación humana. La elaboración de productos cárnicos de alta calidad tecnológica y sanitaria depende en gran medida de la higiene en la matanza. Actualmente la tecnología en el sacrificio está empeñada, mediante el empleo de maquinaria e instrumentos, en facilitar y en parte suplantar el trabajo del hombre durante la matanza. Para la tecnificación en el proceso de sacrificio no se debe tender solamente a la «racionalización» sino más que nunca se debe tener en cuenta la higiene de la carne y en lo posible mejorarla. El contenido de microorganismos de la carne determina la calidad de los productos cárnicos elaborados a partir de ella. Por tanto el proceso de sacrificio debe estar organizado de tal manera que la contaminación microbiana de la carne sea lo más reducida posible.

Además de los mataderos públicos existen grandes fábricas de productos cárnicos, pequeñas chacinerías y otros muchos establecimientos independientes que efectúan la matanza de animales en locales e instalaciones propias. El establecimiento de matanza privado sin duda alguna tiene ventajas, como es la independencia en la planificación operativa y la oportunidad de contar con carne caliente para el procesado. Sin embargo, respecto a las exigencias higiénicas, se plantea la pregunta de si el sacrificio en un matadero moderno resulta favorable desde el punto de vista de los costos. Sin embargo, al esfuerzo por lograr que los establecimientos efectúen sus matanzas en los mataderos públicos, se le contrapone el hecho de que deban cerrarse los pequeños y medianos mataderos comunales. La «privatización» de los mataderos, en los que se procede desde un punto de vista enteramente comercial, quizás el aspecto higiénico hay que considerarlo con cierto escepticismo. En los últimos años está aumentando el transporte de canales desde estos mataderos como la óptima posibilidad para el aprovisionamiento de carne. Seguramente estos mataderos distribuidores, debido a su capacidad de matanza, pueden aprovechar adecuadamente la técnica moderna y efectuar un trabajo racional. Pero la distribución de las canales presenta también problemas de calidad en el procesado de la carne (por ejemplo menor capacidad de fijación de agua). Es así que en la actualidad deben ser pocos los casos en la República Federal de Alemania, en donde sea posible obtener «carne caliente». Como es sabido la carne caliente tiene una importancia especial para la elaboración de embutidos escaldados. Debido al elevado contenido de ATP la capacidad de fijación de agua en esta carne es mayor que la de la carne fría. Además el transporte de canales insuficientemente enfriadas en vehículos frigoríficos sobrecargados, originan frecuentemente deficiencias de calidad y grandes problemas higiénicos.

En el sacrificio de animales grandes (vacunos) se deben efectuar en forma consecutiva las siguientes etapas: 1. insensibilización, 2. sangrado, 3. separación de cabeza y manos, 4. desollado, 5. eviscerado y 6 partición de la canal. Posteriormente tiene lugar la inspección de la carne. La técnica moderna de sacrificio se caracteriza por la distribución del trabajo en cadena. Las canales colgadas pasan por diferentes lugares en los que se cumplen determinadas funciones mediante el empleo de

Presentación esquemática del proceso de trabajo

... en el sacrificio de cerdos

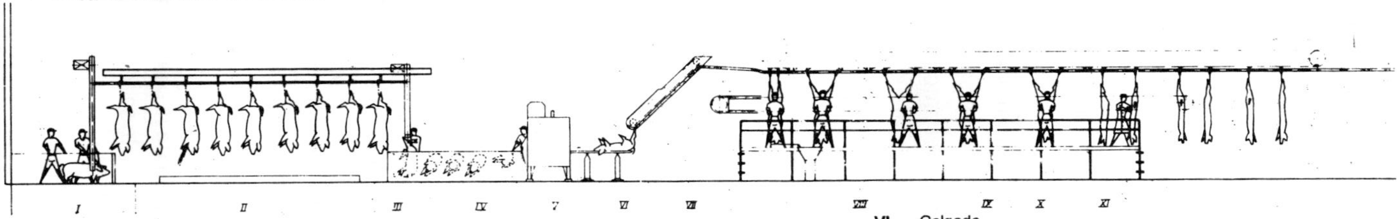

I Insensibilización
II Degüello y sangrado
III Desencadenado
IV Escaldado
V Depilado y flameado
VI Colgado
VII Depilado manual
VIII Eviscerado
IX Partición de la canal o esquinado
X Extracción riñones y mantecas
XI Inspección

... en el sacrificio de vacunos

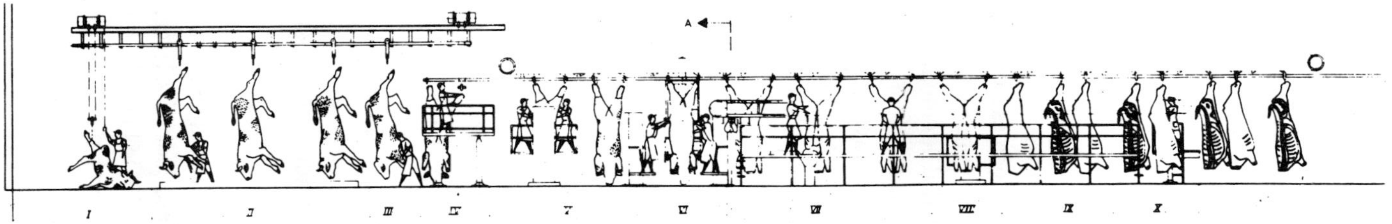

I Insensibilización
II Degüello y sangrado
III Separación manos. Separación de cuernos Predesollado de cabeza
IV Cambio del colgado
V Predesollado
VI Desollado total con máquina desolladora, de arriba hacia abajo, incluso cabeza
VII Descabezado. Apertura del pecho. Extracción de vísceras y órganos
VIII Partición de la canal con sierra
IX Prolijado
X Inspección

maquinaria correspondiente. La planta de matanza está dividida en una zona sucia, en la que por un lado se trabaja sobre la canal sucia donde se encuentra la carne aún recubierta por la piel del animal, y una zona limpia en la que la canal se encuentra libre de las partes sucias (piel, pezuñas, etc.), pero en la que la carne también está desprotegida frente a la contaminación. En la zona limpia debe tenerse muy en cuenta la higiene personal y de trabajo. El sacrificio con el animal suspendido significa un avance higiénico importante, dado que las canales se encuentran alejadas del piso rico en microorganismos.

La **insensibilización** tiene como función evitar el dolor de los animales en las operaciones posteriores, es decir, degüello y desangrado. Esto se reglamenta a través de la **Ley para la matanza de animales** (suplemento de la ley de protección animal). De acuerdo con la misma, la insensibilización de animales domésticos destinados al sacrificio, se puede efectuar mediante aparatos de disparo (por ejemplo percutor cautivo), mediante corriente eléctrica o dióxido de carbono (CO_2), (este último está prohibido en algunos estados de la República Federal de Alemania). Si bien el proceso de insensibilización es seguro que provoca cierto estrés, tiene menos influencia que el trastorno que significaría el desangrado sin insensibilización previa. El objetivo de una buena insensibilización es lograr que los animales estén inconscientes contribuyendo de esa manera al desangrado.

En la República Federal de Alemania la insensibilización de los vacunos se hace solamente con el aparato de percutor cautivo. El empleo es bastante sencillo, seguro y por su efecto rápido y duradero cumple con los requisitos para la protección animal. No se sabe si la insensibilización eléctrica, tal como se aplica por ejemplo en la Unión Soviética, posee el mismo efecto. Para los animales indómitos se emplean en nuestro país las trampas previas a la insensibilización de vacunos. Con éstas los animales son conducidos por un pasillo hasta el cajón donde son insensibilizados desde el exterior, y así caen por una puerta lateral hasta el elevador. Para evitar los movimientos reflejos, que presentan un riesgo para el personal, es habitual la destrucción de la médula espinal mediante descabello. Luego los animales que yacen tranquilos son atados de uno de los miembros traseros e izados hasta la cadena de matanza.

El **desangrado** de los vacunos suspendidos, se efectúa por lo general mediante un corte en el cuello. (El «desangrado en circuito cerrado» para la obtención de la sangre se tratará con más detalle en el sacrificio de los cerdos). Respecto a la influencia de la posición del animal, tendido en el piso o suspendido, sobre el desangrado, existen distintos resultados (7). Con el fin de mejorar el desangrado de los animales tendidos, antes se practicaba el denominado bombeado. Pero debido a la diferencia de presión que se crea con esta práctica pueden absorberse gérmenes a través de la herida de desangrado. Además penetran los gérmenes desde la barrera intestinal hacia el aparato circulatorio sanguíneo. Por ello fue prohibida esta práctica por ser absurda y antihigiénica (normas de la CEE «carne fresca»).

Tras la sección de sangrado las canales son conducidas por la cadena a la sección donde se efectúan las siguientes etapas de matanza. Aquí se separan la cabeza y las manos; la cabeza luego del desollado se desplaza en forma paralela a la canal hasta la inspección veterinaria. Después del desollado empieza la segunda etapa del sacrificio. Un desollado limpio y correcto es el punto más importante para el tratamiento higiénico de la carne. Si antes habitualmente se usaban sólo cuchillos, en la actualidad, en los establecimientos tecnificados se aplican diferentes dispositivos. Así, por ejemplo, los operarios usan «desolladores» con cuchillas circulares rotativas accionadas por aire comprimido, lo que ahorra esfuerzo y tiempo. Otro avance en el desollado es el uso de la tracción mediante cadenas. La piel separada al principio manualmente, luego es atada a cadenas siendo después totalmente separada mediante la fuerza mecánica. Esta forma de desollado ofrece también ventajas higiénicas dado que así se obtiene una menor contaminación superficial de los vacunos sacrificados. Tras el desollado se procede a la extracción de órganos y vísceras abdominales y posteriormente los órganos de la cavidad torácica. El corte divisor de la pelvis y del esternón se efectua actualmente de una manera sencilla y rápida mediante sierras circulares. También el faenado de la canal en sus dos mitades se efectúa con sierras eléctricas. Las

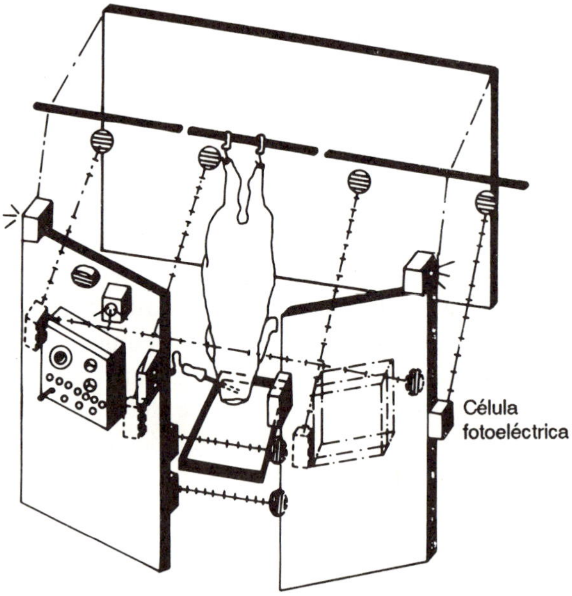

Figura 2. Instalación de estimulación eléctrica (Koch - Britton)

vísceras son colocadas sobre las mesas de inspección y los órganos de la cavidad torácica se cuelgan para la inspección al lado de la correspondiente cabeza.

La posterior **inspección de la carne** oficial, se efectúa hoy en los mataderos grandes en forma «separada», es decir, la canal y los distintos órganos son inspeccionados por diferentes personas. Este tipo de inspección de la carne no está contemplado en las leyes y es poco recomendable. Pero el trabajo en cadena no permite otra posibilidad razonable. Por ello cada inspector debe contar con suficiente tiempo como para que, en un caso de duda, pueda orientase por los hallazgos en las otras partes de la canal.

La inspección de la carne debe estar organizada contando con la posibilidad de separar las canales y los órganos decomisados de la carne considerada como apta. Los estómagos e intestinos tras la inspección son procesados en la sección de tripas o son enviados a la planta de destrucción de decomisos. La sección de tripas debe ser considerada como una zona sucia y por tanto debe estar separada de la sala de matanza (por lo general se encuentra debajo de esta sala).

Estimulación eléctrica

Hoy en día se discute el uso de la **estimulación eléctrica** en relación con el sacrificio de vacunos. Originalmente ésta se desarrolló para animales pequeños (ovinos) en los que la carne se tornaba dura cuando la refrigeración de las canales era muy rápida. Posteriormente la estimulación eléctrica se aplicó también para las canales vacunas con la esperanza de que se pudieran mejorar las características sensoriales de la carne. Durante la estimulación eléctrica las canales son sometidas a descargas eléctricas. Debido a éstas los compuestos ricos en energía (adenosintrifosfato-ATP) son consumidos por las contracciones de la musculatura, provocando en el músculo un descenso más rápido de pH, originándose el rigor mortis anticipado. Por ello no puede tener lugar un «endurecimiento» de la carne. Se ofrecen distintos dispositivos para la estimulación eléctrica: equipos de bajo voltaje (hasta 80 V) con los que las canales son estimuladas durante el desangrado, y equipos de alto voltaje (hasta 600 V) en las que las canales son estimuladas al final del sacrificio previo al esquinado o división de la canal en dos medias canales (Figura 2).

Este trabajo pretende mostrar la relación entre la materia prima y la elaboración de embutidos escaldados. La estimulación eléctrica es aconsejable sólo para establecimientos que no procesan carne caliente sino solamente carne fría. La carne estimulada eléctricamente ya no posee la capacidad de fijación de agua de la carne caliente (14).

Este fenómeno, que se muestra en la Tabla 1, puede apreciarse tanto por los contenidos de ATP como por la separación de gelatina en los embutidos escaldados.

Tabla 1. Influencia de la estimulación eléctrica sobre la separación de gelatina (fijación de agua) en embutidos escaldados. Calentamiento de las conservas 110°C/70 min.

C = control AV= alto voltaje BV = bajo voltaje

		Formulación «normal»			Formulación «rica en agua»		
		C	AV	BV	C	AV	BV
30 Min. p. m.	pH	6,7	6,3	6,1	6,7	6,3	6,1
	Contenido ATP μMol/g	3,5	2,7	1,0	3,5	2,7	1,0
	Separación gelatina %	10,9	12,5	22,2	16,5	27,9	38,5
	s	1,0	1,0	1,1	1,1	1,5	1,0
150 Min. p. m.	pH	6,3	5,8	5,7	6,3	5,8	5,7
	Contenido ATP μMol/g	2,0	0,7	0,6	2,0	0,7	0,6
	Separación gelatina %	17,4	20,0	25,1	22,1	37,3	42,4
	s	1,1	1,0	1,2	1,3	0,8	0,7
3 Días p. m.	pH				5,7		
	Contenido ATP						
	Separación gelatina %				39,6		
	s				1,5		

Tabla 2.

ESTIMULACION ELECTRICA

ventajas (+) y desventajas (-) para la práctica
ventajas generales: no se origina acortamiento por el frío
Deshuesado en caliente luego de 2 ½ horas
Apto para envasado al vacío

ESTIMULACION CON BAJO VOLTAJE

Canales completas⁻
Mejor desangrado⁺
Marcada disminución del contenido de ATP⁺⁻
Envasado al vacío⁺
Carne fresca⁺ (Carne para asar) — Carne caliente⁻

Costos de inversión⁺
Mano de obra⁺

ESTIMULACION CON ALTO VOLTAJE

Cuarto trasero
Disminución del contenido de ATP⁺⁻
Envasado al vacío
Carne fresca⁺ (Carne para asar) — Carne caliente⁻

Costos de inversión⁻
Mano de obra⁻

No estimulado
Cuarto delantero
Elevado contenido de ATP⁺
Carne para procesamiento
Carne caliente⁺
Embutido escaldado
Embutido cocido

La capacidad de fijación de agua de la carne estimulada eléctricamente disminuye a un valor equiparable al de una carne fría de tres días de antigüedad. Así es que, por ejemplo, las conservas de embutidos escaldados elaboradas a partir de carne estimulada presentaban una separación de gelatina de un 38,5 - 42,4% (bajo voltaje) o de un 27,9 - 37,3% (alto voltaje). En estos valores se encontraban también las conservas de embutidos escaldados a partir de carne fría de tres días de antigüedad. En la Tabla 2 se presentan las ventajas y desventajas de ambos sistemas de estimulación eléctrica. Si un fabricante quiere aprovechar las ventajas de la estimulación eléctrica y las características de la carne caliente teóricamente se deberían estimular los cuartos traseros con alto voltaje dejando los cuartos delanteros sin estimular para la obtención de carne caliente (elaboración de embutidos escaldados) (15).

En el **sacrificio de cerdos**, debido a que se trata de un gran número de animales, se ha impuesto una mecanización del sacrificio y una división del trabajo y la utilización de medidas de tipo técnico más precoces que en el sacrificio de los vacunos. El sacrificio con el animal suspendido se efectúa también en los pequeños mataderos. Para la insensibilización de los cerdos, tres métodos están permitidos: el aparato con percutor cautivo, la insensibilización eléctrica y la insensibilización con dióxido de carbono (CO_2). Dado que el aparato con percutor cautivo es difícil de aplicar en los cerdos, en nuestro país se ha impuesto totalmente la insensibilización eléctrica. La insensibilización con CO_2 es muy costosa. También por razones de protección animal, la insensibilización con CO_2 ha sido motivo de críticas en los últimos años estando prohibida en algunos países de Europa. Sin embargo, en Dinamarca donde se practica este método se puntualiza que entre sus ventajas hay una menor incidencia de carne PSE y una menor proporción de petequias en el músculo. Se logra un buen desangrado de los animales totalmente inmóviles porque las funciones cardíacas intactas ayudan a dicha exanguinación. En este tipo de instalaciones los cerdos son transportados sobre una banda hasta la zona de dióxido de carbono, donde a los 15 segundos se encuentran totalmente inconscientes.

Para la **insensibilización eléctrica** de los cerdos se aplican distintos métodos y diferentes voltajes (75 a 1.000 V). El sistema más difundido es aquel donde la corriente eléctrica pasa a través de los centros psicomotores de la corteza cerebral mediante pinzas que se aplican en la cabeza. En algunos establecimientos se efectúa la insensibilización en «trampa para cerdos» donde los animales son fijados durante un breve tiempo y luego de efectuada la insensibilización caen de la misma. El restrainer (Figura 1) ha mostrado ser el método de fijación ideal, al final del cual se efectúa la insensibilización, ya sea mecánica o automáticamente. HOENDERKEN (6), a través de sus investigaciones, ha llegado a la conclusión que no es el voltaje sino el amperaje, el responsable para obtener una insensibilización correcta. El amperaje, de acuerdo con sus indicaciones, debe ser por los menos > 1,25 amperios. Para lograr éste se necesitan aproximadamente 300 a 600 V lo cual requiere suficientes medidas de

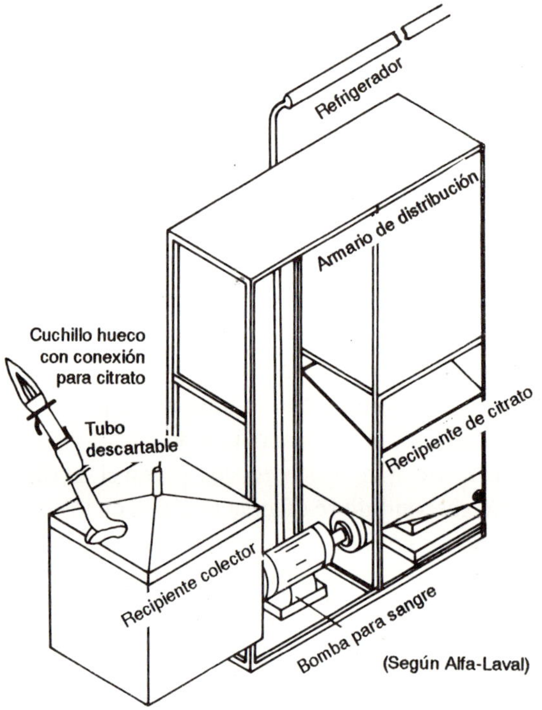

Figura 3. Instalación para obtención de sangre

seguridad que se logran sólo en combinación con el restrainer en instalaciones automáticas. Obviamente estas instalaciones son rentables solamente en grandes establecimientos. Mediante los últimos avances en este campo, se logró que la corriente eléctrica se adecue automáticamente a la resistencia individual que presenta cada cerdo. Entre los distintos sistemas de insensibilización eléctrica han demostrado ser los mejores, sobre la base de la calidad de la carne, aquellos de elevado voltaje, debido a que el tiempo de insensibilización es más breve y el tiempo entre insensibilización y desangrado más corto (13). A pesar de los esfuerzos para mejorar la insensibilización eléctrica aparecen, al igual que en el caso del percutor cautivo, frecuentemente hemorragias múltiples puntiformes en la musculatura del cuello, del dorso y del jamón. Además, por las fuertes contracciones musculares, se observan fracturas óseas. Debido a la excitación y contractura muscular por la descarga eléctrica se expulsa sangre del tejido muscular hacia los grandes vasos y la presión sanguínea aumenta al doble. En este período de los primeros segundos de insensibilización resulta imposible la salida de globulos rojos a través de los vasos sanguíneos. Inmediatamente después de desaparecidas las contracciones, la presión sanguínea disminuye en los vasos. La sangre es impulsada mediante sobrepresión hacia todos los vasos provocándose en los capilares más pequeños una dilatación y salida de glóbulos rojos, los que pueden ser observados en zonas musculares ensangrentadas o en forma de petequias. Para el caso de embutidos escaldados con inclusiones grandes de carne (por ejemlo Schinkenwurst) esta carne resulta inapropiada.

El tipo y el tiempo de insensibilización, y el momento de la extracción de sangre se encuentran relacionadas entre sí (13). Las hemorragias pueden ser evitadas cuando el período entre insensibilización y desangrado es acortado en 5-10 segundos, para prevenir el gran incremento de presión sanguínea (9). Dado que la extracción de sangre hoy se efectúa casi exclusivamente con el cerdo suspendido, la operación del colgado y el desangrado deben efectuarse rápidamente. Por esta razón en algunos establecimientos en el extranjero se efectúa de nuevo el desangrado con el animal tendido.

Si se quiere destinar la sangre o parte de ella (suero, plasma) para la alimentación humana, entonces se efectuará la **obtención de la sangre** con especial cuidado. Un método relativamente nuevo para la obtención de sangre pobre en gérmenes, que se aplica por ejemplo en Dinamarca, es el desangrado en un sistema cerrado, el cual está compuesto de un cuchillo hueco unido mediante un tubo a un recipiente recolector. Mediante el mezclado automático de aquella con una solución de citrato se impide la coagulación de la sangre. En los vacunos el operario efectúa un corte de la piel a la altura de la papada antes de que el animal sea desangrado. En este lugar entonces se introduce el cuchillo hueco procediéndose al desangrado del animal. Para el desangrado (solamente se recolecta el chorro inicial) se requieren aproximadamente 40 segundos para los vacunos y 18 segundos para los cerdos. Los equipos más modernos acoplan un esterilizador automático para el cuchillo hueco. Luego, tras el sangrado de cada animal, se efectúa la limpieza y esterilización del cuchillo. La sangre pasa a través de un tubo hacia un recipiente. Este recipiente está conectado a un control de nivel y la bomba correspondiente reabsorberá la sangre fresca inmediatamente a través de un sistema refrigerante al recipiente recolector. La sangre bombeada en este recipiente se halla a una temperatura de 2-3°C. Aquí la temperatura de 2-3°C desempeña un papel muy importante. Las temperaturas bajas no sólo inhiben una parte de las especies microbianas existentes, sino que, en general, hacen que los microorganismos se desarrollen más lentamente. Así es que se ha demostrado que el contenido inicial de gérmenes en la sangre se mantiene constante a estas temperaturas durante aproximadamente dos días. Una refrigeración más lenta y temperaturas de almacenamiento más elevadas provocan, ya después de un corto tiempo, un mayor recuento bacteriano dependiendo ésta del contenido inicial de gérmenes. Hasta la entrega oficial la sangre permanece en estos recipientes, procediéndose luego al procesado de la sangre o de la obtención plasma/suero. Este método presenta la ventaja de que la obtención y el procesado de la sangre se efectúan prácticamente al mismo tiempo operativo (no se presentan cambios de horarios). Los recipientes también pueden ser colocados, hasta la entrega, cerrados en las cámaras frigoríficas. La separación de plasma y resto de la sangre (glóbulos rojos) se efectúa mediante centrifugación.

El **escaldado** de los cerdos para la limpieza y preparación para el depilado se efectúa en las cubas de escaldado con una temperatura del agua de aproximadamente 60°C. No hay dudas de que esta tecnología no resulta satisfactoria para el higienista. En el agua de escaldado durante el sacrificio se incrementan una gran cantidad de microorganismos, los que pueden llegar a la carne a través de la herida de sangrado o incluso introducirse en los pulmones por los movimientos respiratorios reflejos. No obstante todos los que han investigado este problema (4, 10, 11) han demostrado que se produce una notoria reducción del contenido de gérmenes superficiales en la piel del cerdo mediante el proceso de escaldado. Todos los ensayos tendentes a efectuar el escaldado sobre cerdos suspendidos mediante vapor de agua (5) o tratamiento con radiaciones infrarrojas (11) no han conducido, en Alemania, a que estas técnicas sean aplicables a la práctica.

El **depilado** de los cerdos tiene lugar, tras ablandarse las cerdas en la cuba de escaldado, en la depiladora, la que posee un sistema automático para entrada y salida de los animales. El postdepilado requiere todavía del trabajo manual de los operarios. En la actualidad existen hornos en los que los cerdos son sometidos a un flameado. Numerosos mecheros de gas incineran el resto de las cerdas en el animal que gira alrededor de su eje longitudinal. El proceso termina con un posterior duchado con agua. En las grandes instalaciones existe hoy una máquina que combina escaldado y depilado, con una capacidad horaria de unos 300 animales.

Una vez finalizado el depilado los cerdos pasan al riel donde se efectúan las posteriores operaciones. Por lo general estos rieles están compuestos de dos cadenas que se mueven al mismo ritmo. En una de las cadenas las canales avanzan pasando por las distintas etapas operativas hasta la inspección. La otra cadena dispone de recipientes donde se depositan el tracto gastrointestinal y de ganchos para los órganos (corazón, hígado, pulmón, lengua y diafragma); de esta manera se trasladan hasta el lugar de inspección. La **inspección de la carne** se efectúa con los mismos criterios aplicados al sacrificio de los vacunos. El análisis triquinoscópico se efectúa en un ambiente separado de la zona de sacrificio.

4. Conclusiones

Una buena calidad en los embutidos escaldados y una suficiente conservabilidad de los productos se pueden obtener sólo a partir de materias primas de elevada calidad. Su obtención y tratamiento están regidos por reglamentos. Las disposiciones incluyen desde la protección animal hasta la higiene. La calidad de la materia prima se ve afectada, entre otras cosas, por el transporte y el sacrificio. En el transporte y sacrificio se podrían evitar problemas graves a través de una mejor comprensión de las relaciones existentes. En particular se pueden hacer las siguientes recomendaciones en el procesado:

1. Los animales al ser sacrificados deben se tratados con cuidado para que no se origine ninguna anomalía en la calidad debido a un inadecuado manejo de dichos animales. Las anomalías en la calidad de la materia prima influyen sobre la fijación de agua, el aspecto y la conservabilidad de los productos.
2. Las características sensoriales y la conservabilidad de los productos se ven afectados, en gran medida, por el contenido microbiano. Por lo tanto la obtención o tratamiento de la materia prima se debe efectuar de tal manera que se consiga un bajo recuento microbiano. Hoy, sobre todo, en la extracción del plasma sanguíneo, no se cumple con este requisito.

Bases legales

Decretos de aplicación A sobre la inspección y tratamiento sanitario de los animales destinados al sacrificio y de la carne. **AB.A,** en la versión 10.12.1979 (BGBI. I S. 2026).

Reglamentos para la circulación por ferrocarril del 8.9.1939 (RGBI. II S. 663).

Ley de transporte de mercancías por carretera del 17.10.1952 (BGBI. I S. 697).

Ley de inspección de carnes del 10.5.1980 (BGBI. I S. 545).

Reglamentación de la carne del 21.1.1982 (BGBI. I S. 90).

Ley para la aplicación de las normas del Consejo de la Comunidad Económica Europea para la reglamentación de cuestiones sanitarias internas en la C.E.E. (**Ley de aplicación de las normas de la C.E.E. para carne fresca** del 10.5.1980) (BGBI. I S. 545).

Ley de protección animal del 24.7.1982 (BGBI. I S. 1277).

Reglamentación sobre plasma saguíneo del 19.12.1959 (BGBI. I S. 726) y la reglamentación de adaptación de derecho penal del 16.5.1975 (BGBI. I S.1281).

Reglamentación sobre las condiciones mínimas de higiene de la carne destinada a la República Federal de Alemania (**Reglamentación de condiciones mínimas**) del 26.6.1979 (BGBI. I S. 826).

Bibliografía

1. AUGUSTINI, Chr.; K. FISCHER: Behandlung der Schlachtschweine und Fleischbeschaffenheit - eine Felduntersuchung. Die Fleischwirtschaft **61**, 775 (1981)

2. FISCHER, C.; R. HAMM: Untersuchungen zum Problem des dunklen, leimigen Rindfleisches - "dark cutting beef". 2. Postmortale biochemische Vorgänge und Fleischbeschaffenheit. Die Fleischwirtschaft **60**, 108 (1980)

3. FISCHER, K.: Was ist ein streßempfindliches Schwein? tierärztl. prax. **4**, 39 - 48 (1976)

4. GISSKE, W.; G. KLEMM: Beeinflussung des Hautkeimgehaltes bei Schlachtschweinen durch verschiedene Brühverfahren. Die Fleischwirtschaft **15**, 288 - 292 (1963)

5. GLEES, A.; W. GISSKE; E. DANNEIL; W. GOTTESMANN; E. KAMM: Das Brühen von Schweinen in einem Durchlauftunnel, der mit flüchtiger Heißluft beschickt wird. SVZ **66**, 101 - 106 (1966)

6. HOENDERKEN; R.: Zur Betäubung von Schlachtschweinen. SVZ **79**, 233 - 237 (1979). Beitrag DVG-Tagung "Tierschutz" am 7./8. Oktober 1982

7. MAROT, A.: Eine horizontale Schlachtlinie für Rinder. SVZ **77**, 291- 298 (1977)

8. RING, Chr.; H.-M. BLENDL: Containertransport von Schlachtschweinen. Die Fleischwirtschaft **64**, 808 - 811 (1984)

9. SCHÖBERLEIN, L. et al.: Arch. exper. Vet. med. (1979), zit. nach Tändler. Mitteilungsblatt der BAFF Nr. 67, 3987 (1980)

10. SNIJDERS, J. M. A.; G. E. GERATS: Bakteriologische Beschaffenheit der Schlachttierkörper während verschiedener Schlachtphasen. Die Fleischwirtschaft **56**,717-721 (1976)

11. SNIJDERS, J. M. A.; G. E. GERATS: Die Verwendung eines Infrarottunnels in der Schlachtstraße. Die Fleischwirtschaft **57**, 2216 - 2219 (1977)

12. STERLING, O.: Die Fleischgewinnung. Hans Holzmann-Verlag (1965)

13. WAL, P.G. van der; G. EIKELENBOOM: Stunning of pigs for slaughter; recent developmens in the Netherlands. In: Porcin stress and meat quality. Agric. Food Res. Soc., As, Norway (1981)

14. WOLTERSDORF, W.: Energieeinsparung beim Gefrieren und durch Warmzerlegung (hot boning). Vortrag "Kulmbacher Woche" 1982, Mitteilungsblatt der BAFF Nr. 76, 4979 - 4986 (1982)

15. WOLTERSDORF, W.: Ergeben Schnellkühlverfahren Fleischmängel (cold shortening)? Vortrag "Kulmbacher Woche" 1984, Mitteilungsblatt der BAFF Nr. 84, 5874 - 5881 (1984).

Capítulo 2

Tratamiento y almacenamiento de la materia prima

K. TROEGER

Por lo general hoy en día la obtención y el procesamiento de la materia prima carne ya no se efectúa en forma continua y consecutiva en un establecimiento. Muchos fabricantes de embutidos y productos cárnicos ya no realizan la matanza. Dado que las distancias entre establecimientos de matanza y de procesamiento frecuentemente son grandes, el tratamiento que debe recibir la carne en el interín es un aspecto que posee mucha importancia teniendo en cuenta que se trata de un alimento que se deteriora muy fácilmente. Por lo tanto la mejor tecnología de procesamiento se ve limitada por la aptitud de la materia prima empleada. Para la elaboración de productos escaldados la carne «caliente» es la máxima calidad en el apartado de la materia prima. Esto se debe evaluar en los métodos de tratamiento y conservación que a continuación se detallan.

1. Obtención y procesado de la carne caliente

Actualmente se aprovechan muy poco las excelentes propiedades que, para el procesado de productos escaldados, presenta la carne de los animales recién sacrificados («carne caliente»).

Ventajas del procesamiento de carne caliente

La ventaja, en comparación con la carne fría, es la elevada capacidad de fijación de agua y de grasa que presenta la musculatura inmediatamente después del sacrificio. Por esta propiedad es innecesario agregar agentes ligantes del agua y grasa en los coadyuvantes para el procesado con la cúter ni tampoco sustancias emulgentes al embutido escaldado, porque en el músculo caliente existe el fosfato natural en forma de adenosintrifosfato (ATP).

Por otro lado, desde el punto de vista del desarrollo técnico de la producción, es significativa la aceleración del proceso y el ahorro de energía en el enfriamiento y el costo significativamente menor del transporte. Una mejora en el rendimiento (se evitan las mermas por frío) y un aumento en la calidad sensorial del producto también hablan a favor del procesado de la carne caliente. Además se difunden más rápidamente las sustancias necesarias para curado en la carne caliente (SIELAFF *et al.*, 1983).

Mecanismos bioquímicos

Se identifica por «carne caliente», aquella que, independientemente de la especie animal de que se trate, posee aún cierta cantidad de adenosintrifosfato (ATP), es decir, la carne antes de comenzar el rigor mortis. El rigor mortis en la musculatura del vacuno está en función de la temperatura, y comienza cuando su nivel de ATP es de aproximadamente 1 μmol/g de tejido muscular. Para la carne de cerdo este valor se encuentra algo más elevado, siendo de 1 a 1,5 μmol/g. En qué medida influye la raza además de la temperatura, en un aspecto que está siendo investigado actualmente (HONIKEL 1984 b). Al iniciarse el rigor mortis paralelamente van disminuyendo las propiedades de la carne caliente. Por otro lado, el contenido de ATP de la musculatura está relacionado con la velocidad de degradación de las reservas de glucógeno.

La cantidad de glucógeno existente en la musculatura en el momento de la muerte depende de la especie animal, del músculo, del tipo del sacrificio y de la susceptibilidad al estrés de los animales antes de la matanza. En la velocidad de degradación de las reservas de glucógeno existentes influyen, entre otras, el manejo a que los animales se han sometido antes y durante el sacrificio y también a la temperatura del músculo tras el sacrificio (refrigeración). Por lo tanto es evidente que es difícil fijar el momento exacto que nos garantice la obtención de las propiedades de la «carne caliente».

Parece acertado el criterio de que es el pH el que indica la existencia o no de las propiedades de la «carne caliente». Por lo general a un pH de 6,0/ 5,9 la musculatura ya entra en rigor mortis, es decir, que la carne a procesar debería poseer un pH de 6,4 como mínimo 6,2 (HONIKEL *et al.*, 1980).

Carne caliente de cerdo

La carne de cerdo recién sacrificada pierde rápidamente las propiedades de la carne caliente debido a una aceleración de la glucólisis (degradación del glucógeno). Así es que la carne caliente (pH 6,1) a los 90 minutos después del sacrificio post-mortem no presenta ninguna mejora en la fijación de agua en comparación con la carne fría (NESTOROV *et al.*, 1982). En este caso es fundamental también el contenido de ATP de la musculatura. En ensayos propios se determinó en cerdos de engorde el contenido de ATP a los 30 min, 45 min y 1 h post-mortem en diferentes cortes. En la mayoría de los animales el ATP se había degradado ya al poco tiempo después del sacrificio. No obstante los resultados presentados por investigaciones efectuadas en Finlandia indican que la elevada capacidad de fijación de agua de la «carne caliente» también se conserva para la carne de cerdo si la misma es sometida a un presalado dentro de la primera hora posterior al sacrificio (PUOLANNE y TURKKI, 1983). Pero el pH de la musculatura de los jamones empleados en el momento de la salazón ($x = 6,6 \pm 0,3$) indican que se trataba de carne prácticamente libre de PSE. Por lo tanto parece que la obtención y procesamiento de la carne caliente de cerdo está limitada de manera importante por el tiempo.

Carne caliente de vacuno

Distinta es la situación para el caso del vacuno. En este el rigor mortis se presenta en general a las 10-14 h post-mortem, es decir, que las propiedades de carne caliente permanecen un tiempo notoriamente mayor que en el cerdo. Para el empleo en la práctica conservando las propiedades de la carne caliente se presenta como posibilidad el presalado de la carne vacuna picada deshuesada en caliente. Este faenado debería efectuarse en las primeras cuatro horas posteriores al sacrificio. Si bien el rigor mortis empieza bastante más tarde, cuando el picado y presalado de la carne vacuna en pre-rigor se efectúa en un tiempo posterior al indicado, frecuentemente ya no se consigue el deseado efecto conservador de las propiedades de la carne caliente. Esto se debe a la aceleración de la degradación del ATP como consecuencia del picado de la musculatura. Así es que en el caso de un bajo nivel de ATP en la musculatura picada en pre-rigor, la difusión de los iones de sal en dicha musculatura necesitan más tiempo que el que se necesita para que el ATP llegue al nivel necesario para comenzar el rigor mortis.

La carne caliente presalada conserva buena capacidad de fijación de agua. Esta carne puede ser almacenada algunos días en refrigeración o congelación, aspectos éstos que serán tratados en otra parte. Cabe hacer notar, no obstante, que la manipulación de carne caliente exige una mayor organización del trabajo. El trabajo diario debe estar organizado con toda precisión ya que falta el tiempo de demora que proporciona la refrigeración entre el sacrificio y la fabricación de los embutidos.

Deshuesado en caliente (hot boning)

El deshuesado en caliente con posterior almacenamiento en refrigeración de los cortes envasados al vacío es técnicamente superior frente a la refrigeración de las medias canales enteras. Tanto la refrigeración como el transporte de las piezas requieren menos gastos de energía y ahorra espacio en la cámara de refrigeración. También se evitan las mermas por evaporación que se presentan durante la refrigeración. Además los nuevos resultados de la investigación indican que con el deshuesado de la carne de cerdo en caliente y su rápido enfriamiento las características de PSE en las piezas pueden disminuirse o evitarse (HONIKEL, 1984). Nuestras propias investigaciones, que se están desarrollando actualmente, parecen confirmar este aspecto. El principio no es nuevo, ya antes se efectuaba en Norteamérica (MOORE *et al.*, 1986) y también en Dinamarca (Danish Meat Research Institute, Annual Report, 1981); las canales tras un despiece en caliente se refrigeraban lo más rápidamente posible.

Si el procesado de la carne recién sacrificada se retrasa en el tiempo, entonces se deben aplicar técnicas de conservación. Se tratarán en detalle las más usuales: **refrigeración, congelación** y con ciertas limitaciones la **liofilización.**

2. Refrigeración de la carne

La refrigeración de la carne tiene como finalidad prolongar la conservación de la misma y posibilitar su almacenamiento durante un cierto tiempo.

Métodos de refrigeración

Se puede diferenciar entre la refrigeración en etapas, la refrigeración rápida y la refrigeración super-rápida o refrigeración por shock (Tabla 1).

La refrigeración **en etapas** era el método aplicado habitualmente hace 20-30 años para las grandes canales. Estas eran colocadas primero durante algunas horas en salas de «oreo» (sin refrigeración), luego en cámaras de pre-refrigeración (6 a 8°C) y después de que una gran parte de calor corporal había sido eliminado, con ahorro de energía, eran conducidos a las cámaras de refrigeración (0 a 4°C). Las desventajas fundamentales de este método, consideradas desde el punto de vista actual, son: tiempo de refrigeración de 36-48 horas, mermas por refrigeración muy elevadas y

Tabla 1. Métodos de refrigeración

Refrigeración en etapas	
- Salas de «oreo»:	sin refrigeración
- Cámaras de prerrefrigeración:	6 a 8°C
- Cámaras de refrigeración:	0 a 4°C
- Tiempo de refrigeración:	vacuno 36-48 h
Refrigeración rápida	
Temperatura ambiente ta:	-1 a 2°C
Humedad relativa hr:	85 a 90%
Circulación del aire va:	0,5 a 4 m/s
Tiempo de refrigeración:	cerdo aprox. 12-16 horas vacuno aprox. 18-24 horas
Temperatura en el centro de la carne $t_{(24)}$:	$\leq$ 4°C
Refrigeración super rápida («refrigeración por shock»)	
Temperatura ambiente ta:	-5°C a -8°C
Humedad relativa hr:	aprox. 90%
Circulación del aire va:	2 a 4 m/s
Tiempo de refrigeración:	luego de aprox. 2 horas se interrumpe la refrigeración a estas temperaturas de congelación y posteriormente
Temperatura ambiente ta:	±0°C
Circulación del aire va:	0,1 m/sg
Tiempo de refrigeración:	cerdo aprox. 8-12 horas vacuno aprox. 12-18 horas
Temperatura en el centro de la carne $t_{(12 \text{ a } 18)}$:	$\leq$ 4°C

según WIRTH (1979)

desarrollo de microorganismos superficiales. La ventaja está en la buena «maduración» de la carne.

La **refrigeración rápida** se aplica hoy tanto para canales vacunas como porcinas. Las canales pasan directamente desde la cadena de sacrificio a las cámaras frigoríficas de -1 a 2°C. De esta forma se logran tiempos de enfriamiento de 12 a 16 horas para cerdos y de 18 a 24 horas para vacunos (temperatura en el centro de la canal ≤ 4°C), con una velocidad de circulación de aire de 2 a 4 m/s; pero con velocidades de circulación de aire de 0,5 m/s y temperaturas de cámara de ± 0°C, tal como es habitual, hoy en la práctica, se requieren 36 horas para alcanzar los 7°C en el centro del cuarto trasero de canales vacunas (140 kg) (BAYLEY y COX, 1976).

En la refrigeración **super rápida o por shock** se aplican temperaturas inferiores al punto de congelación en combinación con una elevada velocidad de circulación de aire (vacunos -3 a -5°C, cerdos: -5 a -8°C). Tras alcanzar el punto de congelación en la superficie de la canal (después de aproximadamente 2 horas) el posterior enfriamiento se efectúa a ± 0°C. De esta manera se consigue en el centro de la canal hasta 4°C en el término de 8 a 12 horas en canales de cerdo y en 12 a 18 horas en canales vacunas.

Proceso de refrigeración

El proceso de refrigeración consiste en la **refrigeración de la carne recién sacrificada** y el **almacenamiento en refrigeración.** Entre ambos tiene lugar frecuentemente el **transporte refrigerado** (Gráfico 1); la problemática que se presenta al respecto se tratará en forma especial.

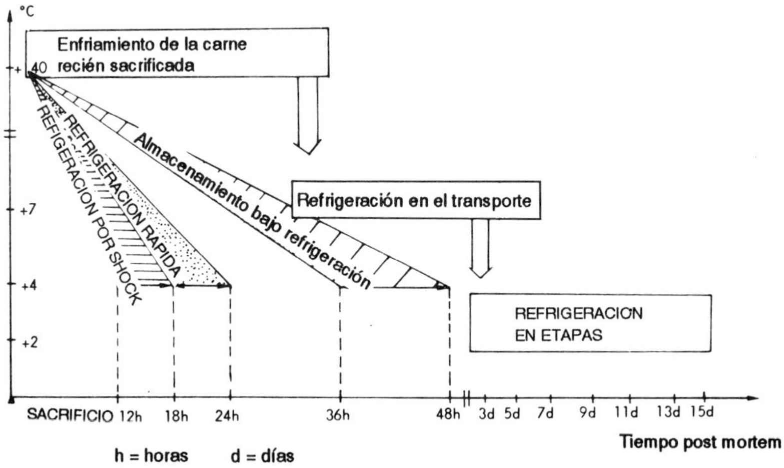

Gráfico 1. Refrigeración de la carne (canales vacunas)

La finalidad de la **refrigeración de la carne recién sacrificada** es disminuir la temperatura de la canal desde los 37 - 40°C inmediatamente después del sacrificio, hasta una temperatura que los reglamentos exigen de por lo menos 7°C, para alcanzar así las condiciones de temperatura adecuada para un eventual transporte (normas de la CEE para carne fresca del 10.5.1980, BGBI. I.S. 545). Una refrigeración rápida no sólo es aconsejable desde el punto de vista microbiológico sino que beneficia también al buen aprovechamiento de la capacidad de enfriamiento dado que el tiempo de la operación es corto. Además las mermas por refrigeración disminuyen (dependiendo de la humedad relativa de las cámaras frigoríficas).

La Tabla 2 muestra las mermas en el peso de las canales de cerdos a diferente velocidad de refrigeración. De acuerdo con éstas la refrigeración por shock origina una ganancia de peso de hasta un 1% en comparación con la refrigeración rápida convencional. No obstante la refrigeración muy rápida de la carne de los animales recién sacrificados puede provocar desventajas cualitativas y también económicas.

Tabla 2. Mermas de enfriamiento en la refrigeración de canales porcinas con distintos métodos hasta una temperatura en el centro de 7°C

según RENK (1978)

Método de refrigeración	Fase	Temp. ambiente*	Veloc. circulación aire m/s	Tiempo h	Mermas por frío %
Convencional	Enfriamiento	0,5	0,25	14-16	2,15
Refrigeración rápida	Enfriamiento Nivelación	0,5 4	0,5 0,5	10,5 3,5	1,85
Túnel de oreo (refrigeración por shock)	Enfriamiento Post-enfriamiento Nivelación	-7 2 4	2 0,25 0,25	1,5 10,5 2	1,40
Túnel 2 etapas (refrigeración por shock)	Enfriamiento Enfriamiento Nivelación	-12 -7 4	2 1,5	1,5 1,5 11	1,25

* Temperatura en °C

Se ha investigado en los últimos tiempos sobre el fenómeno del denominado **cold shortening** o contracción de la musculatura por frío, la que origina una dureza irreversible de la carne. Esta contracción por frío, contrariamente a lo que ocurre con la contracción muscular durante el rigor mortis, se conserva en el transcurso de la maduración de la carne. La carne permanece dura, sobre todo los músculos oscuros se acortan cuando la temperatura desciende por debajo de los 10°C antes de haberse iniciado el rigor mortis. El riesgo de **cold shortening** se presenta sobre todo en las canales pequeñas de ovinos y terneros y especialmente cuando **los cortes deshuesados en caliente son refrigerados rápidamente** (WOLTERSDORF, 1984). Como regla general se puede afirmar que dentro de las primeras 10 horas posteriores al sacrificio la temperatura en el centro del músculo no debe descender por debajo de los 10°C.

Si bien la terneza no es importante para la carne a ser procesada, resulta importante en cambio su capacidad para la fijación de agua o la pérdida de jugo por exudación. Existe una relación entre la contracción por frío y la pérdida de jugo por exudación relación que no obstante aparece con cierto retardo. HONIKEL *et al.* (1980 b) comprobaron, en musculatura de vacunos de 24 horas que la pérdida de jugo por exudación era prácticamente independiente de la temperatura de almacenamiento en las primeras 24 horas posteriores al sacrificio (temperatura de almacenamiento ± 0°C hasta 30°C). Después de varios días de almacenamiento bajo refrigeración (4°C) en los músculos con contracción por frío aparecían mayores pérdidas de jugo por exudación que en aquellos otros músculos que habían sido almacenados en las primeras 24 h. post- mortem desde 10°C hasta 20°C. Por lo tanto una refrigeración demasiado rápida origina pérdidas de peso y de sal.

Se puede evitar la contracción por frío y sus consecuencias negativas, como son mayores pérdidas de jugo por exudación las cuales suceden en el método de refrigeración rápida, mediante la **estimulación eléctrica** de las canales. Con esta técnica se produce una aceleración de los procesos bioquímicos post-mortem en la musculatura, un descenso más rápido del pH y una más pronta aparición del rigor mortis. En las canales de vacunos estimuladas se pudo comprobar una anticipación en el comienzo del rigor mortis de 4-6 horas.

De esta forma en condiciones prácticas de refrigeración ya no se posibilita la aparición de la contracción por frío. No se pudieron comprobar efectos negativos de la estimulación eléctrica respecto de la capacidad de fijación de agua, en analogía a la carne PSE de los cerdos. No fue posible corroborar una mejoría en la terneza de la carne debido a la estimulación (WOLTERSDORF y HONIKEL, 1982) tal como se afirma repetidamente en la literatura.

La pregunta sobre en qué medida las canales de los cerdos también pueden sufrir una contracción por frío debido a la refrigeración por shock, ha sido objeto de nuevas investigaciones. En el Instituto de Investigación de Carnes danés de Roskilde se ha comprobado que la refrigeración por shock en túnel, tal y como se practica en los establecimientos daneses, no afecta a la textura de la carne de cerdo, es decir, no origina un aumento en la dureza (N.N., 1984).

El **almacenamiento refrigerado** de la carne vacuna es importante tanto para la maduración como para el posterior procesado de la carne. Las cámaras se regulan según se trate de carne envasada o sin envasar. Para la carne fresca sin envasar son válidas las siguientes pautas (WIRTH, 1979):

La **temperatura** de las cámaras frigoríficas de almacenamiento debería ser regulada de -1 a 2°C; la **circulación de aire** se debe mantener baja (0,1 a 0,2 m/s). La **humedad relativa ambiental** debería ser del 90%. Una humedad más elevada origina un incremento en el desarrollo de la flora microbiana tolerante al frío (la carne se torna untuosa). La disminución de la humedad ambiente por debajo del 90%, favorable desde el punto de vista higiénico, presenta como desventaja mayores mermas por refrigeración y modificaciones negativas en la superficie de la carne.

La conservación de una humedad ambiente del 90% (sin humectación) es problemática cuando los equipos de frío son demasiado pequeños para las dimensiones de la cámara frigorífica. Por consiguiente, cuando las diferencias entre la temperatura del aire ambiente y los evaporadores del equipo de frío son grandes se origina una formación demasiado rápida de hielo en los mismos, es decir, que al aire ambiente se le extrae continuamente vapor de agua; por lo cual son más ventajosos los evaporadores algo sobredimensionados. De esta manera la diferencia de temperatura entre el equipo de frío y aire ambiente puede acortarse, así se forma menos condensación y se obtiene una humedad ambiente al llenar la cámara frigorífica.

Para la carne envasada en envases impermeables al vapor de agua no tiene importancia la humedad del aire de la cámara frigorífica; un pequeño movimiento de aire es suficiente para equilibrar la temperatura. La temperatura de la cámara frigorífica es óptima desde -1°C hasta 2°C.

En la Tabla 3 se presentan valores orientativos para el **tiempo máximo de almacenamiento en refrigeración** de carne sin envasar con una buena calidad higiénica inicial.

Tabla 3. Tiempo de almacenamiento de la carne a distintas temperaturas de refrigeración

Especie animal	-1 a 0°C HR 85 a 90%	2 a 4°C HR 80 a 85%
Vacuno	3-4 semanas	≤ 2 semanas
Porcino	1-3 semanas	≤ 1 semana
Ternero	1 -3 semanas	≤ 1 semana
Ovino	1 -2 semanas	≤ 1 semana
Pollo eviscerado	8 -12 días	≤ 6 días

HR= humedad relativa

fuente GUTSCHMIDT (1964)

Transporte con refrigeración

En el tratamiento de carne, un punto importante entre su obtención y procesado presenta el **transporte**. La industria transformadora de la carne obtiene su materia prima a través del transporte de sus mataderos. Por el incremento de los mataderos en la zona de explotación de los animales, el trayecto del transporte hasta las plantas industriales se ha ido alargando aumentando los riesgos higiénicos. La presencia de una carga microbiana superficial, frecuentemente demasiado elevada, en la carne adquirida se considera como el problema actual más importante en la higiene de la carne (LEISTNER, 1980). Para conservar la aptitud de la carne en la elaboración de productos cárnicos resulta necesaria una suficiente refrigeración de las canales o piezas antes y durante el transporte. Un recuento microbiano superficial demasiado elevado tendría como consecuencia no sólo la disminución de la conservación de los productos, sino posiblemente también modificaciones sensoriales. La carne insuficientemente refrigerada en el transporte puede presentar sobre la superficie recuentos de gérmenes demasiado elevados aunque exteriormente las modificaciones no sean evidentes.

Las correspondientes normas respecto del transporte y refrigeración se encuentran establecidas en «Normas de la CEE carne fresca». De acuerdo con éstas la carne fresca destinada al comercio interno de la comunidad, debe ser enfriada inmediatamente después de la inspección de carnes. La **«temperatura interna»** de las canales y partes de la misma no debe superar los 7°C. Los medios de transporte deben adecuarse de tal manera que esta temperatura no se supere durante el traslado. La base técnica para la fijación de una temperatura mínima ≤ 7°C fue propuesta por los países miembros; este valor límite no está fundamentado microbiológicamente. El crecimiento y la formación de toxinas de los gérmenes formadores de toxinas en alimentos, como son salmonellas, limita más bien con los 5°C.

Por ello, como es fácil para el transformador de la carne la conservación de ésta a por lo menos 7°C, es al mismo tiempo muy «incómodo» para los mataderos, porque este requisito está unido al aumento de costos. Frecuentemente existe una desproporción en el ahorro de energía, relacionándola con el número de animales sacrificados y la capacidad de refrigeración, lo que motiva una menor permanencia de las canales en las cámaras de frío. Las canales de cerdo requieren, en condiciones prácticas, aproximadamente 15 h para alcanzar los 7°C exigidos en el centro (RENK, 1978; RING *et al.*, 1983). En el caso de las medias canales vacunas no son suficientes esas horas porque depende del peso y de su nivel de engorde (incluso con el enfriado rápido) el tiempo necesario para alcanzar una temperatura de 7°C en el centro de la pieza.

Una disminución de la temperatura de las canales durante el transporte no es posible porque los equipos de frío de los vehículos poseen sólo capacidad suficiente para conservar la temperatura que presenta la carne al ser cargada. A veces se discute la posibilidad de trasladar la fase de equilibrio de temperatura entre superficie de la canal y centro de la misma después de la refrigeración rápida, hacia la refrigeración durante el transporte (MOERMAN, 1983). De esta manera se podría efectuar la carga de las canales de cerdos después de 3-5 horas de refrigeración en túnel. Pero este método podría ser de cierto interés sólo en transportes de corta duración. ¿Hasta qué punto se mantiene esta temperatura mínima de 7°C durante el transporte de la carne fresca? TÄNDLER y PETRI (1974) determinaron en el año 1973 la temperatura en el centro del jamón y espaldilla tras el transporte, en 109 cerdos de 20 mataderos. Sólo 6 cerdos (5,5%) respondían a los reglamentos de la CEE. El promedio de la temperatura en el centro era de 13,4%. RING *et al.* (1983) examinaron entre 1981 y 1983 la temperatura en el centro de 660 medias canales de cerdos de 55 camiones frigoríficos. El trayecto del transporte era en cada caso de unos 750 km. Sólo 2 envíos (3,6%) presentaban una temperatura inferior a 7°C, en los restantes 53 camiones el promedio de la temperatura en la carga era de 12,6°C con un valor máximo de 21,2°C.

Los ejemplos muestran una situación inaceptable tanto para fabricantes de productos cárnicos como para consumidores, que no ha variado mucho en los últimos diez años. La propensión al deterioro microbiano de la carne transportada se multiplica por humedad excesiva localizada en la superficie de las canales a causa de la condensación durante la carga.

Como consecuencia de estos hechos y con el objetivo de obtener una materia prima óptima es necesario un mayor control sanitario. La industria procesadora de la carne va a tener que recurrir a un mayor control por parte de las autoridades competentes. Esta industria necesita un control de la calidad en la recepción (medición de pH, temperatura, recuento microbiano de la superficie) y debería exigirse éste. El Centro Federal de Investigación en Carnes de Kulmbach recomendó hace algunos años un método orientativo para obtener recuentos de superficie con suficiente confiabilidad. Se basa en la determinación espectrofotométrica de la turbidez de un líquido obtenido mediante una pistola de enjuague (LEISTNER, 1979). La influencia del contenido microbiano superficial sobre la conservabilidad de la carne se presenta en el Gráfico 2.

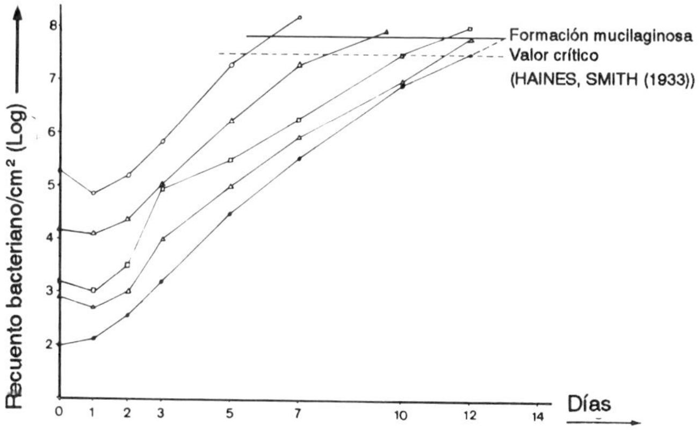

Gráfico 2. Influencia del contenido inicial de microorganismos en la carne sobre la formación mucilaginosa en un almacenamiento a 5°C (AYRES, 1959)

3. Congelación

La congelación de la carne es un buen método de conservación de la misma, dado que no se modifica su composición química tal como sucede con otros métodos de conservación (ahumado, curado, calentamiento, secado).

Método de congelación

La congelación por circulación de aire es la técnica más difundida (Tabla 4). Una efectiva circulación de aire influye fundamentalmente sobre la velocidad de congelación. Existen túneles de congelación en los que la circulación de aire lateral o también vertical se realiza por ventiladores. Las temperaturas habituales en que se trabaja se sitúan en -30 y -40°C, **la velocidad de circulación de aire** es de 1,5 a 3 m/s, en la fase inicial, antes de que se congele la superficie de la carne, la velocidad de circulación de aire debería ser sólo de 1 m/s para evitar el secado y quemado por frío de la misma.

El **tiempo de congelación** requerido para alcanzar una temperatura en el centro de la pieza de -18°C en cuartos traseros vacunos refrigerados (5°C) es de 18 a 28 h (WOLTERSDORF, 1982), dependiendo de la temperatura y de la velocidad circulación del aire.

Tabla 4. **Método de congelación**

Método de congelación en aire
Material a congelar: canales, carne deshuesada
Temperatura ambiente: -30 a -45°C
Circulación de aire: 2-4 m/s

Método de congelación criogénico
por ej., congeladores continuos con CO_2
congeladores helicoidales con CO_2
Material a congelar: Carne de despiece, carne picada
Temperatura de congelación: hasta -70°C

Método de congelación por contacto
por ej., congeladores en placas
Material a congelar: carne troceada, deshuesada
Temperatura de las placas: -30 a -40°C

según WIRTH (1979)

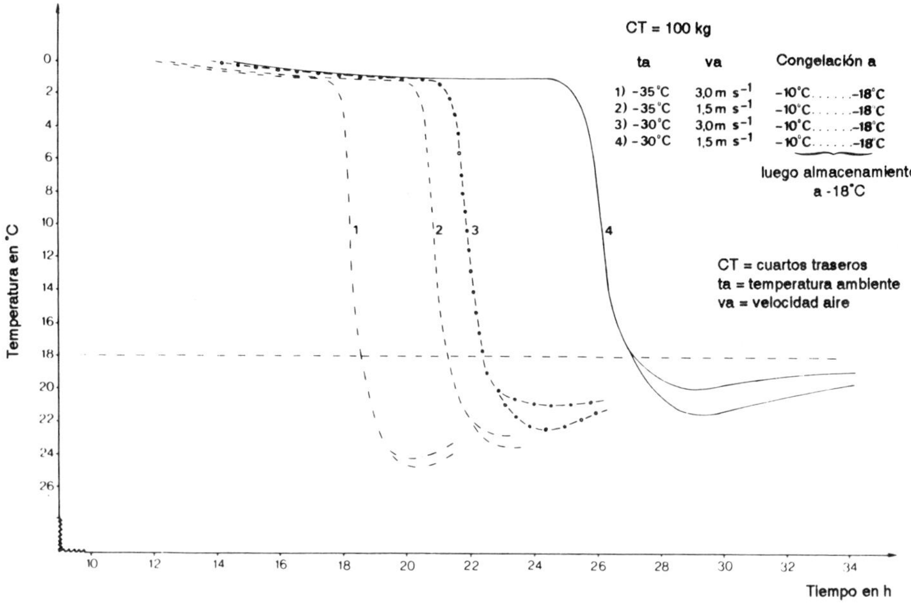

Gráfico 3. Congelación de cuartos traseros vacunos: evolución de la temperatura en el centro

Se están ofreciendo cada vez más los sistemas de tratamiento continuo. En este sentido es de gran importancia el método **criogénico** (nitrógeno líquido, dióxido de carbono), que se emplea especialmente para piezas de carne o productos cárnicos. Para la congelación por shock son muy adecuados los congeladores continuos con CO_2 o los congeladores helicoidales con CO_2 (Tabla 4). Mediante la aspersión de CO_2 se originan temperaturas de hasta -70°C; se pueden alcanzar velocidades más altas de congelación por saturación de humedad ambiente. Para las materias primas destinadas a los embutidos escaldados los métodos de congelación por contacto han adquirido gran difusión.

En el caso del **método de congelación por contacto** el medio de trasmisión de frío por placas de contacto es el metal. Las placas presentan una temperatura de -30 a -40°C y la velocidad de congelación es mucho más rápida que la congelación por circulación de aire (Tabla 4). El método es apropiado especialmente para la congelación de bloques de carne previamente estandarizada; ésta puede ser almacenada con ahorro de energía para luego ser procesada en estado congelado. Este método es muy apropiado para la conservación de carne caliente desde donde se elaboran los embutidos escaldados.

Procesos fisico-químicos durante la congelación y descongelación

A partir de los -1,5°C empieza a congelarse el agua en la carne. El porcentaje de su congelación depende de la disminución de la temperatura. A -7°C la mayor parte del agua congelada de la carne se transforma en hielo, a los -65°C este agua está totalmente congelada. La **velocidad** del proceso de congelación influye conjuntamente con la velocidad de descongelación sobre la pérdida de jugo de la carne al ser descongelada. La formación de jugo por descongelación es escasa cuando se efectúa una congelación rápida en combinación con una descongelación rápida. En cambio con una congelación lenta se presentan menores pérdidas cuando se descongela lentamente que cuando se descongela en forma rápida (HAMM *et al.*, 1982). La explicación radica en el tamaño de los cristales de hielo que se forman y que dependen de la velocidad de congelación y de procesos osmóticos entre el espacio intra (= dentro de las células muculares) y extra celulares = (entre las células musculares). Cuando se congela muy rápidamente se forman pequeños cristales de hielo extracelulares pero también en la fibra muscular. Durante la descongelación se forman gotitas de líquido muy pequeñas que son incorporadas rápidamente por el tejido. Al ir disminuyendo la velocidad de congelación aumenta la formación de hielo extracelular (a partir de un tiempo de congelación de > 30 min para el intervalo -1 a -7°C). Aquí debido a las diferentes presiones osmóticas se producen desplazamientos de agua entre el espacio intra y extracelular. Si comienza a congelarse el agua extracelular (pura) se eleva en ésta la concentración de iones de sal, lo que origina la difusión del agua intracelular. La consecuencia de ésto es un encogimiento de la fibra muscular. Si posteriormente la carne que fue congelada lentamente es sometida a una descongelación lenta, entonces las fibras musculares por inversión de la relación osmótica, tienen tiempo de incorporar una gran parte del agua extracelular, la que se hubiera perdido en el caso de una descongelación demasiado rápida. En la práctica del procesado no es habitual la descongelación de la carne deshuesada porque el picado de la carne congelada presenta ventajas para la fijación de grasa.

Congelación de carne caliente

Ya se ha hecho referencia respecto de las buenas propiedades que presenta la carne caliente para la elaboración de embutidos escaldados. Si por razones técnicas no es posible procesar inmediatamente la carne caliente, entonces, se conservan las propiedades de la misma mediante métodos de congelación apropiados.

La carne deshuesada en caliente primero y después picada puede ser congelada tanto salada como sin salar. Si se desiste de agregar sal antes de la congelación entonces la velocidad de congelación es fundamental para conservar todas las propiedades de la carne caliente. Conforme va disminuyendo la velocidad de coagulación aumenta la degradación de ATP y la velocidad de descenso del pH. Además en el tejido picado tiene lugar una degradación de ATP más rápida que en el músculo intacto. Si durante la congelación disminuye el contenido de ATP por debajo de 1 µmol/g de carne, entonces con el inicio del rigor mortis las propiedades de la carne caliente desaparecen. Según FISCHER *et al.* (1980 a) en la zona crítica entre 10 y -1°C y velocidad de congelación de hasta 0,05°C /m para conservar la capacidad de fijación del agua, es decir, la carne debe enfriarse en el centro de la pieza en unas 3 horas de 10 a -1°C. En la práctica se recomienda el empleo de congeladores de placas para lo cual no se debe superar un espesor de 1-2 cm (HAMM *et al.*, 1977). Por razones de rentabilidad estos espesores tan pequeños no se utilizan en la práctica, pero no obstante para poder congelar la carne sin riesgos en los espesores habituales de 6-8 cm se recomienda el presalado.

Mediante el salado de la carne picada previo a la congelación se logra una conservación de las propiedades de carne caliente independientemente de la posterior velocidad de congelación (FISCHER *et al.* (1980 a). Este efecto de presalado en la carne caliente es irreversible porque ya no se produce el rigor mortis, es decir, se mantiene la elevada capacidad de fijación de agua. La causa de poseer estas propiedades es la combinación de una elevada fuerza iónica, elevado pH y contenido de ATP relativamente alto. De esto resulta una fuerte repulsión de las moléculas proteicas cercanas y se origina una modificación irreversible de su ordenación espacial (HAMM, 1982).

Congelación de carne refrigerada

Contrariamente a la carne caliente en la carne refrigerada es importante que el ATP se haya degradado totalmente antes de la congelación. Este tipo de carne ya no se endurece y posee una capacidad normal para la fijación de agua. Pero también en la congelación de la carne tras rigor mortis, la velocidad de congelación y de descongelación desempeñan un papel importante respecto a la pérdida de jugo por exudación en el momento de la descongelación. HONIKEL y HAMM (1983) comprobaron que la congelación rápida (5°C/min) y la descongelación rápida (1°C/min) de carne vacuna con 3 días presenta la menor pérdida de jugo inmediatamente después de la descongelación. Por el contrario la descongelación lenta (0,05°C/min) unida a la descongelación rápida originan mayores mermas. Si en condiciones prácticas sólo nos es posible usar de una congelación relativamente lenta entonces se debería efectuar también una descongelación lenta.

Almacenamiento en congelación

El almacenamiento en congelación ésta limitado por el tiempo y depende fundamentalmente de la composición del producto y de la temperatura de almacenamiento. Para la carne la temperatura óptima para el almacenamiento en congelación se encuentra entre -18 a -30°C con lo cual el tiempo de almacenamiento a -30°C es casi el doble que a -20°C. Durante el almacenamiento en congelación la velocidad de los procesos bioquímicos evolucionan lentamente dependiendo de la temperatura. A partir de una temperatura de almacenamiento de -18°C no se produce ninguna degradación esencial de ATP, conforme se incrementa la temperatura, aumenta esta degradación siendo más rápida en la carne picada que en carne despiezada (FISCHER *et al.*, 1980 b).

En general, el factor que limita el tiempo de almacenamiento es la **degradación de la grasa**. Debido a los procesos oxidativos que originan el enranciamiento se limita el tiempo de congelación de la **carne picada salada.** En el proceso de picado se provoca la introducción y mezclado de oxígeno y además, el ClNa actúa favoreciendo la oxidación. TÄNDLER *et al.*, (1983) comprobaron en carne picada de cerdo, con un agregado de 0,75% de sal común y almacenada a -20°C un enranciamiento a las dos y tres semanas. La carne de cerdo caliente picada con un agregado de un 2% de sal con nitrito para curado mostró deficiencias de calidad sensorial después de seis semanas aunque se había separado gran parte del tejido gaso. En cambio carne vacuno caliente picada con un agregado de un 2% de sal con nitrito para curado, envasada al vacío, pudo ser almacenada en congelación durante 4-6 meses sin que se presentara alteración alguna.

El tiempo de almacenamiento en congelación de la carne sin envasar se ve limitado además por la desecación **y por la pérdida de aroma.** Por ello en las cámaras de congelación la humedad relativa será lo más alta posible y la circulación de aire lo más baja posible. En la Tabla 5 se indican los tiempos de almacenamiento a -20 y -30°C para **carne en trozos.**

Tabla 5. Tiempos de almacenamiento en congelación

		- 20 °C	- 30 °C	
Carne en piezas	Vacuno	≤ 12 Meses	≤ 24 Meses	WIRTH (1979)
	Ternero/cordero	≤ 10 Meses	≤ 18 Meses	
	Cerdo	≤ 6 Meses	≤ 12 Meses	
	Pollo	≤ 12 Meses	≤ 24 Meses	
Carne caliente picada*	Vacuno	4 - 6 Meses		TÄNDLER *et al.* (1983)
	Cerdo	≤ 6 Semanas		

* picada + 2% de sal con nitrito para curado

COLMENERO y BORDERIAS (1983) investigaron en carne de cerdo la influencia del almacenamiento en congelación sobre la **solubilidad proteica**, sobre la **capacidad de emulsión** y sobre la **viscosidad** de la masa para embutir. Tras una congelación rápida (-30°C) se efectuó el almacenamiento a -20°C durante un tiempo de 8 meses. La solubilidad proteica disminuía a partir del 30º día de almacenamiento, aumentaba a partir del 60º día para finalmente disminuir nuevamente a partir del 150º día. La capacidad de emulsión y la viscosidad, aspectos importantes para el embutido escaldado, disminuían a partir de 60º día. Una menor solubilidad proteica no tiene que estar necesariamente acompañada de una menor capacidad de fijación de agua (HAMM y GRABOWSKA, 1980), de tal manera que a partir del 60º día de almacenamiento en congelación se debe contar con un descenso lento de la aptitud de la carne para el procesado debido a la disminución de la capacidad emulsionante.

4. Liofilización

Otra posibilidad para conservar la carne es usando la técnica de liofilización. Con respecto a la elaboración de embutidos escaldados, resulta interesante su uso sobre todo la liofilización de carne vacuna caliente picada, salada. Los homogeneizados a partir de esta carne rehidratada (agregado de agua extraída) poseían una capacidad de fijación de agua tan elevada como los homogeneizados de carne caliente no liofilizados (HAMM y GRABOWSKA, 1980).

Ventajas de la liofilización

Mediante la liofilización se disminuye a a_w de la carne a $\leq$ 0,25. Por esta circunstancia este producto seco no es afectado ni por el deterioro microbiano ni por modificaciones bioquímicas y puede ser almacenado sin refrigeración. La carne liofilizada conservada a temperatura ambiente al cabo de dos años no mostró ninguna modificación cualitativa (POTTHAST, 1977, 1980).

Una extracción de agua tan enérgica origina una reducción de los costos en el transporte. Si el establecimiento de obtención de la carne y el establecimiento transformador de la misma se encuentran muy distantes entre sí, como por ejemplo sucede con la importación de países de ultramar, entonces el ahorro en los costos de transporte y refrigeración son tan importantes como los costos necesarios para la liofilización. Pero surgen problemas con la carne liofilizada si durante el almacenamiento se originan procesos de degradación oxidativa. Para evitarlas el envase debe ser absolutamente impermeable al oxígeno.

Liofilización y procesado del producto seco

La carne caliente picada y salada es congelada en capas finas (aproximadamente 1 cm) lo más rápidamente posible hasta -35 a -40°C. El secado se realiza al vacío en el orden de 2×10^{-1} Torr. En el transcurso del secado la temperatura puede ascender a 40 -50°C debiendo, no obstante, permanecer congelado el núcleo de la carne (POTTHAST, 1977).

El procesado de la masa del embutido escaldado se realiza tras el picado del material granulado por rehidratación (reincorporación de agua) en la cúter. El mismo porcentaje de agua extraída es agregada nuevamente como mezcla de hielo-agua (1:1). En el procesado de la carne caliente liofilizada se puede prescindir de los coadyuvantes para el picado.

Características de los embutidos escaldados

Los embutidos escaldados elaborados a partir de la carne caliente liofilizada no se diferencian de aquellos fabricados con carne fresca caliente. Son sus características su buen enrojecimiento y la estabilidad del color. Tampoco se presentaron diferencias respecto del tiempo de ahumado ni en pérdidas por secado (RAUBER, 1977).

Bibliografía

1. AYRES, J. C.: Temperature relationships and some other characteristics of the microbial flora developing on refrigerated beef. Journal Paper No. J - 3605 of the Iowa Agricultural and Home Economics Experiment Station, Ames, Iowa. Project No. 1264 (1959)

2. BAILEY, C.; R. P. COX: The Chilling of Beef Carcasses. Proc. Inst. Refrig. S. 1 (1976)

3. COLMENERO, J. F.; A. J. BORDERIAS: A study of the effects of frozen storage on certain functional properties of meat and fish protein. Journal Food Technology **18**, 731 - 737 (1983)

4. FISCHER, Chr.; K. O. HONIKEL; R. HAMM: Einfluß der Geschwindigkeit des Einfrierens von Rindfleisch prae rigor auf Muskelstoffwechsel und Wasserbindungsvermögen. Zeitschrift für Lebensmitteluntersuchung und -forschung **171**, 105 - 110 (1980 a)

5. FISCHER, Chr.; K. O. HONIKEL; R. HAMM: Einfluß der Gefrierlagertemperatur auf Muskelstoffwechsel und Wasserbindungsvermögen in prae rigor gefrorenem Rindfleisch. Zeitschrift für Lebensmitteluntersuchung und -forschung **171**, 200 - 205 (1980 b)

6. GUTSCHMIDT, J.: Das Kühlen und Gefrieren von Lebensmitteln im Haushalt und in Gemeinschaftsanlagen. DLG-Verlag Frankfurt/Main (1964)

7. HAINES, R. B.; E. C. SMITH: The storage of meat in small refrigerators. Dept. Sci. Ind. Research Food Invest. Board (Gr. Brit.). Special Report No.43 (1933)

8. HAMM, R.; A. A. EL-BADAWI; K. O. HONIKEL: Einfluß des Gefrierens auf biochemische Veränderungen in zerkleinertem, vorgesalzenem Rindfleisch. Mitteilungsblatt der BAFF Nr. 56, 3078 - 3082 (1977)

9. HAMM, R.; J. GRABOWSKA: Einfluß der Gefriertrocknung von prae rigor gesalzenem Rindfleisch auf Wasserbindungsvermögen und lösliches myofibrilläres Eiweiß. Die Fleischwirtschaft **60**, 114 - 117 (1980)

10. HAMM, R.; P. GOTTESMANN; J. KIJOWSKI: Einfrieren und Auftauen von Fleisch: Einflüsse auf Muskelgewebe und Tausaftbildung. Die Fleischwirtschaft **62**, 983 - 988 (1982)

11. HAMM, R.: Post-mortem changes in muscle with regard to processing of hot-boned beef. Acta alimentaria polonica **32**, 235 - 253 (1982)

12. HONIKEL, K. O.; Chr. FISCHER; R. HAMM: Characteristics and utilization of pre - rigor meat. Ann. Technol. agric. **29**, 589 - 602 (1980 a)

13. HONIKEL; K. O.; Chr. FISCHER; R. HAMM: Einfluß der Lagertemperatur von schlachtfrischem Rindermuskel auf das Wasserbindungsvermögen von Fleisch und Bräten. Die Fleischwirtschaft **60**, 1577 - 1582 (1980 b)

14. HONIKEL, K. O.; R. HAMM: Kühlen, Gefrieren und Auftauen: Kolloidchemische Aspekte der Fleischqualität. Die Fleischwirtschaft **63**, 1118 - 1127 (1983)

15. HONIKEL, K.O.: Einfluß der Temperatur post mortem auf das Safthaltevermögen von Schweinefleisch. Proc. Scient. Meeting: Biophysical PSE-muscle analysis, Vienna, 38 - 40 (1984 a)

16. HONIKEL; K. O.: ATP-Gehalt in Schweinemuskulatur bei beginnendem Rigor mortis. Persönliche Mitteilung (1984 b)

17. LEISTNER, L.: Messung und Beeinflussung des Oberflächenkeimgehaltes von Schlachttierkörpern. schlachten und vermarkten **79**, 338 - 341 (1979)

18. LEISTNER, L.: Bemerkungen zur hygienischen Qualität des Fleisches. Die Fleischwirtschaft **60**, 1439 (1980)

19. MOERMAN, P. C.: The chilling of pig carcasses during transport. 29. Europäischer Fleischforscher-Kongreß, Salsomaggiore (1983)

20. MOORE, R. E.; R. W. MANDIGO; R. L. HENDRICKSON: The effect of cutting, chilling, and cooking method on the quality of pork loin. Food Techno. **20**, 957-959 (1966)

21. NESTOROV, N.; A. GROZDANOV; N. DIMITROVA; N. DILOVA; M. TANTIKOV; D. PETROVA: Functional properties of comminuted and salted hotboned pork and beef. 28. Europäischer Fleischforscher-Kongreß, Madrid 1982, Proc. II, 439 - 441

22. N. N.: Hard Chilling of pig carcasses. Danish Meat Research Institute, Annual Report 1983, 14, Roskilde 1984

23. POTTHAST, K.: Gefriergetrocknetes Fleisch für Brüh- und Rohwürste. Die Fleischerei **5**, 79 - 83 (1977)

24. POTTHAST, K.:Zum Verständnis von chemischen und physikalischen Vorgängen während der Trocknung von Fleisch und Fleischerzeugnissen. Die Fleischwirtschaft **60**, 1462 - 1470 (1980)

25. PUOLANNE, E.; P. TURKKI: Effect of pre-rigor salting on the water-binding capacity of pork. Proc. 29. Europäischer Fleischforscher-Kongreß Parma 1983; C/1.28 S. 352

26. RAUBER, H.: Der Einsatz von gefriergetrocknetem Fleisch bei der industriellen Brühwurstherstellung. Die Fleischerei **5**, 83 - 84 (1977)

27. RENK, B.: Aktuelle Gesichtspunkte für das Abkühlen von Schlachttierkörpern. Die Fleischwirtschaft **58**, 752 - 757 (1978)

28. RING, Ch .; H. UKL; U. ZRENNER: Zur Kühlung von frischem Fleisch. Die Fleischwirtschaft **63**, 1394 - 1401 (1983)

29. SIELAFF, H.; A. BAIER; E. SCHARNER: Die Verarbeitung von schlachtwarmem Fleisch - Erkenntnisstand und Nutzungsvorschläge. Fleisch **37**, H.5, 85 - 88 (1983)

30. TÄNDLER, K.; U. PETRI: Dehnfolien als Schutzhüllen für Transport und Lagerung von Schweinehälften. Die Fleischwirtschaft **54**, 438 - 442 (1974)

31. TÄNDLER, K.; R. KOLB; H. PÖLLEIN: Gefrierlagerstabilität von zerkleinertem gesalzenem Fleisch. Jahresbericht 1983 der BAFF, Kulmbach, C 14

32. WIRTH, F.: Kühlen, Gefrieren, Lagern und Auftauen von Fleisch nach heutigem Erkenntnisstand. Die Fleischwirtschaft **59**, 1787 - 1790, 1792, 1794, 1797 (1979)

33. WOLTERSDORF, W.; K. O. HONIKEL: Elektrostimulierung: Auswirkungen auf die Fleischqualität. Einsatzmöglichkeiten für die Praxis. Die Fleischwirtschaft **62**, 448 - 452 (1982)

34. WOLTERSDORF, W.: Energieeinsparung beim Gefrieren und durch Warmzerlegung ("hot boning"). Mitteilungsblatt der BAFF Nr. 76, 4979 - 4986 (1982)

35. WOLTERSDORF, W.: Ergeben Schnellkühlverfahren Fleischmängel (cold shortening)? Vortrag "Kulmbacher Woche" 1984.

Capítulo 3

Elección de la materia prima y composición de los embutidos escaldados

K. TÄNDLER

De acuerdo con las «Normas rectoras para la carne y productos cárnicos» (1) los embutidos escaldados son productos que han sufrido un tratamiento térmico a través del escaldado, cocido, asado u otra manera, en los cuales la carne cruda picada ha sido desintegrada total o parcialmente a la que se le añade sal común (también en forma de sal con nitrito para curado) y eventualmente otras sales necesarias para el procesado con la cúter; por lo general se adiciona agua potable (o hielo). La proteína muscular de esta carne se aglutina en mayor o menor medida por el tratamiento térmico, de tal manera que en un posterior posible calentamiento, presenta firmeza al corte. Para la elaboración de embutidos escaldados por lo general se usa carne cruda de vacuno y porcino*.

1. Elección de la materia prima

Elección de la carne de acuerdo con su condición

Tal como ya se ha descrito en trabajos anteriores para la elaboración de productos cárnicos la carne puede procesarse de tres formas: como carne caliente, como carne

* Según el párrafo 2.11 de las «Normas rectoras para carne y productos cárnicos», los productos cárnicos, como son los embutidos escaldados, son elaborados a partir de carne de vacunos (incluso terneros) y/o cerdos. La carne vacuna y porcina pueden ser intercambiables entre sí en tanto las normas rectoras no especifiquen lo contrario. Cabe considerar una modificación local en la interpretación. El empleo total o parcial de carne de otros animales que no sean de vacuno (incluido ternero) y porcino se deben indicar en las especificaciones (por ejemplo embutido de carne de ave). Los recortes de ovino, en tanto provengan de la preparación de la carne para su venta, pueden reemplazar hasta en un 5% la carne vacuna sin necesidad de una indicación específica (1).

refrigerada o como carne congelada. Entre estas tres existen diferencias fundamentales respecto de la **capacidad de fijación de la proteína cárnica.** Es decir, existen diferencias en la capacidad para fijar el, aproximadamente, 70% del agua propia y del agua añadida y también en capacidad para fijar la grasa agregada tan finamente picada que casi semeja una emulsión.

La mayor capacidad de fijación de agua la posee **la carne caliente** (proveniente de animales recién sacrificados). Pero esta aptitud de la carne caliente disminuye significativamente pasadas las cuatro o cinco horas para la carne vacuna y un poco más de una hora para la carne porcina.

Si debido a la técnica operativa no es posible procesar la carne caliente para la elaboración inmediata tras el sacrificio, se presenta la alternativa de conservar su elevada capacidad de fijación mediante posterior picado y correcto mezclado con sal. Esta mezcla de carne picada y sal puede ser almacenada durante 3 ó 4 días bajo refrigeración o durante algunas semanas, hasta meses si está congelada. Es importante que la carne caliente congelada sea procesada en el mismo estado sin descongelación previa.

La carne caliente no siempre posee una elevada capacida de fijación. En ciertos casos, por ejemplo al cambiar la alimentación, pastoreo, etc., es posible observar en algunos animales una deficiencia de su carne para la fijación. Por ello en la elaboración de productos cárnicos es aconsejable mezclar la carne de **diferentes** animales para nivelar las eventuales deficiencias.

En la **carne enfriada (carne fría)** su capacidad ligante para el agua y el tejido graso ha disminuido significativamente frente a la capacidad de la carne caliente. Esta carne fría debería ser usada en los 2,5 a 3 días posteriores al sacrificio, dado que en este momento aumenta levemente el pH y también su capacidad de fijación.

Las propiedades de fijación pueden estar aún más reducidas en la **carne congelada** y especialmente cuando esta carne ha sido sometida a congelación **lenta** en piezas grandes (por ejemplo como cuartos o cajas o bolsas de grueso calibre) que requieren un tiempo de descongelación prolongado. En cambio el efecto perjudicial de la congelación y del almacenamiento en congelación sobre la capacidad de fijación de la carne es relativamente escaso cuando la carne se congela en congelación **rápida** y capas **delgadas** y posteriormente empleada **sin** descongelación previa.

En la descongelación de la carne congelada lentamente se pierde una cantidad relativamente grande de jugo por exudación. En este jugo se encuentran disueltas algunas sales y proteínas de la carne. Según investigaciones efectuadas en los EE.UU. de Norteamérica (3) sobre carne congelada la cantidad de proteínas solubles en agua y en sal disminuyen. Estas proteínas solubles que permanecen en la carne picada son importantes para mantener la capacidad ligante de la masa del embutido escaldado y para conservar la aptitud de imbibición de las fibras musculares por la acción de agua -sal (12).

Elección de la carne de acuerdo con la edad de los animales y tipo de tejido

En la elección de la carne de acuerdo con la edad de los animales o de la región de la canal, el criterio más importante es la **capacidad de fijación** de la proteína cárnica. Por lo general la carne de animales más jóvenes, como son las novillas, añojos, terneros y cerdos poseen una mayor capacidad de fijación que los animales más viejos, como son los toros, vacas, cerdas. Las causas aún no han sido aclaradas totalmente. La carne de animales jóvenes posee también menos pigmentos (mioglobina) por tanto es la más adecuada para obtener un deseado color básico rosado en embutidos escaldados. Mientras que las piezas valiosas como el cuarto trasero son destinadas a la venta directa, los cuartos delanteros de los animales jóvenes (especialmente la carne de pescuezo, paletilla y aguja) son empleados para embutidos escaldados. Esta carne es relativamente magra aunque contiene una cantidad suficiente de tejido conectivo con colágeno. La carne de pecho y de lomo alto puede presentar demasiada grasa para la fabricación de embutidos escaldados. Aunque para la elaboración de éstos se agrega un 25 a un 30% de tejido graso. La carne, no obstante, que primeramente es picada con la adición de sal y agua para lograr un efecto ligante, debe ser en lo posible carne **magra,** es decir, libre de las porciones más gruesas de grasa. El tejido graso disminuye la desintegración de las células musculares y por tanto la posibilidad de solubilización de la proteína cárnica en la solución de agua-sal. Esta es una condición previa para lograr una buena fijación de agua y grasa en el embutido escaldado.

Para los Bierschinken y otros embutidos escaldados en los que se incluyen **trozos** de gran tamaño se elige la carne magra del jamón. A ésta carne se le limpia la grasa y la parte más visible de tejido conectivo y luego se mezcla con la masa finamente picada. Dado que la capacidad ligante no es suficiente para que no se separen durante el calentamiento los trozos de carne relativamente grandes, estos son sometidos previamente a un tratamiento mecánico, mediante el agregado de agua-sal, en una masajeadora (Tumbler). Mediante este procedimiento tal como en la desintegración en la cúter la proteína cárnica soluble en sal y el jugo de la carne emergen en la superficie, estabilizando de esta manera la retención del jugo en el embutido durante la coagulación por calor.

Elección de tejido graso

Para la elaboración de embutidos escaldados se emplea **tejido graso fresco, consistente y firme** como es el de aguja, también tocino dorsal y tocino de panceta. El tocino blando no es apropiado debido a que por elevación de la temperatura durante el picado se provoca el «embarrado» y posterior separación de la grasa durante el calentamiento de los embutidos escaldados. En los últimos años se comprueba con frecuencia que la grasa no responde en calidad al tocino consistente y firme. Los tejidos grasos son demasiado blandos. Los cerdos que hoy son sacrificados jóvenes poseen una menor cantidad de tocino y éste a su vez presenta una mayor proporción de la capa de grasa externa, blanda. Con el incremento del peso al sacrificio la capa inferior de grasa es más gruesa y su contenido en ácidos grasos saturados es mayor. Por lo tanto, el tocino se torna más firme conforme aumenta la edad y el peso al sacrificio, además posee una menor tendencia a la rancidez (19).

Sobre la calidad del tocino además de la edad de los cerdos de abasto influye también el tipo de alimentación. Aquellos animales que ingieren una alimentación con elevado contenido de ácidos grasos insaturados (maíz, aceite de soja, tortas oleaginosas) desarrollan en mayor proporción un tejido graso blando poco adecuado para la fabricación de embutidos escaldados. Se efectuarán controles sensoriales y mezclará la grasa de distintos animales. Se debe emplear tocino consistente sobre todo para que los embutidos escaldados que contengan grandes inclusiones de grasa como el Bierwurst.

El tocino se debe descortezar previamente al procesado. Si en el tejido graso permanecen trozos de corteza habrá una proporción excesiva de sustancias colágenas (tejido conectivo) en el producto terminado.

Elección del tejido conectivo

A los embutidos escaldados de calidad corriente se les agrega hasta un 10% de tejido conectivo y, en algunos tipos de embutidos que se fabrican desde antiguo, incluso hasta un 15%. El tejido conectivo a emplear es la corteza y los tendones. Es una práctica habitual en la industria también emplear piel de cabeza de ternero para las Weisswurst de Munich. Las cortezas son más apropiadas que los tendones y deberían emplearse en lo posible frescas y limpias de grasa. Sin embargo, según MÜLER *et al.* (22) por razones sensoriales (sabor, consistencia) es aconsejable no agregar más de un 5% de tejido conectivo a embutidos escaldados. Si se desea añadir una mayor proporción de tejidos ricos en colágeno debe utilizarse carne rica en tejido conectivo (ver Tabla 7), dado que no origina deficiencias sensoriales, o sólo eventualmente, cuando se agregan proporciones elevadas.

2. Composición de los embutidos escaldados

El valor BEFFE como criterio de calidad

Sobre composición de los tipos de embutidos escaldados algunas indicaciones importantes se encuentran en las «Normas rectoras para carne y productos cárnicos»

Tabla 1. (Ejemplo tomado de las normas rectoras)

2.222.2 Fleischwurst, Stadtwurst, Fleischkäse

Materia prima:	carne vacuna desprovista en parte de los tendones (1.112) carne vacuna con abundancia de tendones (1.113) carne de cerdo con abundancia de grasa (1.123) grasa (1.21)	
Características especiales:	enrojecidos; Fleischwurst y Stadtwurts en cordilla u otras tripas de calibre mediano; Fleischkäse cocido (en horno) o escaldado en moldes	
Valores analíticos:	proteína cárnica de proteína de tejido conectivo	no inferior a 7,5%
	proteína cárnica libre de proteína de tejido conectivo en la proteína cárnica	
	histométricamente	no inferior a 65 vol.%
	químicamente	no inferior a 75%

Tabla 2. (Ejemplo tomado del libro de formulaciones) (16)

2.222.2 Fleischwurst

Material para 100 kg:

10,0 kg	carne vacuna	1.112
40,0 kg	carne cerdo	1.122
30,0 kg	tocino	1.212
20,0 kg	hielo en escamas	

Especias y aditivos por cada kg de masa:

18,0 g	sal con nitrito para curado
2,0 g	pimienta
0,5 g	macís
0,5 g	cilantro
0,3 g	jengibre
2,0 g	pimentón
0,5 g	glutamato
3,0 g	coadyuvantes para el procesado con la cúter
1,0 g	fijador de color

Tripas: cordilla , 40/43 O

del año 1975 (1). Aquí, sobre la base de las fórmulas empleadas desde generaciones y habituales en la práctica industrial, se puntualiza sobre los tipos de carne empleados (niveles de calidad), sobre el grado de picado, tipo de tripa, indicaciones sobre el enrojecimiento y ahumado; además de otros detalles tecnológicos. Los valores analíticos indicados valoran sobre todo la proporción de la **proteína cárnica libre de la proteína de tejido conectivo**, o sea, el denominado valor BEFFE. La carne cruda magra contiene hasta un 20% de proteína cárnica (ver Tabla 7). Las otras exigencias analíticas permiten una deducción respecto del contenido de tejido conectivo permitido (BE), tanto para las determinaciones histométricas como químicas.

Las indicaciones incluidas en las «normas rectoras» para los distintos tipos de embutidos se encuentran estructuradas de acuerdo con las fórmulas y ofrecen una buena base para el fabricante. Las fórmulas que contienen los libros que estudian la fabricación de embutidos, ofrecen además indicaciones sobre pesos de los distintos aditivos e indicaciones sobre posibles mezclas de especias, hoy se emplean estas en forma de preparados comerciales (por ejemplo 16).

Clasificación estandarizada de la carne

Es importante comprobar que hoy los números de las normas rectoras se encuentran indicados también en las fórmulas para los distintos tipos de embutidos así como el estándar cárnico empleado (por ejemplo Cuadro 2), las normas rectoras también se encuentran basadas en una clasificación estandarizada de la carne. Sin la previa selección de la carne clasificándola por medio de una determinación visual de la posible proporción de carne magra, de tejido conectivo y de grasa no es posible elaborar **productos cárnicos** con una **composición homogénea** y una determinada calidad; porque ésta además de cumplir con las expectativas del consumidor también es la base para descartar objeciones a una composición incorrecta, como sería por ejemplo un contenido demasiado bajo de BEFFE o un contenido demasiado elevado de grasa, agua o de tejido conectivo (6, 20, 25, 27, 29).

Como base para una clasificación estandarizada de la carne destinada a la transformación industrial la legislación, en sus «normas rectoras», para carne vacuna ha definido con precisión tres niveles de calidad:

Tabla 3.

1.11 En la transformación industrial de la **carne vacuna** (incluida carne de ternero) se efectúa la siguiente diferenciación:

1.111 *«Carne vacuna con escasa cantidad de tendones y grasa»:*
Musculatura esquelética del vacuno que por su naturaleza posee poco tejido conectivo

y graso (por ejemplo la tapa) o aquella a la que se le eliminó mediante limpieza el contenido de estos tejidos (por ejemplo, a la espaldilla a la que se le ha desprovisto de tejido tendinoso)

1.112 *«Carne vacuna desprovista en parte de tejido tendinoso»*
Carne vacuna con contenido de tejido conectivo y graso tal como cabe esperar en el procesado de canales vacunas, no extremadamente pobres en músculo, sin solomillo, lomo y tapa luego de separadas las partes más gruesas de los tendones y depósitos grasos. La carne que presenta una proporción más elevada de tejido conectivo y graso se recorta de ambos.

1.113 *«Carne de vacuno con elevada cantidad de tendones»*
Es la carne de vacuno con elevado contenido de tejido conectivo superior al de «carne de vacuno desprovista en parte de tejido tendinoso» pero inferior al de la carne de las extremidades que ha sido separada de los huesos manual o mecánicamente o de la carne de la cabeza. La carne unida a los huesos de la cabeza o a los huesos largos se separa sólo manualmente.
La carne de las zonas entre la cabeza y el pescuezo y la del corte de desangrado se considera carne rica en tendones y se emplea sólo para embutidos cocidos y escaldados.

También para la carne de cerdo se tienen tres niveles de calidad. Mientras que para la carne de vacuno las diferencias se realizan principalmente sobre la base del contenido de tejido conectivo, en el caso de la carne de cerdo el criterio principal a valorar es el contenido de grasa.

Tabla 4.

1.12 Para el procesado de la **carne de cerdo** se hace la siguiente diferenciación:

1.121 *«Carne de cerdo con poca grasa y tendones»*
Musculatura esquelética del cerdo que posee por su composición poca cantidad de grasa y de tendones y su contenido ha sido reducido por la correspondiente limpieza.

1.122 *«Carne de cerdo desprovista en parte de grasa»*
Carne de cerdo con la proporción de grasa correspondiente a una canal no excesivamente engrasada desprovista en parte de la grasa de la carrillada, de la aguja, de grasa dorsal, de panceta y de riñonada.

1.123 *«Carne de cerdo con abundante cantidad de grasa»*
Carne de cerdo con una proporción de grasa acorde con la grasa de la panceta no extremadamente gruesa.
La carne de la zona del corte de sangrado y aquella separada del hueso manual o mecánicamente es considerada como carne con abundante grasa. La carne unida a los huesos de la cabeza y de las cañas es separado sólo en forma manual.

Desde hace años existen los denominados **estándares para el procesado** (por ejemplo 11, 14, 15) en los que de acuerdo con los índices de las normas rectoras, se dan las indicaciones específicas para una clasificación estandarizada de carne vacuna, de cerdo y ternera. La carne con distintos niveles de calidad se encuentra representada en **foto en color** de tal manera que se posibilita el control visual por parte del personal adiestado. Se indican también, para los distintos niveles de calidad, los **valores analíticos;** estos indican, además del contenido BEFFE y de tejido conectivo, el **contenido de agua y de grasa** (ejemplos en las Tablas 5 y 6).

Tabla 5. Categoría del material para el procesamiento: **vaca II** (corresponde al índice 1.112 de la norma rectora)

Descripción:
Carne de vaca desprovista en parte de tendones y libre de grasa. Hasta un 5% de grasa visible

Ejemplo de aplicación:
Carne para procesamiento con cúter para todos los tipos de embutidos escaldados de calidad especial mediana.

Cantidad de material en la clasificación de las vacas: aprox. 14-20%. La cantidad de material depende de la calidad de los animales.

Valores analíticos:

Agua	: 73%
Grasa	: 5%
Proteína cárnica(FE)	: 22%
Proteína de tejido conectivo (BE) en la proteína cárnica (valor relativo)	: 25%

El 22% de la proteína cárnica (FE) está compuesta de:

BEFFE	: 16,5%
BE	: 5,5%

(valores absolutos)

Control provisional mediante análisis rápidos

El fabricante de productos cárnicos ya puede calcular ahora mediante una formulación, de manera orientativa, cuál es el valor analítico que va a obtener en el producto terminado. Estos valores van a ser tanto más exactos cuanto más precisa sea la clasificación estandarizada. Aquí no es absolutamente imprescindible trabajar con los estándares de carne para la transformación industrial mencionados anteriormente. Muchas firmas han elaborado sus propios estándares para el despiece y han determinado sus valores analíticos para los niveles de calidad. Mediante una correcta clasificación visual, de acuerdo con sus propias reglamentaciones, el fabricante puede

Tabla 6. Categoría del material para el procesamiento **S II** (cerda y cerdo) (corresponde al índice 1.122 de la norma rectora)

Descripción:

Recortes de carne magra, libre de tendones con un porcentaje de grasa visible del 5% y porciones medias del brazuelo, jamón y paletilla, material de punta de pecho de las categorías E e I+.

Ejemplos de aplicación:

Material de inclusión para embutidos escaldados de calidad mediana y de calidad con características acentuadas, picado o procesado con la cúter para Jagdwurst, Schweinskäse picado grueso y otros.
Material básico para fiambre en rodajas y tipos de embutido cocido. Mediante una buena separación de la grasa se puede emplear el material para preparación de jamones, entre otros, jamón para emparedados, jamón prensado.

Cantidad de material (en la clasificación de los cerdos de las categorías I y II): aprox. 3,0-4,5%

Valores analíticos:

Agua	: 71%
Grasa	: 10%
Proteína cárnica (FE)	: 19%
Proteína de tejido conectivo (BE) en la proteína cárnica (valor relativo)	: 8%

19% de proteína cárnica (FE) está compuesta por:
BEFFE : 17,5%
BE : 1,5%
(valores absolutos)

calcular previamente con bastante precisión la **composición** de sus productos terminados y manejarla conforme a sus deseos. Los análisis rápidos sirven para un **control provisional de la materia prima prepicada y bien mezclada.** Hoy en día para los análisis rápidos se dispone de equipos para la determinación del contenido de agua y de grasa. Pero también se puede efectuar una determinación relativamente rápida del contenido total de proteína (4, 5, 7, 8, 9, 10, 13, 23, 24). En las publicaciones de ARNETH (4, 5), NOACK (24), BRAUN (8, 9, 10) y WELLHÄUSER (31) se brinda información sobre los instrumentos de análisis adecuados.

En los últimos años han aparecido algunas publicaciones que tratan de manera práctica la estandarización del material. Esto se realiza en parte para el control de la composición tisular de los embutidos y en parte, además, con el objetivo de obtener valores analíticos como base para la modificicación u optimización de la formulación (18, 21, 26).

Mezclado previo al control

Todos estos métodos ayudan a elegir las materias primas crudas con una composición definida la que se comprueba analíticamente y asegura la composición de los productos finales. Ofrece una buena base para ello también la **tecnología de premezclado (preblending)** desarrollado en los EEUU de Norteamérica. En esta técnica se selecciona por separado carne de vacuno y de cerdo cada una dentro de un estándar magro más rico en grasa. Cada grupo de ese material es picado en la picadora y luego mezclado correctamente en su propia mezcladora (blender). Tras determinar, mediante análisis rápido, la composición de las cuatro mezclas tiene lugar, de acuerdo con una formulación establecida, la inclusión de los dos componentes de carne magra (vacuno y cerdo) en un blender más grande. A éste se adiciona agua y sal y se efectúa una mezcla intensa del material. Una vez la masa magra ha alcanzado una buena homogeneidad se extraen muestras que son sometidas al análisis. Simultáneamente en otro blender, de acuerdo con la formulación establecida, se mezclan los tejidos de cerdo y vacuno con abundante contenido de grasa y se analiza esta mezcla. Finalmente las computadoras calculan las proporciones de las partes sobre la base de los valores analíticos determinados, que garantizan la deseada composición del producto terminado. Tanto en el blender grande final como también en los dos blender previos es posible, basándose en los análisis rápidos, efectuar una **corrección mediante adición.** La posible deficiencia en componentes como son: proteína cárnica (BEFFE), tejido conectivo, agua o grasa (2, 3, 28) pueden ser añadidos. Una vez obtenida la mezcla final ésta pasa por un molino coloidal que contribuye a darle a la masa la propiedad ligante.

Comparación de los métodos de control alemanes y americanos

El método preblending americano para el control de las propiedades tisulares de las materias primas crudas en distintas etapas de trabajo resulta costoso por las necesarias instalaciones de mezcladoras blender y además en cada caso sólo es adecuado para un solo tipo de embutido escaldado. Además con la picadora y el blender no se logra la misma fijación y textura de la masa en el embutido escaldado como con la cúter o, eventualmente, con la picadora y la cúter. En general, los fabricantes y consumidores de los Estados Unidos de Norteamérica tienen otro concepto sobre la consistencia de los embutidos escaldados que el que habitualmente se tiene en la República Federal Alemana. No obstante se pueden mencionar como ventaja en el método americano la menor complicación en la preclasificación de la materia prima cruda. Para ello en el preblending se requiere mucha menos precisión que la que se necesita en la preclasificación según los estándares alemanes, dado que todo se determina mediante análisis provisionales de las masas correctamente mezcladas.

En cambio en la selección de la materia prima, sobre la base de la composición tisular en Alemania, se debe efectuar una clasificación visual mucho más trabajosa y además se realiza el picado y preparación de la carne de cerdo con los tres niveles de calidad según las normas rectoras o según los estándares de procesado donde por lo general, se seleccionan hasta 5 niveles de calidad definidos (ver Tabla 7). El fabricante posee una gran libertad de variación y sin inconveniente puede elaborar a partir de éstos 6 a 10 grupos de material cualquier tipo de formulación para embutido escaldado. Esta ventaja del método de control alemán ha originado también que la tecnología de preblending se aplique solo en forma aislada en la República Federal de Alemania.

El fabricante que trabaja con el método de selección alemana conoce los valores analíticos de las materias primas obtenidos a partir de un material muy variado (por ejemplo, Tabla 7). Cuanto más adecuada es la preparación del personal para trabajar con los estándares, tanto más está asegurada la similitud entre la calidad tisular de la carne que se emplea para el procesado con los valores de las tablas.

Mediante la clasificación estandarizada el fabricante puede determinar la composición del producto terminado, a partir de los datos del material empleado. Mediante una calculadora de bolsillo tiene la posibilidad de revisar la formulación, sobre la base de estos datos que puede variarlos si lo desea (30). Esto es posible cuando un determinado tipo de carne no se encuentra disponible en cantidad suficiente o cuando el precio es marcadamente superior al que regía en el momento de elaborar la fórmula, los cálculos entonces se deberán suplir por otros. Según la experiencia de los profesionales de la carne, mediante una prolija clasificación de la misma, y con la ayuda de uno o dos valores analíticos como su contenido en grasa y agua es posible calcular con bastante precisión el contenido de proteína y de tejido conectivo del material picado y mezclado (17, 31).

Reglamento sobre el contenido de agua y grasa en los embutidos escaldados

Antes de que en el año 1975 entraran en vigencia las normas rectoras sobre evaluación de la composición de los productos cárnicos, el criterio de calidad se basaba sobre todo en el contenido de tejido conectivo. Pero en la inspección oficial del comercio se determinaban y valoraban también el contenido de grasa o de agua. En aquella época eran muy frecuentes las objeciones debido a que la «cantidad de agua» añadida era demasiado elevada o que su contenido de grasa era demasiado alto.

Tabla 7. Valores de referencia de la carne para procesado.

Clase de carne		Contenido de grasa %	Proteína cárnica %	BEFFE %	Tejido conectivo* %	Agua %	Grasa %
1.111	Carne vacuna I	5	21,6	19,7	8,5	72,4	5
1.111	Carne vacuna II	8	20,3	17,6	13,4	70,7	8
1.112	Carne vacuna III	11	20,0	16,3	18,4	68,0	11
1.112	Carne vacuna IV	35	14,1	11,7	17,0	49,9	35
1.113	Carne vacuna V	25	17,5	13,1	25,0	56,5	25
1.121	Carne de cerdo I	8	19,6	18,0	8,0	71,4	8
1.121	Carne de cerdo II	24	16,0	14,4	10,0	59,0	24
1.122	Carne de cerdo III	25	15,5	12,1	22,0	58,5	25
1.123	Carne de cerdo IV	55	10,0	8,5	15,0	34,0	55
1.123	Porciones de grasa de panceta	65	7,0	4,7	33,0	27,0	65
1.212	Carrillada	65	7,5	5,2	31,0	26,5	65
1.33	Careta	30	15,0	9,9	34,0	54,0	30
1.312	Cortezas	25	25,0	-,-	100,0	50,0	25
1.211	Grasa riñonada	92,3	2,8	1,2	44,0	7,6	92,3
1.212	Tocino	88	2,9	1,4	48,0	9,0	88
1.212	Tocino de aguja	86	3,2	1,5	54,2	10,3	86

* porcentaje de tejido conectivo en la proteína cárnica

Mediante las normas rectoras se introdujo una nueva valoración en la evaluación de la composición de los productos cárnicos. Hoy el punto principal se basa en el requisito de que los productos cárnicos deben contener una **suficiente cantidad de BEFFE como componente de valoración.** De acuerdo con la clasificación habitual de calidad de la industria se exigen para los embutidos escaldados valores de BEFFE entre 6 y 12% (la Tabla 8 muestra ejemplos de las clases más importantes).

Las normas rectoras determinan de manera indirecta también el contenido permitido en proteína de tejido conectivo.

Desde que entraron en vigencia estas normas se impone cada vez más la opinión de que un producto cárnico no es rechazable cuando cumple con el porcentaje de BEFFE requerido y no se excede en el contenido de tejido conectivo. Para los porcentajes de agua y grasa debería existir un cierto margen de tolerancia. Por otra parte este margen de variación se encuentra entre límites relativamente estrechos si se cumple con la proporción de BEFFE y con los requisitos tecnológicos para una mezcla de proteína- agua- grasa estable al calor. Sobre esta base existe también una cierta comprensión, por parte de la inspección, en relación con las diferencias regionales, como

Tabla 8. Embutidos escaldados *(Ver ampliación en la página 236)*

Denominación	Indices para las normas rectoras	BEFFE* en el producto total: % mínimo	BEFFE* en la proteína cárnica (quím.)% mínimo	BE* en la proteína cárnica (quím.) % máximo
Bierschinken	2.224.1	12	88	12
Bierwurst	2.223.2	8	80	20
Bierwurst de Baviera	2.223.1	9,5	80	20
Bockwurst	2.221.03	8	75	25
Bratwurst	2.221.12	8	75	25
Brühwurstpasteten con inclusiones medianas o grandes	2.222.4	8,5	82	18
Cabanossi	2.223.4	8	70	30
Fleischkäse	2.222.2	7,5	75	25
Fleischkäse común	2.222.3	6,5	65	35
Fleischkäse, picado grueso	2.223.3	8	75	25
Base para enlatado de carnes	2.222.5	7	70	30
Fleischwurst	2.222.2	7,5	75	25
Fleischwurst común	2.222.3	6,5	65	35
Fleischwurst, picado grueso	2.223.3	8	75	25
Gelbwurst	2.222.6	7,5	80	20
Göttinger	2.223.1	9,5	80	20
Bratwurst, picado grueso	2.221.11	8,5	75	25
Jagdwurst del Norte de Alemania	2.223.2	8	80	20
Jagdwurst del Sur de Alemania	2.223.1	9,5	80	20
Knacker	2.221.05	7,5	75	25
Knacker común	2.221.06	6,5	60	40
Salami cocido	2.223.1	9,5	80	20
Krakauer	2.223.1	9,5	80	20
Leberkäse	2.223.3	8	75	25
Lyoner	2.222.1	8	75	25
Mortadella del Norte de Alemania	2.222.1	8	75	25
Mortadella del Sur Alemania	2.221.4	8	80	20
Salchicha blanca de Munich	2.221.09	6,5	70	30
Rostbratwurst	2.221.11	8,5	75	25
Schinkenpastete	2.224.1	12	88	12
Schinkenwurst	2.222.1	8	75	25
Stadtwurst	2.222.2	7,5	75	25
Stadtwurst común	2.222.3	6,5	65	35
Stadtwurst, picado grueso	2.223.2	8	80	20
Salchicha blanca	2.221.07	7,5	80	20
Salchicha blanca común	2.221.10	6	65	35
Salchicha de Viena	2.221.03	8	75	25

* BEFFE = Proteína cárnica libre de proteína de tejido conectivo
BE = proteína de tejido conectivo
FE = proteína cárnica

Tabla 9. Tejido graso

1.21 *«Tejido graso»* es tejido que contiene principalmente grasa, obtenida por separación de la carne o de la cantidad abdominal pero no de los intestinos ni del peritoneo.

1.211 *«Grasa de riñonada»* es el tejido graso del cerdo que se encuentra entre el peritoneo y la musculatura abdominal interna.

1.212 *«Tocino»* es el tejido graso sin corteza que se encuentra debajo de la piel del cerdo, incluso con restos de carne.
El *tocino de carrillada* incluye glándulas salivares; el *tocino dorsal* incluye carne del pecho y la panceta y también glándulas mamarias no lactantes

1.213 *«Grasa de carne vacuna»* es la grasa del vacuno con excepción de los depósitos grasos de las cavidades corporales.

1.22 *«Grasa»* es la parte del tejido graso del cerdo («grasa de cerdo», «manteca de cerdo») o del vacuno («grasa vacuna», «sebo») a la que se le ha eliminado el agua y la proteína, obtenida por calentamiento, prensado o centrifugado. Para el caso de los embutidos cocidos untables la grasa de cerdo es similar al tejido graso.

«Grasa de caldera» es la grasa obtenida por desprendimiento durante la cocción de piezas con contenido de grasa. La grasa de caldera de piezas de cerdo recién sacrificado es similar, para el caso de embutidos cocidos untables, al tejido graso.

«Grasa de hueso» es la grasa obtenida en los establecimientos procesadores de carne de animales del propio sacrificio, por tratamiento de huesos frescos y no deteriorados, al vacío, a temperaturas de 100°C y posterior aclaramiento. Para el caso de embutidos cocidos untables es similar al tejido graso

por ejemplo, los embutidos escaldados en la zona sur presentan una proporción de grasa más elevada, siendo en el norte de Alemania, con distintas variaciones, mayor el contenido de agua agregada; pero en todo caso se mantiene el requisito básico el cual obliga a que haya suficiente carne (BEFFE) en el producto. Respecto de los contenidos de agua y grasa de las materias primas crudas no hay indicaciones en las normas rectoras. No obstante, respecto del tejido graso se definieron siete nuevos conceptos (ver Tabla 9) que el fabricante encuentra (con el mismo número de la norma rectora) en los distintos tipos de embutidos (ver Tabla 1).

En la década de los 70 una evaluación crítica respecto de la grasa «escondida» en los alimentos incluía también a los embutidos finamente picados; la evaluación originó que la liga de consumidores exigiera la indicación escrita del contenido en grasa. Ahora la unión de fabricantes de productos cárnicos ofrece voluntariamente el porcentaje de grasa en los embutidos más importantes. En la Tabla 10 se puede ver que dentro de los productos cárnicos los embutidos escaldados poseen con frecuencia el contenido más bajo en grasa (ver Tabla 10).

Tabla 10. Porcentajes de grasa en embutidos *(Ver ampliación en la página 237)*

Ejemplos de productos	Porcentajes de grasa
Corned beef alemán, Gelatina con jamón, Gelatina de ternero	5%
Schinckenpastete	10%
Bierschinken, Kaiserjagdwurst, Pilzpastete	15%
Jagdwurst, Grobe Schinkenwurst, Picado grueso, Morcilla de lengua, Morcilla de Thüringer	20%
Mortadella, Leberpastete, Bierwurst, Salchicha de Viena	25%
Fleischwurst, Kochwurst, Rostbratwurst, Rindswurst, Siedewurst	30%
Frühstückswurst, Vesperwurst	35%
Leberwurst de terneros, *Leberwurst* casero, Salami, *Mettwurst grobe,* Picado grosero	40%
Teewurst, Leberwurst grobe, Picado grosero, Morcilla casera	45%
Mettwurst de Braunschweig, Streichmettwurst	50%
Schmierwurst, Mettwurst sencillo	55%
Schmierwurst graso	60%
	65%

* Valores obtenidos al finalizar la elaboración, margen de variación ± 5% absoluto

Esta tabla del contenido en grasa de los productos cárnicos comerciales debería exponerse en todos los comercios para información del cliente, lo que lamentablemente no siempre se cumple. En los productos cárnicos preenvasados se manifiesta en la etiqueta sobre los porcentajes del contenido en grasa.

Respecto del **contenido en agua** con indicaciones analíticas del agua agregada permitida en los embutidos escaldados no existe reglamentación en la República Federal de Alemania, pero sí pautas regionales. Fundamentalmente se debe partir de la base de que la carne magra procesada contenga un 70 a un 75% de agua propia. No obstante el porcentaje de agua, en las diferentes etapas de procesado, se encuentra por debajo (ver Tabla 7). La carne con elevado contenido de grasa y/ o de tejido conectivo posee siempre poca agua; el tocino posee solamente un 9 a un 10% (ver Tabla 7).

El «agua agregada» (adición de hielo o agua) puede ser de hasta un 20% en los embutidos escaldados. La función que cumple este agua es la de solubilizar las proteínas y sales además de regular la temperatura durante el picado de la masa con la cúter o el mixer. El agua es necesaria para otorgar la típica consistencia jugosa que presentan los embutidos escaldados al ser mordidos. El «contenido de agua agregada» calculado analíticamente no es similar a la cantidad porcentual del agua que se ha añadido. El agua agregada se calcula a partir del contenido de proteína total (restándole eventualmente la proteína agregada) y la cantidad de agua. Luego al contenido de agua se le resta cuatro veces el valor de la proteína. Lo que resta es el valor de agua agregada.

Este cálculo se efectúa sobre la base del denominado «número de Feder» que para la carne se basa en una relación proteína agua de 1:4. Si observamos la Tabla 7 vemos que este cálculo es muy generoso. En ninguna clase de carne el contenido de agua propia es cuatro veces el porcentaje de la proteína cárnica. Se desprende de esto que en el embutido escaldado terminado una parte del agua añadida no se determina como «agua agregada». En realidad la relación proteína: agua de la carne es 1:3,5-3,6.

Como ya se ha mencionado anteriormente hoy el contenido de agua agregada en los embutidos escaldados se calcula por la inspección oficial de alimentos de distinta manera a como se hacía antes de entrar en vigencia las normas rectoras. Lo importante es que el producto contenga una suficiente cantidad de proteína cárnica (BEFFE). De todas maneras se debe considerar que el porcentaje de agua agregada, fijado hace años, se encuentran entre un 5 y un 20% de acuerdo con el tipo de producto y la región.

También las **tripas naturales** al ser **envolturas comestibles** son consideradas alimentos y por tanto materias primas de los embutidos escaldados. Las normas rectoras cuentan con definiciones bien precisas de las tripas naturales y otras partes del animal empleadas como envolturas para productos cárnicos (ver Tabla 11).

Para embutidos escaldados además de las tripas finas de ovino y de cerdo se utilizan en forma alternativa también las tripas finas **comestibles** de colágeno reconstituido a partir de la capa que se desprende en la preparación del cuero vacuno.

La evaluación en la industria de las tripas apropiadas y habituales se ve facilitada por las normas rectoras, las que para cada formulación de embutidos escaldados da indicaciones («características especiales») sobre las envolturas empleadas y el calibre de las tripas naturales (por ejemplo Tabla 1).

Solamente en salchichas de primera y mediana calidad se ofrecen en tripa fina de ovino y con un calibre inferior a 32 mm. Las de calidad corriente deben ser embutidas en tripas de calibre superior a 32 mm. Aquellas salchichas que para su conservación han sido tratadas en recipientes con salmuera y que se encuentran aún en los mismos, por ejemplo, un producto de lata, presentan un valor de BEFFE inferior en 0,5 (7,5 en lugar de 8%) al valor mínimo indicado en la formulación de las normas rectoras. Esto se debe probablemente a los procesos de intercambio que tienen lugar en este tipo de recipientes.

Tabla 11.

Además de las tripas artificiales se emplean como envolturas para los productos cárnicos las siguientes partes de los animales:

del VACUNO:

Esófago (sin musculatura, invertido);
Pared del rumen (sin mucosa, invertido);
Intestino delgado (sin mucosa, invertido) como «cordilla»;
Ciego y la porción hasta el colon (sin mucosa, invertido) como «morcon»
Serosa (sin mucosa, invertido) como «tripa mediana»;
Recto (sin mucosa, invertido);
Vejiga (con mucosa, invertida);

del TERNERO:

Ciego (sin mucosa, invertido) como «morcon de ternero»;
Intestino delgado (sin mucosa, invertido) de terneros más grandes;
Vejiga (con mucosa, invertida);

del CERDO:

Estómago (con mucosa, invertido);
Intestino delgado
a) sin mucosa, sin capa muscular, no invertido como «intestino delgado de cerdo»;
b) invertido (con mucosa) para leberwürstchen (morcillitas de hígado);
c) sin mucosa, sin submucosa (sólo capa muscular y serosa) para determinadas salchichas para asar;
Ciego (con mucosa, invertido) como «calota de cerdo»;
Colon (con mucosa, invertido) como «tripa mediana»; porción hasta el recto;
Recto (con mucosa, invertido) como «cular»;
Vejiga (con mucosa, invertida);

del OVINO:

Intestino delgado (sin mucosa, sin capa muscular, sin serosa, no invertido) como «tripa fina de ovino», «cordilla»;
Ciego (sin mucosa, invertido) como «tripa ancha de carnero»;
Vejiga (con mucosa, invertida)

del CABALLO:

Intestino delgado (sin mucosa, invertido).

Conclusiones

La calidad de los embutidos escaldados depende principalmente de la capacidad de la proteína cárnica para fijar el agua y la grasa. Desde este punto de vista es adecuado el empleo de la carne caliente. En la República Federal de Alemania las dos terceras partes de los establecimientos aún sacrifican sus animales o cuentan con la posibilidad de obtener carne caliente de mataderos localizados en las cercanías. No obstante las ventajas que presenta la carne caliente pocas veces es utilizada desde que está permitido el empleo de difosfatos como aditivos ligantes.

El transporte de la carne se efectúa sólo en forma refrigerada. Frecuentemente se puede emplear carne congelada. En ambas formas se encuentra reducida su capacidad de fijación.

Aquél que desee almacenar carne congelada debería previamente limpiarla de tendones y de grasa, clasificarla según su calidad y luego congelarla en capas delgadas para que en el futuro se pueda picar sin necesidad de descongelar previamente. De esta manera se evitan las pérdidas por exudación del jugo.

La carne de los animales jóvenes presenta una capacidad de fijación mayor que la de los animales viejos. La carne, en lo posible, será magra para lograr una buena desintegración de la proteína cárnica.

Como tejido es apropiado el tocino que será fresco y consistente, se agregará tejido conectivo y cortezas para las calidades corrientes.

Mediante las «Normas rectoras para la carne y productos cárnicos» se consiguió la base para la estandarización en la composición y elaboración de embutidos escaldados. A través de ella también se consigue una valoración más clara de la calidad de los productos escaldados por parte de los organismos de inspección y de los consumidores.

En las normas rectoras se fijaron niveles de calidad (clases de carne) para una clasificación estandarizada de la carne que son la base para una composición homogénea de los productos terminados y para los cálculos sobre estos.

Las normas rectoras fijan, para cada fórmula de embutido escaldado y de acuerdo con las costumbres industriales, las clases de carne a emplear y también otras características importantes.

Como base de valoración (componente que determina el valor) se eligió el contenido de proteína sin la proporción de tejido conectivo (FE - BE = BEFFE).

Estándares de procesado confeccionados para la práctica ofrecen al fabricante la posibilidad para una clasificación visual de la carne con indicaciones sobre BEFFE, BE grasa y agua de los diferentes niveles de calidad (clases de carne).

Con este recurso es posible efectuar el control de la elección estandarizada de la materia prima. Los métodos analíticos rápidos permiten una determinación precisa de la composición tisular de la materia prima prepicada y bien mezclada.

Desde la introducción de la valoración de la calidad sobre la base del contenido BEFFE y del contenido de tejido conectivo la evaluación de los contenidos de agua agregada y grasa se efectúa de una manera algo más flexible.

Por otra parte desde la unión de fabricantes se dan a conocer los habituales porcentajes del contenido de grasa con una tolerancia permitida de un ± 5%. Se puede comprobar frecuentemente la tendencia a una mayor reducción en la proporción de grasa por parte del fabricante lo que coincide a su vez con los deseos del consumidor.

Los cambios que se introdujeron en las últimas décadas respecto de la estandarización y del control de la calidad de la materia prima, de la tecnología de fabricación y de la composición del producto, ofrecen al consumidor la garantía de un nivel de calidad homogéneo del producto terminado.

Bibliografía

1. Leitsätze für Fleisch und Fleischerzeugnisse. Bundesanzeiger Nr. 134 vom 25.07.1975, Beilage 21, S. 4 - 17

2. ABU-BAKAR u. M.: Processing characteristics of pre- and postrigor beef preblends for wiener production. J. Food Scie. **47,** 374 (1982)

3. ACTON, J. C. u. M.: Preblended meats in sausage emulsions. Food Techn. **23,** 367 (1969)

4. ARNETH, W.: Halbautomatische Eiweißbestimmung in einem Probenhydrolysat. Eine einfache und schnelle Methode. Die Fleischwirtschaft **63,** 1867 (1983)

5. ARNETH, W.: IR-spektoskopische Schnellanalyse der Hauptbestandteile von Fleisch und Fleischwaren. Erfahrungen mit zwei Verfahren. Die Fleischwirtschaft **64,** 193 (1984)

6. BAKKER, F.: Standardisierung der Wurstherstellung. Fleischerei **28,** 19 (1977)

7. BALDRICH, E. u. M.: Die Qualitätskontrolle von Fleischwaren im Routinebetrieb. Die Fleischwirtschaft **56,** 1101 (1976)

8. BRAUN, K.: Visuelle Standardisierung, Fett-Standardisierung und Fleischeiweiß-Standardisierung in der Fleischwarenindustrie. Fleischerei **31,** 554 (1980)

9. BRAUN, K.: Der Einsatz verschiedener Standardisierungs-Systeme in der Fleischwarenindustrie. Fleischerei **32,** 589 (1981)

10. BRAUN, K.: Konzept zur Standardisierung einzelner Kutterchargen. Fleischerei **33,** 521 (1982)

11. HACK, K.-H.; E. STAFFE; U. GERHARDT: GEHA-Verarbeitungsmaterial-Atlas für die Fleisch- und Wurstwarenfabrikation. Firma Gewürzmüller International, Stuttgart (1976)

12. HAMM, R.: Kolloidchemie des Fleisches. Paul Parey-Verlag, Berlin (1972)

13. HAUSSMANN, R. u. M.: Qualitätsbestimmungen zur Prozeßsteuerung in der fleischverarbeitenden Industrie. Fleischerei **28**, 2 (1977)

14. Die Anwendung der Leitsätze für Fleisch und Fleischerzeugnisse in der Praxis. Firma van Hees, Walluf (1977)

15. ISB-Verarbeitungsfleisch-Standards für Rind- und Schweinefleisch. Institut für Selbstbedienung, Köln (1973)

16. KOCH, H.: Die Fabrikation feiner Fleisch- und Wurstwaren. Verlagshaus Sponholz, Frankfurt/Main (1978)

17. KUBE, G.: Aspekte der Rezepturberechnung auf der Grundlage weniger Analysen des Rohmaterials. Fleischerei **28**, 9 (1977)

18. KUBE, G.: Rezepturoptimierung per Computer - Grundlagen und Erfahrungen. Fleischerei **32**, 550 (1981)

19. KÜHNE, D.: Zusammensetzung der Fette bei verschiedenen Tierarten. Mitteilungsblatt der BAFF Nr. 84 vom 01. 06. 1984, S. 5959

20. LIEBLER, E.: Fleisch zur Verarbeitung standardisieren, nichts riskieren! Fleischerei **27**, 18 (1976)

21. LORENZ, G.: Berechnung von kostengünstigen Brühwurstrezepturen. Fleischerei **35**, 332 (1984)

22. MÜLLER, W.-D. u. M.: Zur Verarbeitung von kollagenem Gewebe zu Brühwursterzeugnissen. Mitteilungsblatt der BAFF Nr. 84 vom 01. 06. 1984, S. 5929

23. NOACK, W.: Nutzung analytischer Schnellmethoden. Fleischerei **30**, 549 (1979)

24. N. N.: Meßgeräte für fleischverarbeitende Betriebe. Fleischerei **28**, 44 (1977)

25. N. N.: Rohstoff-Standardisierung. Die Fleischwirtschaft **59**, 1117 (1979)

26. POTT, G.: Rezepturoptimierung und zuverlässige Materialkalkulation. Fleischerei **35**, 395 (1984)

27. REUTER, H.: Produktions-Standardisierung. Die Fleischwirtschaft **54**, 709 (1974)

28. TÄNDLER, K.: Theorie und Praxis des "Preblending" bei der Wurstherstellung. Mitteilungsblatt der BAFF Nr. 55 vom 01. 03. 1977, S. 2988

29. TÄNDLER, K.: Standardisierung und Kontrolle. Die Fleischwirtschaft **60**, 1848 (1980)

30. TIELMANN, J.: Betriebswirtschaftliche Berechnungen unter Verwendung programmierter Kleinrechner. Fleischerei **33**, 884 (1982)

31. WELLHÄUSER, R. u. M.: Grundsätzliches zum Einstellen von BEFFE-Werten. Archiv für Lebensmittelhygiene **31**, 141 (1980).

Capítulo 4

Fijación de agua, fijación de grasa, formación de la estructura

F. WIRTH

El embutido escaldado está compuesto básicamente por una mezcla finamente picada de tejido muscular (carne), tejido graso y agua, a la que se le añade sal y especias para la formación del color, sabor, y en parte también, para su estabilización. El embutido escaldado puede estar compuesto exclusivamente de esta masa homogénea básica (por ejemplo, Lyoner, embutido de carne, diferentes tipos de salchichas), y/o el embutido escaldado contiene en esta masa homogénea, en mayor o menor grado, inclusiones de trozos, sobre todo de carne, de tocino (por ejemplo, Jagdwurst, Göttinger, Bierschinken) y también alimentos de otra naturaleza como pueden ser trozos de setas, verduras o queso. Los componentes de la masa básica son picados crudos, mediante cuchillas que giran a gran velocidad u otros sistemas donde sean picados y posteriormente son mezclados. Así se obtiene una masa pastosa espesa, la que con el posterior tratamiento térmico (ahumado en caliente, escaldado, esterilizado) se torna firme (coagula) manteniendo su firmeza aún después de un posterior tratamiento calorífico. Las inclusiones gruesas o trozos son agregados a la masa o son picados junto con ella hasta el tamaño de partícula deseado.

1. Aspectos físico-químicos del embutido escaldado

Desde el punto de vista físico-químico la pasta o masa del embutido escaldado está compuesta por diferentes sistemas:

- Solución de proteínas y sales
- Suspensión de componentes tisulares en el agua existente y en la añadida

- Gel de sustancias proteicas del tejido muscular
- Fijación de células adiposas y de grasa libre en el gel de las proteínas musculares solubles en agua y sal, en parte, en forma de emulsión.

Entre los requerimientos y objetivos tecnológicos necesarios para la elaboración de embutidos escaldados, se encuentra la **fijación de agua,** o sea, la fijación estable al calor, por parte de la proteína cárnica, del agua componente de los tejidos y del agua agregada y la **fijación de grasa,** o sea, la inclusión de la grasa (aproximadamente 20 a 35% del embutido escaldado) en la trama formada por la proteína muscular y el agua.

Para la fijación de agua y la fijación de grasa, (ambos procesos de integración de agua agregada y de grasa están estrechamente ligados entre sí), la principal responsable es una sustancia que se encuentra en la célula muscular denominada **actomiosina.** Esta sustancia proteica de estructura compleja, apta para la contracción y que durante la vida origina el movimiento muscular, está compuesta por dos proteínas **actina y miosina.**

La carne magra está compuesta aproximadamente por un 20% de proteínas (el resto lo forman un 75% de agua, 3% de grasa y 2% de sales e hidratos de carbono). Pero la actina y la miosina representan un 40% de la proteína cárnica total, o sea, aproximadamente el 8% de la carne; de este porcentaje le corresponde a la miosina la mayor proporción, que es también la proteína más importante desde el punto de vista tecnológico. Las demás proteínas de la carne, si bien son de alto valor nutritivo, poseen poca influencia sobre los procesos tecnológicos de la elaboración de los embutidos escaldados. Por tanto es de fundamental importancia liberar las proteínas estructurales actina y miosina de la célula muscular, mediante el proceso de picado, dando lugar posteriormente a una intensa imbibición y solubilización. Para lograr este objetivo existen varios procedimientos de gran influencia en la tecnología de la elaboración de embutidos escaldados.

2. Fosfatos, ATP, «carne caliente»

El **adenosintrifosfato- ATP** es un proveedor de energía para diversos procesos vitales necesarios para el organismo. En la musculatura (carne) el ATP separa el complejo proteico **actomiosina** en sus componentes **actina** y **miosina**. Esta separación de ambas, que caracteriza al músculo relajado, también se manifiesta durante un lapso de tiempo después de la muerte. Aprovechando esta característica se puede incluir, en la elaboración de embutidos escaldados, mucha agua (agua agregada) en los espacios relativamente grandes que se encuentran entre ambas sustancias proteicas unidas laxamente. La sal común ayuda a este proceso (página 67). La aceptación de agua produce una imbibición de la masa muscular picada, formándose un gel de proteína (procesado de la masa magra en la cúter). Además con la sal se solubiliza una mayor proporción de actina y miosina que en la actomiosina. Los procesos de **imbibición** y **solubilización** de las proteínas, son los responsables de la fijación de agua y de grasa.

El gel de actina-miosina forma una trama que permite la inclusión de la **grasa** y **partículas de tejido graso dentro del gel** (incorporación del tocino a la masa magra mediante el procesado con la cúter). Las proteínas solubilizadas recubren mediante una película proteica una parte de la grasa liberada durante el picado formando una emulsión. Esta película a su vez impide o dificulta la confluencia de la grasa durante el tratamiento por calor. Si esta trama proteica es demasiado laxa o demasiado delgada para integrar la cantidad de grasa existente se rompe durante el tratamiento calorífico; en este caso se liberan las partículas de grasa formándose un espacio donde confluyen y se unen (separación de grasa). Por tanto para la **fijación de grasa** es muy importante la total liberación y separación («activación») del complejo proteico actomiosina a partir de la carne magra. Esta liberación no puede ser sustituida por ninguna otra técnica (picado intensivo de la carne magra, «procesado con la cúter en seco»).

La separación de la actomiosina en actina y miosina persiste en la medida en que exista suficiente concentración de ATP. Tras la muerte del animal todavía se crea ATP

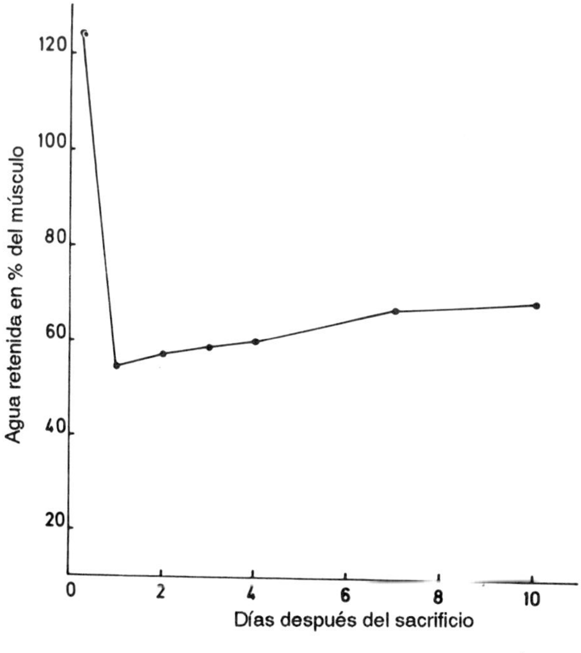

Gráfico 1.
Variación en la capacidad de fijación de agua de la carne vacuna después del sacrificio (según HAMM, 1973)

aunque éste es degradado en el término de horas. El contenido de ATP en la célula muscular es de 5 μmol ATP/g de tejido. El valor límite todavía eficaz para que produzca la separación de actina y miosina es de 1 -1,5 μmol/g de tejido; este valor ya es alcanzado a las **4 horas en la carne de vacuno y a la hora, en la carne de cerdo,** después del sacrificio; este tiempo puede variar de animal a animal.

La carne con elevado contenido de ATP se conoce en la práctica como **«carne caliente»**. Aunque esta carne está «caliente» sólo unas pocas horas después de la muerte del animal. El proceso, no obstante, nada tiene que ver con la temperatura de la carne sino con su concentración en ATP. Tras la degradación de ATP, la actina y la miosina se unen formando el complejo actomiosina. Entonces el músculo se acorta, se endurece, tiene lugar la rigidez cadavérica (rigor mortis) y a continuación se alcanza el estado de **«carne fría»**, lo que significa que se han acortado los espacios entre actina y miosina, aceptando por ello menos agua, disminuyendo, por lo tanto, la fijación de agua de la carne (Gráfico 1).

El Gráfico 1 muestra que la capacidad de fijación de agua de la carne es máxima inmediatamente y pocas horas después del sacrificio («carne caliente»), disminuye luego rápidamente hasta alcanzar un punto mínimo después de 24 horas (carne fría). La capacidad para la fijación de agua en la «carne fría», es tan sólo la mitad de la «carne caliente». En los días siguientes, debido al aumento del pH por degradación proteica, la capacidad de fijación de agua aumenta paulatinamente en pequeña proporción; pero ésta queda bastante alejada de la «carne caliente» que contiene ATP.

Procesado de la «carne caliente»

De acuerdo con lo dicho anteriormente, el procesado de la carne para embutidos escaldados, debería efectuarse pocas horas después del sacrificio (vacunos ~ 4 horas, porcinos ~ 1 hora). Sin embargo, dificultades organizativas limitan la implantación de esta técnica. No obstante, esta propiedad de la carne caliente es «conservable». Mediante el agregado de sal en el momento adecuado (sal común, sal con nitrito para curado) a la «carne caliente», se puede impedir la unión del complejo proteico actomiosina. Se supone que debido a la admisión de iones de la sal común, se influye de tal manera sobre las cargas eléctricas entre las moléculas proteicas, que a pesar de la degradación de ATP se impide la unión de actina y miosina. Lo importante en este **presalado** (sal con nitrito para curado, sal común) es que la sal penetre por difusión en todos los ámbitos de la carne, incluso en los más íntimos, en un período de 4 horas para el caso del vacuno y de 1 hora para el caso del porcino. ¡Pero este procedimiento requiere tiempo! No es suficiente adicionar sal sobre la superficie de la carne, porque para lograr un efecto total se requiere **el picado** de la carne en el momento preciso hasta

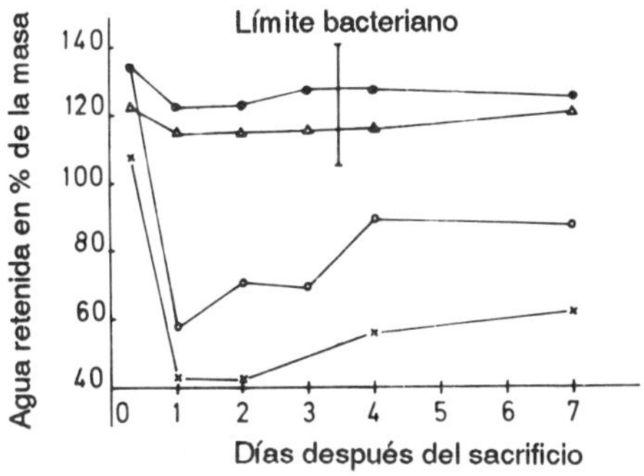

Gráfico 2.
Efecto del presalado de la carne vacuna caliente, sobre la capacidad de fijación de agua de la masa. 2% de sal común (con respecto a la carne), 60% de agregado de agua (según HAMM, 1973)

● carne caliente salada (picada); se siguió procesando después del tiempo indicado.

△ carne caliente salada y procesada inmediatamente con la cúter; se siguió procesando después del tiempo indicado.

○ carne conservada en cámara durante el tiempo indicado (en piezas), luego picada, salada y continuación del procesado.

x carne conservada en cámara durante el tiempo indicado (en piezas), luego picada, continuándose con el procesado sin agregado de sal.

conseguir triturarla hasta el tamaño de pequeñas partículas y la distribución homogénea de la sal en la carne. Incluso con un picado más fino y mezclado con sal, para crear la formación de una mezcla. En este estado, la carne se puede conservar en refrigeración con una elevada capacidad para la fijación de agua; capacidad que dura tres días en refrigeración de 0 a 2°C. Después de este tiempo ya aumenta el riesgo de deterioro bacteriano (Gráfico 2).

El Gráfico 2 muestra que la capacidad de la carne cruda para fijar el agua es máxima pocas horas después del sacrificio y que esta condición puede mantenerse unos días mediante el presalado (picado o mezclado). La conservación en refrigeración se encuentra limitada por el aspecto microbiológico. La pasta o masa de la carne cruda contiene gran número de bacterias, las que tarde o temprano originan un deterioro incluso a temperaturas de refrigeración, lo que generalmente se traduce en una acidificación. La diferente capacidad de fijación de agua de la «carne caliente» picada o bien formando una pasta o masa mezclada, así como también de la «carne fría», con y sin agregado de sal, son comparados entre sí.

Conservación de «carne caliente» en congelación

La **«carne caliente»** puede **conservarse en congelación** manteniendo totalmente su elevada capacidad de fijación de agua. Esta circunstancia es poco valorada en la práctica y escasamente empleada. Esta ventaja debería ser contemplada también desde el punto de vista económico (aprovisionamiento de carne en épocas donde los precios son convenientes). Sin embargo, en el congelado y descongelado de la «carne caliente» se tendrán en cuenta aspectos importantes. El proceso de congelación debe efectuarse en un tiempo muy corto (temperatura por debajo de -18°C para trozos de 6 cm de espesor como máximo) para lograr una temperatura de congelación en el interior de la carne vacuna, en un tiempo de 4 horas y en la carne porcina de 1 hora después del sacrificio. La carne además no debe ser descongelada antes de su procesado sino que debe ser picada en la cúter estando congelada, (si es necesario se la prepica en la cortadora de carne congelada). Si esto no se tiene en cuenta, en la descongelación se produce una pérdida rápida de las «características de la carne caliente». La pérdida de estas características es mayor cuando la carne se congeló sin sal. La carne presalada está menos sujeta a tan estrictas medidas durante el congelado y procesado, porque al agregar sal se impide la unión de actina y miosina. Sin embargo, es más seguro, sobre todo ante la posibilidad de una insuficiente distribución de la sal, no descongelar el material presalado sino colocarlo congelado en la cúter. Así mismo antes de adicionar agua se puede picar (destruir muchas células musculares para liberar actina y miosina).

Fosfato agregado

Tras la degradación de ATP y la consecuente unión de los filamentos de actina y miosina, se origina, tal como ya se ha descrito, el complejo actomiosina. En esta circunstancia la fijación de agua y grasa de la carne se encuentra disminuida.

Sin embargo, este estado propio de la «carne fría» puede hacerse reversible mediante el agregado de fosfato. En la República Federal de Alemania se permite bajo declaración, el empleo de **difosfato** agregado a la carne fría, en una concentración de 0,3% del contenido en tejido muscular y adiposo (pH de hasta 7,3 en una solución acuosa al 0,5%), pero esta cantidad no es la óptima, desde el punto de vista tecnológico; se puede obtener el mismo o incluso un mejor efecto con cifras más bajas (0,15% a 0,2%), evitando de esta forma los efectos secundarios indeseables del fosfato sobre el color (pálido) y el sabor (sensación en la boca diferente a la habitual). Si bien mediante el fosfato agregado no se logra la extraordinaria aptitud tecnológica de la «carne caliente» para la elaboración de embutidos escaldados, el empleo de fosfatos es el más efectivo de todos los posibles aditivos y de todos los métodos para mejorar la fijación de agua y grasa al embutido escaldado. El efecto químico del difosfato añadido es equiparable al del ATP propio de la carne: separa el complejo actomiosina en sus componentes actina y miosina.

3. Concentración de sal, «fuerza iónica»

La concentración total de todas las sales en la masa, o sea, las sales propias de la carne y aquellas agregadas (sal común, nitrito, citrato, fosfato), dan como resultado la denominada **fuerza iónica**. La concentración de sal es importante para aumentar la capacidad de imbibición de la actina y miosina y para solubilizar las diferentes proteínas cárnicas. La actina y la miosina no son solubles en agua, solamente lo son en soluciones salinas y además la solubilidad aumenta hasta una concentración del 6%. Esto significa, desde el punto de vista tecnológico, que la sal total de un embutido escaldado corresponde a la carne magra, tanto en el **presalado** como en la **fase inicial del procesado con la cúter**. Las sales genuinas de la carne se encuentran sobre todo en el jugo cárnico (jugo celular, sarcoplasma). El tejido muscular contiene sales que equivalen a una concentración de aproximadamente un 1% de sal común. Por esto en la carne congelada debería minimizarse en lo posible la pérdida de jugo cárnico. Lo adecuado sería preparar la carne antes de ser congelada de tal manera (estandarización) que sea innecesaria la descongelación y que la carne sea picada congelada en la cúter.

También mediante la adición de coadyuvantes para el procesado con la cúter como **citrato** y **lactato**, se aumenta la cantidad de sal y con ello la imbibición y la solubilidad de las proteínas cárnicas. En la elaboración de embutidos escaldados a partir de carne que no sea caliente se admite, en la República Federal de Alemania, un agregado de hasta 0,3% de ácidos comestibles en forma de sales sódicas. Si bien el efecto no debe ser sobreestimado, deberían usarse cuando no se adiciona fosfato, proteína láctea o plasma sanguíneo. La reglamentación sobre carne permite sólo un aditivo en cada caso, no siendo obligatoria la declaración de citrato y lactato. Dado que el citrato o lactato, utilizados como coadyuvantes para el procesado con la cúter, son por lo general sales sódicas y que su pH es levemente alcalino, se presenta también en la mayor parte de los casos una elevación del pH de la masa del embutido escaldado (aproximadamente 0,1 unidades de pH). Un mayor pH significa una mejor fijación de agua.

Salado de alta concentración

Para la elaboración de **salchichas en lata**, en los últimos años se implantó un método con buenos resultados, en el cual aprovecha el aumento de la capacidad de imbibición y solubilidad de las proteínas cárnicas en presencia de mayores concentraciones de sal. El método se conoce como **salado de alta concentración** o salado intensivo. El principio se basa en agregar a la carne magra, durante la elaboración de la masa, parte de las sales o eventualmente el total de las mismas, pero no más de 5% de sal respecto de la cantidad de la carne magra existente. Para ésto se coloca en la lata la correspondiente salmuera de baja concentración o solamente agua. La nivelación de sabor de las salchichas transitoriamente muy saladas, tiene lugar en forma rápida, en 1 a 3 días según el calibre de las mismas. Es decir, que la sal pasa hacia el líquido desde el interior de la lata en el momento en que el agua y la grasa del embutido escaldado ya están fijadas. Este método para salchichas en lata es sencillo y eficaz para lograr una concentración de sal en la masa, además es ventajoso para las salchichas, que calentadas en forma intensiva, necesitan fijar el agua y grasa, pero también formar una estructura (más firme al morder). El agregado adicional del salado de alta concentración debe efectuarse mediante sal común; una mayor utilización de nitrito (sal con nitrito para curado) debe descartarse por razones sanitarias y también porque puede acarrear dificultades respecto de las cantidades residuales de nitrito y nitrato legalmente establecidas para el producto terminado.

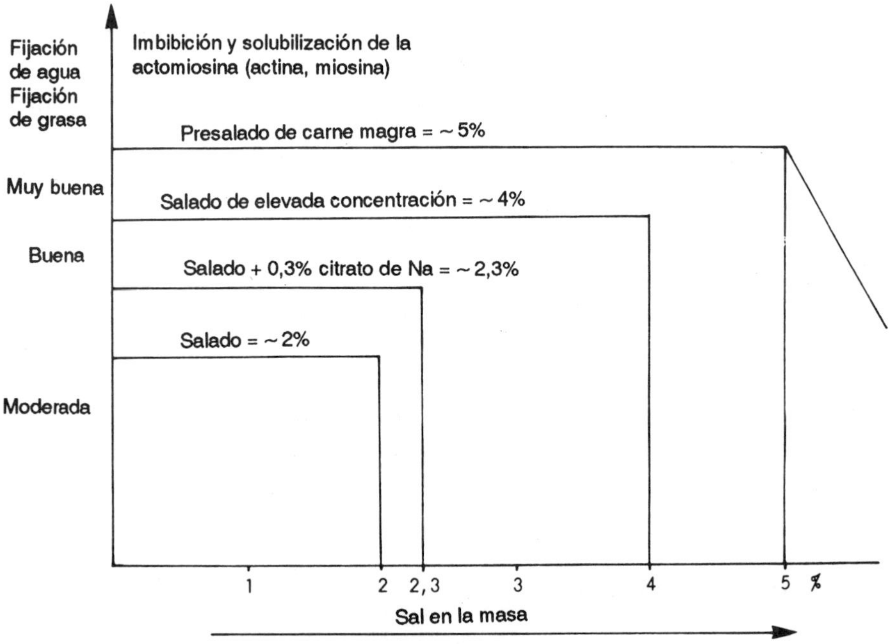

Figura 3. Influencia de la concentración de sal sobre la capacidad de imbibición y solubilidad de la actomiosina (esquematizado).

Los conceptos descritos se representan en el Gráfico 3. Con la adición de sal del 2% (salado normal) el efecto sobre la imbibición y solubilidad de actina y miosina es moderado y también el efecto sobre la fijación de agua. La adición de 0,3% de una sal para el procesado con la cúter (por ejemplo citrato) eleva el añadido de sal en un 2,3% y alcanza con ello un cierto efecto. Mediante el presalado (carne magra) y salado de alta concentración (salchichas en lata) la cantidad de sal en la carne magra (picada, mezclada) y en la masa final, se eleva marcadamente la solubilidad de aquellas y con ello se logra un efecto notablemente mayor. No obstante, el agregado de sal a la carne magra o a la masa final no debería superar nunca el 5%, en esta cifra se tendrá en cuenta la sal propia de la carne (aproximadamente un 1%). A concentraciones superiores al 6% se producen efectos negativos sobre las proteínas (afloración de sal, desnaturalización de las proteínas).

4. pH

El pH de la carne, que en el momento de sacrificio se encuentra en 7,2 descendiendo en las horas posteriores a valores por debajo de 5,8, influye fundamentalmente sobre la capacidad de fijación de agua de la actomiosina. Con la disminición del pH la proteína cede agua en forma creciente. Este es el proceso adecuado para lograr la consistencia en el corte y la conservación de los embutidos secos; favorecese este proceso mediante la acidificación adicional. Para el embutido escaldado este proceso no sólo es indeseable sino que un pH por debajo de 5,7 imposibilita, desde el punto de vista tecnológico, obtener dicho embutido. A un pH de 5,0 a 5,2 (punto isoeléctrico de la actomiosina) la fijación de agua se encuentra en el nivel más bajo. Pero la influencia que se puede ejercer sobre el pH de la carne cruda es limitada, puesto que el descenso del mismo tras el sacrificio desde 7,2 a aproximadamente 5,3 a 5,6 en la carne de vacuno y 5,6 a 5,8 en la carne porcina, es un proceso normal debido a la formación de ácido láctico a partir del glucógeno (glucosa) y en parte por la denominada maduración de la carne. Pero, en la medida en que se pueda aplicar el procesado o almacenamiento de la carne caliente, se aprovecha también el relativamente elevado pH de la carne en ese momento, que es de aproximadamente 6,5. El elevado pH de la carne oscura y untuosa y la elevada capacidad de fijación de agua de la misma, se tratará en la página 70.

La escasa capacidad de fijación de agua y grasa por parte de la carne fría, se debe, además de a la pérdida de ATP, al descenso del pH. Una pequeña elevación del pH de aproximadamente 0,1 unidad de pH, se puede lograr mediante el uso de la sal sódica de los ácidos comestibles (citratos, lactatos) y de fosfatos sódicos.

En la elaboración de embutidos escaldados a menudo aparecen en la fabricación fallos inexplicables o deficiencias en la fijación de agua, de grasa o en la estructura; esto puede originarse por una disminución del pH en la masa. Cuando la masa no es procesada de manera contínua, existe la posibilidad de crecimiento bacteriano en dicha masa cruda o en las salchichas embutidas aún crudas, sobre todo en las épocas más calurosas del año. Entre las bacterias que se aislan en la masa cruda del embutido escaldado, perviven lactobacilos y los micrococos. Ambas especies microbianas pueden formar ácidos a partir de azúcares. Por esta circunstancia el pH puede descender marcadamente en el término de pocas horas, por lo que una masa que mostraba buena ligadura, repentinamente se torna sosa, insípida, hechos inexplicables para el fabricante. Recientemente con un tratamiento térmico con temperaturas por encima de los 70°C se eliminaban los microorganismos y se anula este proceso. Es indispensable el procesado inmediato de la masa o su refrigeración sobre todo en los ambientes donde el proceso de fabricación se realiza a elevada temperatura (permanencia de un almacenamiento prolongado de las salchichas crudas, antes de ser llevadas a la instalación de ahumado en caliente). La costumbre habitual de agregar azúcares a los embutidos escaldados debe hacerse con prudencia debido al peligro de disminución del pH en la masa del embutido escaldado que aumenta con la adición de azúcar.

Carne PSE y DFD

Dos alteraciones en la carne están bastante extendidas, son la carne PSE pálida y exudativa y la DFD, oscura y untuosa. Por ahora se encuentran afectadas sobre todo las canales de cerdo, en menor proporción las de vacuno.

No está afectada la musculatura de toda la canal sino algunos músculos o piezas especialmente las de mayor valor (músculos dorsales, músculos de jamón). Aquí no nos detendremos en una descripción detallada de los problemas que acompañan a la carne PSE y DFD. Para la elaboración de embutidos escaldados importa el hecho de que este tipo de carne presenta una modificación del pH y la evolución del mismo tras el sacrificio, lo que influye sobre la capacidad de fijación de agua de la materia prima, afectando con ello a la elaboración del embutido escaldado.

En en el caso de la **carne PSE** la glucólisis se produce en forma acelerada, o sea, que el pH llega dentro de la 1a. hora y a veces más con mayor rapidez, a un pH final (pH <5,8) (Gráfico 4). Por lo tanto el pH llega rápidamente a valores que la carne, con un descenso normal de pH, alcanza después de las 6 a 12 horas y en forma paulatina. Este rápido descenso de pH que presenta la carne PSE en el momento en que dicha carne posee aún una temperatura elevada, origina, en parte, una desnaturalización de la proteína cárnica la que se manifiesta por una disminución en su capacidad para la fijación de agua. Esta deficiente fijación de agua se puede reconocer en la materia prima cruda por la presentación de una superficie exudativa, «acuosa». La carne PSE resulta inadecuada o apropiada pero en forma limitada, para aquellos productos cárnicos en los que se requiere una buena fijación de agua para obtener la característica del producto (productos curados cocidos, embutidos escaldados). Por ello, en principio, la carne PSE no debería ser empleada para los embutidos escaldados. Por otro lado, en la composición de la materia prima para embutidos escaldados se produce siempre una mezcla de carne proveniente de diferentes animales y de distintas regiones

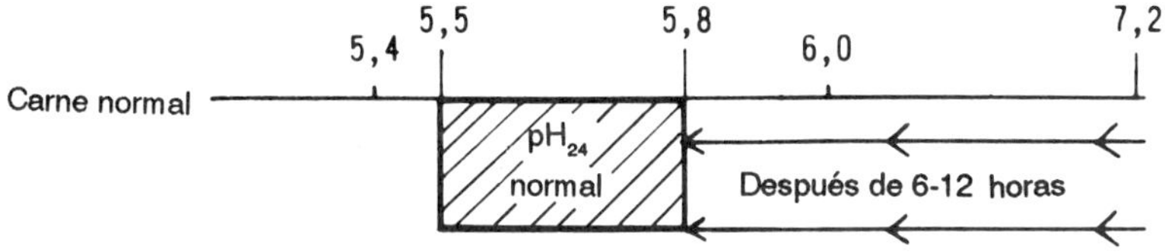

Descenso paulatino del pH. Después de 6-12 horas pH menor de 5,8 (6,0). Después de 24 horas (pH_{24}) valores entre 5,5 a 5,8 (tolerancia 5,4 a 6,0).

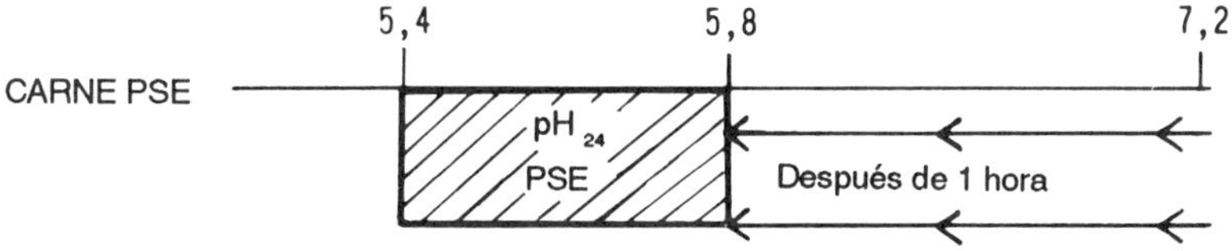

Descenso muy rápido del pH. Después de 1 hora, pH 5,8 y menor. Después de 24 horas (pH_{24}) valores de pH entre 5,4 a 5,8.

Descenso lento e incompleto de pH. Después de 24 horas (pH_{24}) superior a 6,2. pH final entre 6,2 hasta aproximadamente 7,0.

Gráfico 4. Evolución del pH en la carne normal, PSE y DFD de la canal. En este caso se debe tener en cuenta que la característica de PSE se presenta sobre todo en las piezas más valiosas de la canal y menos en aquellas destinadas a la elaboración de embutidos escaldados como son, espadilla, panceta, aguja. Visto de esta manera no se debe sobreestimar la influencia de la carne PSE sobre el embutido escaldado, porque por lo general en la fabricación se producen mezclas de carne variadas. Entonces para la masa o pasta finamente picada cabe esperar siempre una igualación de pH de la carnes empleadas. Lo que en cambio se presenta como problemático es usar la carne PSE en trozos de inclusión grandes, ya sea para el Bierschinken o Schinkenwurst. En este caso se pueden presentar complicaciones (mala unión de los trozos de inclusión, separación de gelatina).

En el caso de la **carne DFD**, la glucólisis y con ello la formación de ácido láctico, se produce en forma retardada o en menor proporción o casi no se produce (Gráfico 4). Este tipo de carne, que llama la atención por su color oscuro y consistencia untuosa, no alcanza en ningún momento los valores de pH normales debido a las insuficientes reservas de glucógeno de la musculatura, logrando solamente un pH final por encima de 6,2 o incluso frecuentemente mayor. El elevado pH permite que la carne DFD presente una excelente fijación de agua, por lo que es en principio muy adecuada para el embutido escaldado. La limitación en el uso de la carne DFD está relacionada con el inconveniente de su menor conservabilidad, dado que los factores que influyen para un pH más elevado originan un deterioro microbiano más rápido.

Sin embargo, al mezclarse con otra carne, esta limitación en la conservabilidad se diluye, siendo por lo tanto adecuado el empleo de carne DFD para el embutido escaldado ya sea tanto para la masa básica como también para la inclusión de trozos grandes.

En principio se encuentran anormalidades del tipo PSE y DFD también en la carne vacuna. Sin embargo, hasta ahora se halla bastante menos difundidas, limitándose en general a la carne DFD (toros jóvenes).

Selección mediante pH

En una selección de carne de acuerdo con el pH, tal como se realiza actualmente sólo por unos pocos establecimientos, reportaría enormes ventajas tecnológicas y también económicas. La carne con un proceso de maduración normal, o sea, sin anormalidades del tipo PSE o DFD pero con **un pH relativamente elevado**, es especialmente apta para el embutido escaldado. El pH para esta selección tiene que ser variable en la medida que se orienta en relación a la variedad de productos que se fabriquen en el establecimiento o eventualmente según los requerimientos momentáneos de materia prima. Pero debe regir el principio de que la carne a ser procesada, que presente un pH bajo, debería ser destinada a la producción de embutidos secos y aquella con pH elevado se usará para la elaboración de embutidos escaldados. Para el **embutido escaldado** es adecuada la carne con los siguientes pH: cerdo > 6,0; vacuno > 5,8.

5. Efecto de las proteínas agregadas

Adicionar proteínas en la elaboración del embutido escaldado tiene como finalidad en primer lugar, el reemplazo tecnológico de la proteína cárnica. Por lo tanto la aplicación de ésta es habitual y necesaria en las formulaciones cuya proporción de proteína cárnica es pobre. Por ello a la proteína agregada, además de su evaluación nutritiva y fisiológica, se determinarán las aptitudes tecnológicas. Al igual que en la proteína cárnica la aptitud más significativa en las proteínas agregadas es el efecto sobre la fijación de agua, de grasa y la formación de la estructura, debiendo, no obstante, valorar su influencia sobre el sabor. Como proteínas de reemplazo se emplean actualmente **la proteína láctea y la proteína de la sangre**. Sin embargo los efectos tecnológicos y su empleo adecuado respectivo son diferentes.

Actualmente, la proteína agregada más usada en el embutido escaldado es la **proteína láctea**. Se acepta de ésta hasta un 2% en la elaboración de productos calentados intensivamente, colocados en envases cerrados impermeables al aire. En primer lugar la proteína láctea actúa con ventaja sobre la **fijación de grasa**. Siempre es adecuado su empleo en las fórmulas ricas en grasa. Presenta excelentes propiedades en la fijación de grasa, es menor su efecto sobre la fijación de agua y sobre la formación de la estructura.

La proteína láctea se procesa con una parte de material graso, hasta obtener una emulsión en caliente, pero también es posible la preparación con gelatinas o el procesado en seco. Para la emulsión en caliente se pica el tocino en la cúter hasta obtener una masa pastosa, luego se mezcla éste con la proteína láctea en seco. Posteriormente con la cúter en marcha se agrega a la mezcla agua caliente (>90°C). Ya al final de este proceso de emulsión se adiciona un 2% de sal común. La emulsión se ha conseguido cuando se forma una masa cremosa estable (tiempo total de procesado con la cúter aproximadamente 5-7 minutos). Las proporciones de proteína láctea: grasa: agua debería ser, según la capacidad emulsionante del preparado de proteína láctea, de 1:5:5 a 1:8:8. La masa emulsionada se enfría en cámara de refrigeración de 0 a 2°C y al día siguiente se mezcla con la pasta o masa magra. Mediante el almacenamiento en refrigeración y un procesado higiénico es posible la conservación en cámara durante dos o tres días. En la medida en que el preemulsionado sea demasiado trabajoso, debería mezclarse la proteína láctea seca con la masa magra, es decir, debe distribuirse homogéneamente en la masa en el momento de adicionar el tocino, para que conjuntamente con la proteína cárnica forme una estructura proteica suficientemente armada.

Mientras que para embutidos escaldados en envases cerrados impermeables al aire y con un tratamiento calórico de 80°C el plasma de sangre desecado es utilizado desde hace tiempo como alternativa de la proteína láctea, el empleo de **plasma sanguíneo** fresco está pemitido sólo desde hace algunos años para todo tipo de embutidos escaldados. El plasma sanguíneo tiene un contenido medio de proteína de 6,5% o sea una tercera parte del contenido proteico de la carne magra. Desde el punto de vista tecnológico y analítico tres partes de plasma sanguíneo suplementan a aproximadamente una parte de carne magra. Las proteínas de la sangre actúan en primer lugar sobre la **fijación de agua** y no sólo fijan el agua propia (>90%), sino también el agua adicionada. Las proteínas de la sangre poseen incluso una mayor capacidad de fijación de agua y grasa. Debe tenerse en cuenta el elevado pH del plasma sanguíneo (pH 7,8), el cual adicionado en un 10% provoca una elevación del pH en la masa del embutido escaldado de aproximadamente 0,2 unidades. Por tanto el agregado de un 10% de plasma sanguíneo a la masa, permitido legalmente, provoca un efecto muy favorable sobre la fijación de agua y ayuda con ello secundariamente también a la fijación de grasa. Los efectos desfavorables sobre la estructura del embutido escaldado (muy blando) se producen por adición de porcentajes más altos. Lo que es importante y poco conocido, es que los **embutidos escaldados elaborados con plasma sanguíneo deben ser calentados a una temperatura de por lo menos 75°C**, pues a esta temperatura las proteínas de la sangre forman un gel firme y estable.

6. Picado de la materia prima

La actina y la miosina (actomiosina) son sustancias proteicas estructuradas, filiformes (filamentos) que se encuentran en el interior de la célula muscular. La célula muscular se halla rodeada de una membrana de tejido conectivo: la pared celular (sarcolema). Mientras esta membrana esté intacta la actina y la miosina fijan solamente el agua propia de la carne o sea la de la célula, pero no fijarán el agua agregada o sólo eventualmente en forma muy limitada. Por lo tanto, durante el picado se debe romper la pared celular y liberar el contenido de la célula. Sólo de esta manera los fragmentos libres de la estructura proteica pueden incorporar agua adicional, embeberse y formar un gel proteico entramado al cual posteriormente se incorpora la grasa; éste impide la confluencia de la misma durante el calentamiento (masa estable al calor).

Antes de la adición de agua o hielo es muy efectivo el **procesado con la cúter en seco** porque las fibras cárnicas se cortan más fácilmente por las cuchillas en un estado relativamente seco. La «carne caliente» debido a su consistencia firme se pica especialmente bien. Lo adecuado sería abrir todas las células musculares y fragmentarlas para liberar todas las proteínas estructuradas. Sin embargo el procesado con la cúter en seco tiene sus limitaciones. Así es que en el picado la carne no debe ser calentada demasiado, pues tendríamos como consecuencia desfavorable modificaciones de la proteína. Por lo tanto, un picado intensivo antes de agregar el agua solamente es posible cuando la materia prima está congelada

Además es desfavorable un picado excesivo del tejido conectivo y la grasa, componentes ambos de la carne.

La **célula de tejido conectivo** posee, en el organismo vivo, funciones de sostén. En el embutido escaldado no se debe considerar al tejido conectivo, desde el punto de vista tecnológico, solamente como una sustancia de relleno. Los elementos del tejido conectivo actúan en la masa del embutido escaldado como formadores de su estructura y contribuyen fundamentalmente para obtener una consistencia firme, que es la característica resistencia al «mordido». Para ello es necesario que se conserve en parte la estructura del tejido conectivo, es decir, que éste no haya sido demasiado fragmentado.

Al respecto se informará con más detalle en el capítulo sobre «Técnicas de picado». Distinta es la situación para el **tejido graso.** La grasa en la célula adiposa también se encuentra rodeada por tejido conectivo (pared celular). En este estado, la grasa posee una membrana propia que la rodea. Por tanto las células adiposas intactas y las uniones celulares deben estar distribuidas en el gel proteico; una separación de la grasa se produce solo por acciones extremas. Sin embargo, en cuanto se destruye su pared celular, la grasa sale formando pequeñas porciones y gotitas con una superficie de tamaño bastante grande, entonces la masa proteica debe impedir la confluencia de las mismas; pero, en fórmulas con poca carne o muy ricas en grasa, la trama proteica puede ser insuficiente. Por supuesto que para un embutido escaldado el tocino debe ser picado de manera que se obtenga una masa homogénea. No obstante, el **picado demasiado intenso** es **desventajoso.**

Las conclusión a estas reflexiones sobre el grado de picado más adecuado para el embutido escaldado, será aquel en que la carne que sea pobre en tejido conectivo y pobre en grasa será picada en forma intensa y durante el tiempo que las condiciones de temperatura lo permitan (liberación de actina y miosina para la formación de gel); para esto el material congelado ofrece ventajas. En cambio, la carne rica en tejido conectivo y grasa debería sufrir solamente un picado moderado. En aquellos lugares en los que desde el punto de vista operativo y organizativo sea posible, debería separarse de la carne magra la parte más grosera de la grasa y del tejido conectivo, agregándose éstos en una fase posterior del picado. En este caso debe asegurarse la

mezcla homogénea del tejido conectivo y el tocino. No obstante, es fundamental el grado de picado de los distintos tipos de tejido.

Picado en vacío

En la elaboración en la cúter del embutido escaldado se agrega durante el picado, en mayor o menor medida, **inclusión de aire en la masa**. Depende ésta adición del tipo de procesado con la cúter y de la capacidad de fijación de la masa. Así es que la masa formada a partir de «carne caliente» presenta a menudo un elevado contenido de aire porque las burbujas introducidas, son retenidas por la masa porque esta tiene gran capacidad de fijación del aire. Este aire puede aumentar en el paso posterior a través de un molino coloidal o incluso puede distribuirse en forma más intensa. En la masa de carne que posee poca capacidad de fijación encontramos, en general, un escaso contenido de aire. También en la masa que ha sufrido un proceso demasiado prolongado con la cúter se encuentra, por lo general, menos aire debido a que una parte del incorporado es nuevamente liberado.

Debido al contacto íntimo del aire u oxígeno con las sustancias que contiene el embutido escaldado, se originan **reacciones químicas** indeseables, las cuales provocan un efecto desfavorable sobre el **color y el sabor.** Una parte del pigmento muscular de color rojo reacciona con el oxígeno, sobre todo durante el tratamiento calorífico formando **metmioglobina** (ver Capítulo «Curado-Formación y conservación del color»). El aspecto del producto cárnico está afectado desfavorablemente, a causa de la mezcla de las distintas combinaciones de colores del pigmento muscular. Pero, sobre todo, debido a la fina distribución de la grasa y debido a la inclusión de numerosas burbujas de aire de pequeño tamaño, se produce una enorme superficie de reacción que favorece la **variación del sabor** por oxidación. En estas circustancias no sólo son afectadas las grasas de origen animal, sino también las sustancias grasas saborizantes de las especias agregadas.

Además de estos efectos químicos se debe considerar, como **acción física**, la influencia del aire sobre la **estructura** de una masa. El aire incluido en la masa posee gran influencia sobre la característica firmeza típica del embutido escaldado. Sin embargo, con un exceso de aire el embutido escaldado puede presentar deficiencias de consistencia.

En resumen los efectos desfavorables del aire (oxígeno) sobre el embutido escaldado son los siguientes:

Efectos químicos	1. **Deficiencias de color** demasiado pálido, color grisáceo, mala conservación del color

	2. Deficiencias en el sabor
Efectos químicos	degradación de la grasa (sabor a viejo, enranciamiento). degradación proteica (sabor a viejo)
Efectos físicos	**3. Deficiencias en la consistencia** Demasiado esponjoso, demasiado blando

En relación con esta situación se desarrolló la **cúter al vacío**, la cual ha sido bien acogida en la elaboración del embutido escaldado.

Picando y mezclando bajo vacío se introduce menos aire en la masa, durante el funcionamiento de la cuchillas porque en este ambiente el contenido del aire es menor por ser un sistema cerrado. La compactación de la masa lograda de esta forma, presenta como consecuencia una consistencia más firme en el «mordido»; esta consistencia puede aumentar de tal manera mediante un elevado vacío, que puede llegar, en el producto terminado, a presentar una estructura demasiado firme, una consistencia tal que parezca casi gomosa. Por ello, en el caso de deficiencias en la consistencia, es decir, en el caso de carnes con poca capacidad de fijación de agua o tras un tratamiento calorífico intensivo de la masa (conserva), en ambos casos se requiere de un vacío elevado.

Como orientación sirve para cada uno de los tres aspectos importantes, los siguientes valores óptimos de vacío:

Color	95%	vacío
Sabor	95%	vacío
Consistencia	75°C = 40 a 60%	vacío
	100°C = 60 a 80%	vacío
	120°C = 80 a 95%	vacío

La extracción parcial del aire de la masa del embutido escaldado puede provocar también, en forma limitada, la estabilización en la **fijación de la grasa**, es decir, se impide o disminuye la separación de grasa de la masa magra. Para nosotros la explicación de este proceso es la siguiente: debido a la escasa cantidad de burbujas de aire encerradas en la masa, existe más proteína disponible para el recubrimiento de las partículas de grasa. El gel proteico puede formarse de manera más compacta siendo más estable durante la desnaturalización calórica frente a los procesos de dilatación y retracción. Por lo tanto, en la elaboración de embutidos escaldados los efectos positivos del empleo del vacío sobre la estructura y sobre la fijación de grasa deben ser considerados como procesos de compactación, los cuales provocan un «mordido» más firme y una rotura del gel proteico.

En cambio, el picado al vacío no muestra un efecto notorio sobre la **fijación de agua** en la masa. Haciendo una comparación con los distintos grados en el tratamiento calorífico no se determinaron diferencias notorias (separación de gelatina). Ocasionalmente con elevado vacío se pudo observar en la práctica incluso mayor separación de gelatina. Una explicación podría ser que, debido a la compactación de la masa procesada con la cúter al vacío, durante la retracción de las sustancias proteicas por el tratamiento calorífico, se produzca una mayor presión, la cual provoca la salida del agua que, en el embutido escaldado procesado en la cúter sin vacío, podría ocupar los espacios que ocupa el aire.

Picado bajo la acción del nitrógeno

Debido a la extracción del aire (vacío) se produce una elevación del peso específico una **disminución del volumen**. Los embutidos a igual peso, son más «pequeños», una reducción del tamaño existe sin lugar a dudas. La conservación del peso específico o eventualmente del volumen y de la consistencia del embutido escaldado por un lado y la simultánea anulación de las indeseables variaciones debidas al oxígeno (color, sabor), por otro, se consiguen mediante el picado y mezclado en atmósfera de **nitrógeno gaseoso**. Para ello en un sistema cerrado (cúter al vacío) se produce un elevado vacío, nivelándose la baja presión, de manera total o parcial, mediante la introducción de nitrógeno gaseoso, completándose luego el picado y mezcla (procesado con la cúter) en una atmósfera de nitrógeno. De esta manera no se incorpora el aire o el oxígeno a la masa de embutido escaldado. Se consiguen ventajas en el color y el sabor debido a la eliminación del oxígeno y se impiden las variaciones en el peso específico y en la consistencia de los embutidos. No se produce ningún efecto negativo por acción del nitrógeno. En especial en embutidos escaldados como en productos frescos (en tratamiento calorífico corto), los que frecuentemente tras el picado con alto vacío son de consistencia demasiado firme en el «mordido», se consiguen unos buenos resultados mediante el procesado con la cúter en atmósfera de nitrógeno.

7. Grado de picado, temperatura

En el proceso de picado y mezcla en la cúter normal o de vacío o en un molino coloidal, debería lograrse simultáneamente, además de un **óptimo grado de picado,** una **temperatura** adecuada.

Ambos factores son igualmente importantes para conseguir la fijación de agua y de grasa estable,como así también el de la estructura típica de un embutido escaldado. Esta temperatura final, según el proceso de picado, se encuentra entre 10° y 15°C (para el caso de masa con fosfato, las temperaturas son más altas). Las máquinas que funcionan a gran velocidad ofrecen en general una masa estable ya a una temperatura más baja, porque el picado se produce más rápidamente. No obstante, la conservación de este margen no significa que la masa esté en las mejores condiciones. Por otro lado, una masa con temperatura final de 8° ó 18°C puede ser completamente estable. Por lo tanto no solo se debe regular el proceso con la cúter sobre la base de la temperatura final, sino que es igualmente importante el grado de picado de todos los componentes. Con la técnica actual (mecánica) de picado, es difícil, sin embargo, mantener simultáneamente el óptimo grado de picado para el músculo, grasa, tejido conectivo y la temperatura correcta en el picado con la cúter. Se requieren soluciones de compromiso pues lo óptimo raras veces se alcanza. De acuerdo con nuestros conceptos, una masa es picada durante un tiempo excesivo o sea **«hiperprocesada»** (deficiencias en la capacidad de fijación y en la estructura), cuando el tejido conectivo y la grasa fueron picados en exceso, y si además dispone de poca proteína para poder formar la estructura. También es posible que temperaturas demasiado elevadas (calor por fricción) en las zonas de corte de las cuchillas, hayan originado modificaciones proteicas. Por otro lado, este último concepto no es totalmente cierto porque en una masa con temperaturas de aproximadamente 20°C el calor no puede provocar modificaciones de la proteína. Sin embargo, si se considera que la capacidad de fijación de agua de las proteínas comienza a disminuir a 40°C, entonces se puede suponer que esta temperatura que fue alcanzada transitoriamente en la zona de corte de las cuchillas no pudo ser eliminada de manera suficientemente rápida debido a que la temperatura circundante era demasiado elevada. Se considera como **«infraprocesada»** (deficiencias en la capacidad para la fijación y en la estructura), a aquella masa en la cual debido a un prepicado muy breve o un tiempo total de procesado con la cúter demasiado corto, se liberó, a partir de la célula muscular, muy poca proteína con, por tanto, escasa actividad fijadora o también, si la distribución de la grasa no fue homogénea.

8. Agua y grasa

Para los procesos de imbibición y solubilización en la masa del embutido escaldado, el **agua** es el elemento adecuado.Una **suficiente cantidad de agua es el requisito obligado para obtener un buen resultado en la masa del embutido escaldado.** Para lo cual la adición de agua debe tener lugar en forma escalonada, pues la incorporación de las moléculas de agua en la proteína (imbibición) es un proceso que se realiza en forma paulatina y continuada. También el picado de la carne se dificulta cuando se agregan en forma repentina grandes cantidades de agua. La **grasa**, que representa aproximadamente el 20 al 35% de la masa total del embutido escaldado, no debe ser incluida y fijada en la trama proteica como un componente «pasivo» sino que actúa por sí misma en forma activa en la estabilización de esta mezcla de proteína, agua y grasa. La grasa distribuida de manera homogénea en la trama proteica embebida, impide durante el proceso de calentamiento una retracción demasiado marcada de la estructura proteica provocada por la desnaturalización calórica. La condición para que así ocurra es que las partículas de grasa se encuentren bien distribuidas; debe asegurarse por tanto un suficiente picado del tejido graso. Esto también es una explicación del por qué, por ejemplo, los productos escaldados más pobres en grasa tienden más rápidamente a una separación de gelatina, que aquellos otros que poseen mayor proporción de grasa o que, eventualmente, han sufrido un menor tratamiento térmico. Por otro lado, una cantidad de grasa demasiado elevada requiere una gran trama proteica, la cual no siempre existe en la fórmula. De todo esto resulta que un embutido escaldado, independientemente de la influencia de otros factores tecnológicos, debe mantener siempre una **relación equilibrada de proteína, agua y grasa**, si se quiere que la masa supere el tratamiento térmico sin que se produzcan separaciones.

9. Carne congelada

Hoy el empleo de la carne congelada desempeña un papel muy importante en la elaboración de embutidos escaldados. En la medida en que el material, antes de su procesado, debe ser descongelado para extraer los huesos, se origina unas condiciones tecnológicas especialmente desfavorables para la fijación de agua y grasa. Las causas de ciertas limitaciones que se presentan continuamente en el procesado de la carne que durante mucho tiempo estuvo congelada, no tienen hasta ahora una explicación. Se puede suponer una desnaturalización proteica debido a la elevada concentración de sal en el agua no congelada. En principio, para el procesado de carne congelada debería almacenarse solamente material deshuesado y seleccionado. La carne congelada precortada y estandarizada no debe ser descongelada previamente sino que se debe emplear congelada. Con ello se impide la pérdida de jugo (pérdida de sal, pérdida de proteína). El picado de la carne congelada puede efectuarse directamente en la cúter con una máquina que posea suficiente capacidad para picarla. En la medida en que esto resulte demasiado arriesgado (demasiado esfuerzo para la cuchillas de la cúter) debería trocearse el material en una cortadora de carne congelada y luego inmediatamente, aún congelada, picar en la cúter.

De acuerdo con los conocimientos actuales, para la elaboración de la pasta del embutido escaldado a partir de carne congelada se recomienda el siguiente procedimiento. La carne magra congelada se pica sin añadir previamente agregado alguno hasta que comienza a descongelarse en la cúter. En este momento se incorpora la sal total (sal con nitrito para curado o eventualmente fosfato, citrato) y también se adiciona en forma paulatina el agua. La formación de esta masa magra debe haberse realizado de 2 a 4°C, es decir, con picado intensivo y buena ligazón se debe ajustar la temperatura del hielo o agua empleada (variación en los meses de verano e invierno, tener en cuenta la temperatura del ambiente). Posteriormente, el tocino o la grasa preemulsionada con proteína láctea se incorpora a la masa magra. Este proceso debe estar terminado aproximadamente a 10 a 15°C, es decir, que la temperatura sería óptima para la masa, desde el punto de vista de la estructura, como también de la fijación de grasa y agua. La masa con fosfato alcanza una temperatura más elevada (menor viscosidad) que en aquella masa sin agregado de fosfato. (Veáse también el capítulo correspondiente a técnicas de picado).

Bibliografía

1. FISCHER, Christine: Veränderungen im Muskel nach dem Schlachten
in: Beiträge zur Chemie und Physik des Fleisches. Bundesanstalt für Fleischforschung S. 74 (1981)

2. HAMM, R.: Struktur und Funktion des Muskels
in: Beiträge zur Chemie und Physik des Fleisches. Bundesanstalt für Fleischforschung S. 57 (1981)

3. HONIKEL, K. O.: Wasserbindung und "Fettemulgierung" bei der Fleischverarbeitung
in: Beiträge zur Chemie und Physik des Fleisches. Bundesanstalt für Fleischforschung S. 89 (1981)

Capítulo 5

Sustancias aditivas y aditivos

G. F. HAMMER

El término de «aditivos» se extiende a los ingredientes empleados en los embutidos escaldados, con excepción de carne, grasa y sustancias aditivas. Las materias primas carne y grasa son tratadas en el capítulo «Elección de la materia prima y composición de los embutidos escaldados». Por lo tanto este capítulo trata de los efectos y propiedades que son de importancia para el tecnólogo: de la sal común, del agua, especias, sustancias aditivas (coadyuvantes en el procesado con la cúter, emulsionantes, saborizantes) del plasma sanguíneo desecado,de plasma sanguíneo, suero sanguíneo, caseína, clara de huevo y clara de huevo congelada. Al final se tratarán las bases legales que deben considerarse en el empleo de pistachos, inclusiones de trozos (pimientos, tomates, etc.), queso duro, queso blando y huevos duros. El trabajo se apoya en la sucesión de las disposiciones 1 a 3 de los reglamentos de la carne (1). Respecto de las sustancias aditivas, sales para curado y coadyuvantes del curado informarse en el capítulo «Curado - Formación y conservación del color» y respecto del humo para el ahumado se estudiará en el capítulo «embutido y ahumado». Respecto al estudio de las restricciones o imposiciones legales se hará referencia en el trabajo sobre sustancias aditivas y aditamentos.

1. Sal común

Efecto sobre el sabor

La sal común (cloruro de sodio) es la única sustancia que disuelta en agua provoca un sabor salado puro sobre la lengua. Los embutidos escaldados en general poseen

1,6 a 2,2% de sal común. Las variaciones en un 10% en el contenido de sal, por ejemplo de 2,0 a 2,2%, originan una modificación detectable en la intensidad del sabor salado. Los embutidos escaldados con un contenido de sal inferior a 1,5% o superior a 2,2% son considerados como deficientes en sal o muy salados. Los productos elaborados a partir de carne caliente presalada serían, a igual contenido de sal, menos salados que aquellos elaborados a partir de carne fría presalada. Estas diferencias se deben, en parte, a la unión más enérgica de los iones de cloro a las proteínas cárnicas, en el caso de carne caliente y, a mermas menores en el tratamiento por calor debido al contenido de agua más elevado de los embutidos provenientes de la carne caliente.

La sal común, además del efecto directo de «salado» sobre los nervios gustativos de la lengua, tiene una influencia adicional sobre el **aroma** del producto. La sal común en cantidades tales que no provoque un excesivo sabor a salado, permite que en el embutido escaldado se destaque mejor el aroma propio de la carne, formándose, en combinación con las especias, un aroma armónico en el producto. Si la dosificación de sal es demasiado escasa, inferior a 1,4%, los aromas de carne y de las especias actúan sensorialmente como dos complejos separados. Un incremento en la dosificación de especias no suple la pérdida del efecto armónico propio de la sal.

Teniendo en cuenta el hecho de que el sodio contribuye a provocar complicaciones en la hipertensión y que una gran proporción de la población se alimenta con una dieta demasiado rica en sodio, parece indicado no ofertar al mercado embutidos escaldados con altas cantidades de sal, más bien la tendencia debería orientarse a una disminución en la dosificación de la misma. Respecto de los sustitutivos de la sal común, cuyo empleo está permitido para dietas libres o con reducción de sal y que se encuentran registrados en la disposición 3 (del artículo 9) de la reglamentación de regímenes alimenticios (4), faltan en parte aún resultados fiables respecto de sus propiedades gustativas en los embutidos escaldados. Los cloruros de potasio, calcio y magnesio no sustituyen totalmente a la sal común porque poseen sabor amargo. Habría que examinar si la sustitución de la sal común por sustitutos permite que se genere nuevamente el efecto armónico en el aroma que tan importante es en el embutido escaldado.

Propiedades de la sal sobre las proteínas solubles en ella

Las sales influyen sobre la hidratación, o sea, la imbibición de la proteína. Con el incremento de la concentración de sal, aumento de la «intensidad iónica», se produce el denominado «salado» de las proteínas. Estas proteínas se embeben por la admisión de agua que retienen, formándose un gel. En cambio cuando se supera el punto máximo de agregado de sal aquellas pierden su capacidad para la fijación de agua y pierden su solubilidad cediendo en parte el agua ligada. Se habla aquí de una **precipitación** de las proteínas **por la sal.** La concentración de sal en la que las proteínas cárnicas solubles en sal presentan una imbibición máxima y en la que la pasta o masa magra posee su máxima capacidad de fijación de agua, es de un 5% de sal común en relación al peso de la masa magra. En el capítulo «Fijación de agua, fijación de grasa, formación de la estructura» se informa más en detalle sobre las relaciones en los efectos de la sal.

Cualidades de la sal como sustancia conservadora

La sal común actúa en el embutido escaldado, como en todos los productos cárnicos, como sustancia conservadora, es decir, que ayuda a su conservabilidad microbiológica. Es importante en ésta además de la cantidad de sal común agregada o del contenido de sal común en el producto, también su contenido de agua. El contenido de sal común y de agua determinan la **concentración de la salmuera** en el producto. La concentración de la salmuera aumenta con el incremento de sal y/o con la disminución del contenido de agua y disminuye cuando desciende la cantidad de sal y/ o aumenta la cantidad de agua. Finalmente, la concentración de salmuera influye sobre la $\mathbf{a_w}$ (12). Por tanto la sal común no actúa directamente como sustancia conservadora sino que en forma indirecta actúa sobre la concentración de salmuera, ésta determina la a_w en el producto. El valor a_w nos brinda información sobre las especies microbianas con posibilidades de crecer en el producto examinado. En general para lograr una estabilidad microbiológica es deseable una elevada concentración de salmuera y un bajo valor de a_w. No obstante, en la elaboración de productos cárnicos se choca rápidamente con las limitaciones tecnológicas y sensoriales. En embutidos escaldados no se puede reducir discrecionalmente el contenido de agua porque se requiere la adición de ella. No es posible aumentar la dosis de sal por encima del límite indicado sin que se origine un marcado sabor a salado. Cuando el embutido escaldado ha sido calentado a valores Fc superiores a 0,4 y paralelamente el valor a_w se encuentra por debajo de 0,97, entonces este producto se conserva sin necesidad de refrigeración. El tiempo de conservación de este producto se calcula de 4 - 6 semanas y como máximo de 8 (10).

Situación legal

En las especificaciones de los ingredientes de los embutidos escaldados preenvasados cuando está indicado el empleo de sal con nitrito para curado se la denomina «sal con nitrito para curado», el empleo de sal común se indica mediante «sal común» (2).

2. Agua

Efecto disolvente

En la célula muscular se localizan proteínas solubles en agua y en sal. Durante el proceso de picado estas proteínas son liberadas formando un gel tras añadir agua y sal a la masa de embutido escaldado. Este gel condiciona la capacidad para ligar el agua y grasa de la masa. Las proteínas solubles en agua (proteínas sarcoplasmáticas) se solubilizan sin necesidad de agregar sal, permaneciendo solubilizadas en ella aún después del añadido de sal. Las proteínas que son importantes en la ligazón de grasa y agua son las **solubles en sal**. Para lograr su solubilización o imbibición es necesario, además de la sal, una suficiente cantidad adicionada de agua. Con la adición de un 100 a 120% de agua a la carne magra se manifiesta la óptima capacidad para la ligazón de agua y grasa de la masa, la capacidad disminuye con una mayor o menor adición de agua. Por lo tanto al embutido escaldado se le debe agregar agua si se quieren evitar fallos en la producción provocados por la separación de gelatina y grasa. La separación de gelatina y grasa hace que los productos pierdan aroma, sean desabridos y no presenten la característica consistencia al morderlos.

Efecto regulador de la temperatura

El grado de picado de la carne magra determina la cantidad de proteínas de la célula disueltas en la masa y la distribución de aquellas y por consiguiente la estabilidad de la masa. El picado fino origina, dentro de cierto límite, una mejor distribución de las proteínas estructurales (éstas no son solamente las proteínas miofibrilares sino también las del tejido conectivo) y una mejor estabilización, pero este picado fino simultáneamente provoca, debido a la acción de las cuchillas, un efecto mecánico más pronunciado y una mayor elevación de la temperatura que en picado menos enérgico. Debido a esta acción enérgica en el picado se puede producir, en mayor o menor medida, una desnaturalización proteica por acción del calor. Por esta desnaturalización se pierde la facultad para la fijación de agua y estabilización de la grasa. Aquí no se debe subestimar la **temperatura ambiente.** En los ambientes no climatizados se origina un calentamiento muy rápido de la masa cuando las temperaturas ambientales son elevadas. Cuando se presentan temperaturas ambientes bajas se ha observado que la masa magra no se homogeniza con el agregado de tocino pues en ese caso el aire ambiente actúa como refrigerante. Para conservar una óptima temperatura de picado se emplea como regulador de la misma el hielo o agua de acuerdo con la situación térmica.

Situación legal

En las especificaciones que informan sobre los ingredientes de embutidos escaldados preenvasados la adición de agua o hielo se indica con «agua potable».

3. Especias naturales, extracto de especias, aceites etéreos

Las **especias** son partes de ciertas plantas que por su contenido natural en sustancias saborizantes y aromatizantes están indicadas como ingredientes para condimentar o potenciar el sabor, y deben ser adecuados para el consumo (8). Los **extractos de especias** se obtienen mediante un tratamiento por sustancias disolventes, de especias trituradas. De acuerdo con el disolvente elegido se extraen diferentes cantidades de especias. Como disolventes se emplean por ejemplo alcoholes, éter, hidrocarburos. Los extractos de especias reducen el volumen de las mismas; no poseen celulosa ni almidon y además están libres de gérmenes. Los **aceites etéreos** se obtienen mediante destilación por vapor de agua a partir de especias naturales trituradas o de sus extractos. Aquellos poseen solamente las sustancias aromáticas activas, las resinas, sales y sustancias acres, etc., permanecen en el residuo.

Las especias no sólo actúan aportando sabor. También actúan de manera positiva sobre la digestión y además de otros efectos sobre el funcionamiento fisiológico del hombre. No son pocos los que inhiben el desarrollo de microorganismos y la formación del enranciamiento. También se les adjudica un aumento en la capacidad para la fijación de agua. Todas estas acciones dependen de la dosificación de las mismas. Aparte del efecto de condimentación en la elaboración de embutidos escaldados no es posible aplicar ninguno de los otros efectos sin que el producto exceda en dicha condimentación.

Efecto gustativo

En la formación de la impresión del sabor, además de la sensación que tiene lugar en la cavidad bucal, contribuye además una sensación olfativa que es el **aroma.** La sensación del aroma se presenta por el hecho de que durante la masticación llegan sustancias olfativas al epitelio olfatorio nasal, es decir, que se huele durante la masticación. Las sustancias de las especias que intervienen principalmente en la formación de la impresión del aroma son los aceites etéreos. Los extractos de especias poseen además de la mayor parte de los componentes de los aceites etéreos, otras sustancias como por ejemplo, sales azúcares, ácidos, principios amargos, resinas, las que pueden ayudar adicionalmente a la impresión del aroma; son sensaciones específicas en la cavidad bucal. Además de las sensaciones de dulce, salado, ácido y amargo cabe mencionar aquí las sensaciones de dolor que provoca la impresión del sabor picante. Frecuentemente en los extractos se encuentran aún, según la sustancia de extracción empleada, los pigmentos de las especias naturales.

Modificaciones de las propiedades condimentantes previas al procesado

El contenido de compuestos que otorgan el aroma y el sabor de las especias varía según su procedencia geográfica, las condiciones de crecimiento, los factores climáticos, cuidados, época de cosecha, almacenamiento y condiciones de transporte. En la planta las especias se encuentran protegidas por las células. Durante el triturado se rompe la mayor parte de la integridad natural de la célula **evaporándose** los componentes volátiles. Si se efectúa un almacenamiento incorrecto de las especias trituradas, con humedad ambiente y temperaturas demasiado elevadas, o en almacenamiento demasiado prolongado o se compran cantidades demasiado grandes, se volatiliza una parte de los componentes de los aceites etéreos provocándose una pérdida o una modificación del aroma. Por lo tanto, es posible que en los embutidos escaldados tras el procesado para mezclar especias de igual composición porcentual, aparezcan casos en que los productos presenten diferente sabor, dado que las especias eran de diferente procedencia o estuvieron almacenadas durante tiempos distintos. Los molinos de especias están preparados para que durante el triturado y envasado se pierda, en lo posible, pocos componentes de las mismas. Para ello utilizan ingeniosos métodos de triturado que garantizan un calentamiento mínimo y además se refrigeran con nitrógeno líquido porque al aumentar la temperatura durante molido los componentes del aroma se tornan más volátiles. Además se efectúa un riguroso envasado de los productos en envases impermeables. En el procesado de especias naturales pueden originarse modificaciones en el sabor de los embutidos escaldados que pueden ser evitadas mediante el empleo de extractos de especias o aceites etéreos.

Modificaciones de las propiedades de las especias debido al calentamiento del producto

Las modificaciones en la intensidad del aroma de las especias se pueden producir no sólo previo a la adición de las mismas a la masa sino también durante el calentamiento de los embutidos escaldados. La temperatura crítica en la que se comienza a detectar modificaciones del sabor, se manifiestan en los 90°C; a mayores temperaturas aumentan las modificaciones (17). Alguno de los cambios en el aroma debido al calentamiento se basan en la disminución en los aceites etéreos de los componentes de bajo punto de ebullición, los que por el efecto catalítico de los iones de metal se unen formando productos del tipo de la resina. Estos, desde el punto de vista sensorial pueden tener un efecto neutro o perjudicial o pueden otorgar nuevos componentes gustativos. La estabilidad al calor de las especias naturales va disminuyendo de la siguiente manera:

1º grupo **Termoestables**	Pimienta de cayena Salvia
2º grupo **Poco termoestables**	Cárdamo Clavo Pimentón Pimienta Romero Tomillo
3º grupo **Termolábiles**	Cilantro Macis Mejorana Nuez moscada Pimienta de Jamaica Jengibre

Para compensar las pérdidas de aroma se recomienda para el segundo grupo de especias elevar la dosis en tres cuartas partes y para el último grupo duplicar la dosis.

Estos datos cumplen una función orientativa. Se debe tener en cuenta que se presentan variaciones en el comportamiento frente al tratamiento por el calor debido a diferencias en la calidad de las especias. Algunas especias, como por ejemplo la salvia, mejorana, tomillo, modifican sus características debido a tratamientos por calor a altas temperaturas; estas especias pueden, cuando se someten al calor, provocar olor a heno.

Los extractos de especias o los aceites etéreos muestran, en parte, otro comportamiento frente al tratamiento térmico puesto que durante la destilación o extracción de los componentes activos de las especias, de acuerdo con su solubilidad o su volatilidad en vapor de agua, pasan al aroma o quedan en el residuo. Por lo tanto, como consecuencia del diferente enriquecimiento o empobrecimiento en componentes del aroma, antioxidantes y sinérgicos se provoca un comportamiento absolutamente diferente.

Resulta absolutamente necesario efectuar la **comprobación de la mezcla de especias** cuando hay una variación en el contenido de grasas del producto. Cuando en el procesado disminuye la proporción de grasa, por ejemplo, si durante la elaboración de embutidos escaldados se reduce el contenido de grasa, disminuye también la intensidad del aroma de la especia. Pero en muchos casos aparecen nuevos aromas, los que normalmente con la cantidad habitual de grasa permanecían en un segundo plano, otorgando nuevos sabores los que en ciertos casos pueden ser indeseables. El «perfil del aroma» se modifica. Este es un comportamiento conocido de las sustancias aromáticas que se aprovecha en un tipo especial de análisis sensorial, el análisis de perfil por dilución, para descubrir o identificar componentes aromáticos.

Por lo tanto el fabricante que elabora sus propias mezclas de especias se asegurará en forma periódica de la efectividad de dichas mezclas. Cuando se introduce una variación en el tratamiento por calor o en la formulación entonces controlará en forma crítica el aroma del producto y eventualmente dosificará en mayor o menor medida una especia o incluso renunciará a ella.

Las empresas dedicadas a la venta de especias ofrecen, de acuerdo con los requerimientos de los productores, mezclas, preparaciones, preparados de especias estandarizados. Las modificaciones de los aromas de las especias, debido a variaciones en la temperatura del tratamiento por calor o por cambios en las formulaciones, no pueden ser compensadas mediante los preparados de fábrica. Ante cada modificación el fabricante está obligado a crear una nueva y adecuada mezcla de especias.

Acción sobre el color

Aquí no se tratan las posibles presentaciones de embutidos escaldados con adición de pigmentos vegetales. Las especias naturales y algunos extractos de especias contienen **pigmentos** que pueden originar en el corte del embutido coloraciones puntiformes o superficiales, indeseables decoloraciones marrones hasta gris verdosas, pueden originarse por cilantro, clavo, pimienta de Jamaica (19). El color del pimentón se modifica hacia el amarillo rojizo por tratamiento calorífico a altas temperaturas en la elaboración de las conservas (16). Este tipo de problemas de tinción y decoloración no suceden con los extractos o aceites etéreos libres de pigmentos.

En síntesis, se puede afirmar que con el empleo de especias naturales se debe contar con diferencias en el contenido de sustancias activas que originan, en el embutido escaldado, un efecto de diferente intensidad, una modificación del sabor y diferencias en el color. Esto es válido también, aunque en menor proporción, para los extractos y aceites etéreos. Cuando se emplean aceites etéreos no se produce una merma en el color. Las modificaciones en la formulación originan variaciones en el perfil del aroma. El fabricante debería tener en cuenta todo esto y no aferrarse a una especia que sólo usó una sola vez o seguir ciegamente un consejo, sino que debería tratar siempre de lograr una optimización.

Situación legal

En las especificaciones sobre ingredientes para embutidos escaldados envasados listos para la venta se pueden indicar las especias con su nombre de clase cuando las mismas no superan en su totalidad el 2% del peso del producto.

4. Sustancias aditivas

Coadyuvantes para el procesado con la cúter

Los difosfatos y las sales neutras de los ácidos estimulantes (citratos, lactatos, acetatos y tartratos) son coadyuvantes para el procesado con la cúter, dado que favorecen el efecto de imbibición de la sal común sobre la carne magra durante dicho procesado.

El efecto de imbibición de la sal se encuentra limitado en caso de la «carne fría», dado que aquí los filamentos de actina y miosina, los componentes principales de la proteína miofibrilar, se encuentran estrechamente unidos entre sí. Los difosfatos poseen un **efecto específico** sobre la actomiosina; ellos originan la separación en actina y miosina. Este es el efecto que provoca el ATP en la «carne caliente» y en el músculo vivo. Si en la masa se encuentra, además del agua, como disolvente, la sal común y simultáneamente el difosfato, entonces se eleva notablemente la imbibición de las proteínas miofibrilares por que las mismas son divididas en actina y miosina.

A la acción específica del difosfato sobre las proteínas miofibrilares se contrapone el **efecto inespecífico** del citrato, lactato, acetato y tartrato, que ayudan a la imbibición proteica por una elevación en la intensidad iónica de la masa. Es el mismo efecto que provoca la adición de sal común.

Situación legal

En las disposiciones (artículo 1, inciso 1 y artículo 2) de los reglamentos de la carne se autoriza la adición de los fosfatos de sodio y de potasio (con el número 5) de las sales de sodio y de potasio, de los ácidos acético, cítrico y láctico y del diacetato de sodio y el tartrato sódico potásico (con el número 4), para su empleo en la elaboración de embutidos escaldados a partir de **carne fría.**

Para el procesado con la cúter los difosfatos no se pueden emplear junto con otros coadyuvantes y tampoco junto con plasma sanguíneo desecado, plasma sanguíneo, suero sanguíneo disuelto en una relación 1:10, caseína y clara de huevo líquida o congelada. El empleo de fosfato debe estar especificado en la lista de ingredientes, de acuerdo con las disposiciones 2, según el reglamento de especificaciones para alimentos (estabilizador) (2) por su nombre comercial (difosfato de sodio o difosfato de potasio) o el número de la CEE. La enumeración de los difosfatos en la lista de los ingredientes se considera menos rigurosa para el producto que la especificación (con fosfato) que debe presentar el producto que se vende a granel. Para lactatos, acetatos, citratos y tartratos no existen limitaciones de uso rígidas. No obstante, no pueden ser empleados conjuntamente con los difosfatos pero si pueden adicionarse simultáneamente con, por ejemplo, el plasma sanguíneo. El empleo de estos no requiere una especificación. En la lista de ingredientes se les indica con el correspondiente nombre de clase («estabilizadores»).

Los difosfatos de sodio y de potasio se pueden emplear, incluso mezclados entre sí, en una cantidad máxima del 0,3% respecto a la cantidad de carne y grasa empleada. El efecto tecnológico se logra ya con un agregado de un **0,15%** y parece ser que con dosis aún menores se pueden alcanzar mejores resultados.

La misma limitación en la cantidad aplicada para difosfato (0,3%) se exige para los otros coadyuvantes en el procesado con la cúter. También estos pueden ser agregados mezclados entre sí.

Se considera que la dosificación se efectúa en relación a la cantidad de carne y grasa finamente picada. Las inclusiones de carne en trozos no son tenidas en cuenta en el cálculo de la dosis, el hecho de que las inclusiones de carne no se consideren en el cálculo de la dosificación se comprueba por el efecto de los coadyuvantes en el procesado con la cúter. Estos actúan sobre las proteínas liberadas de la célula muscular en la masa finamente picada; por tanto las inclusiones no pueden tener el mismo efecto positivo sobre la masa o solamente en forma muy limitada.

El pH de los difosfatos y de los otros coadyuvantes para el procesado con la cúter no debe superar, incluso como componente de las correspondientes mezclas permitidas, el valor de 7,3 medido en una solución de agua al 0,5%.

Propiedades tecnológicas

Los difosfatos aumentan la imbibición de las poteínas miofibrilares por el efecto específico ya descrito; actúan restituyendo las propiedades de la carne caliente. Las sales de los ácidos estimulantes aumentan la intensidad iónica de la masa incrementando de esa manera la imbibición de las proteínas. De esa forma los coadyuvantes para el procesado con la cúter elevan la capacidad para ligar el agua y la grasa de la masa y reducen o impiden la **separación de gelatina y de grasa** que se origina en el tratamiento por calor. El difosfato es el que, en este aspecto, logra la mayor actividad.

Otras propiedades

El difosfato presenta otro efecto. La masa que ha sido elaborada con difosfato puede ser picada a temperaturas más elevadas que aquella masa a la que no se adicionó difosfato y además presenta menos viscosidad, lo que facilita el bombeo (ver Capítulo «Técnicas para el picado»). No obstante, el agregado de difosfato provoca en las personas sensibles una sensación inespecífica en la boca (sensación de dientes embotados y efecto anestesiante). Este inconveniente puede ser reducido o evitado si se emplea una cantidad menor de difosfato (por ejemplo 0,15%) que el máximo permitido (0,3%).

Especialmente los difosfatos pero también los citratos son agentes secuestradores, o sea, que pueden fijar los oligoelementos. De esta manera favorecen el efecto de los antioxidantes, por ejemplo de la vitamina C y sus sales, las que pueden interrumpir directamente la oxidación. De esta forma otorgan al antioxidante una mayor efectividad.

Modo de empleo

Los coadyuvantes para el procesado con la cúter se agregan conjuntamente con la sal al comienzo del picado.

Mono y diglicéridos de ácidos grasos comestibles, sus ésteres con ácido láctico o ácido cítrico

Los mono y diglicéridos formados por ácidos grasos comestibles y su ésteres con ácido láctico o ácido cítrico son **emulsionantes.** Los emulsionantes están compuestos por una parte hidrófila que se orienta hacia la fase acuosa y una lipófila o hidrófoba que penetra en la fase adiposa. Los emulsionantes tienen un peso molecular inferior a 1.000 (9). Se emplean para disminuir la tensión entre dos fases no miscibles, como son agua y grasa. De esta manera, dependiendo de su formación química, permiten la distribución estable de grasa en agua, el agua es la fase externa o continua que envuelve las partículas finas de grasa; en una emulsión de agua en grasa es la grasa la que envuelve las partículas pequeñas de agua. Ejemplos de emulsión de grasa en agua son la leche y la mayonesa. La manteca y la margarina son emulsiones de agua en grasa.

Los mono y diglicéridos formados por ácidos grasos comestibles están compuestos por el alcohol, glicerina y ácidos grasos que son componentes del organismo de los mamíferos, tales como es el ácido palmítico, esteárico, oleico o linoleico. Los ácidos láctico o ácido cítrico, se esterifican con los grupos OH libres de la glicerina. La parte soluble en agua está constituida por los grupos OH libres y la parte soluble en grasa la constituyen los otros ácidos grasos.

Para caracterizar la tendencia de los emulsionantes a favorecer la formación de emulsiones de agua en grasa o de grasa en agua, se introdujo el concepto de valor «HLB» que significa equilibrio hidrófilo-lipófilo y es la relación porcentual de los pesos de los grupos hidrófilicos respecto de los lipófilos en una molécula de emulsionante. Emulsionantes con un valor HLB inferior a 9 favorecen la formación de emulsiones de agua en grasa; los emulsionantes con un valor HLB superior a 11 favorecen la emulsión grasa en agua. De esta manera es posible emplear emulsionantes para cada problema de emulsión.

Al embutido escaldado se le considera frecuentemente y de manera simplificada, como una emulsión del tipo grasa en agua y es posible calcular cual es el valor HLB que debería poseer el emulsionante para poder emulsionar grasa en el producto cárnico (18).

Situación legal

Los mono y diglicéridos de los ácidos grasos comestibles y sus ésteres ácido láctico y cítrico son aditivos que se encuentran autorizados bajo el número 6 (mono y diglicéridos de los ácidos comestibles) o número 7 (éster de mono y diglicéridos de ácidos grasos comestibles con ácido láctico o ácido cítrico) de la disposición 1 (artículo 1, inciso 1 y artículo 2) en los reglamentos de la carne para ser empleados en embutidos escaldados. La cantidad máxima permitida es, en total, del 0,5% respecto de la cantidad de carne y grasa empleada. Su uso no debe ser especificado. En las indicaciones de ingredientes en los envases listos para la venta se deben indicar el nombre de la clase de acuerdo con la disposición 2 del reglamento de especificaciones en alimentos. Pueden ser procesados junto con otras sustancias aditivas permitidas o sustancias de la disposición 2 ó 3 del reglamento de la carne.

Propiedades tecnológicas

Los emulsionantes favorecen, de acuerdo con el valor HLB, las emulsiones agua en grasa o grasa en agua, pudiendo de esta manera reducir o evitar la separación de la grasa y de la gelatina. Tras haberse examinado un gran número de emulsionantes sólo uno, el éster del ácido cítrico, presentaba un efecto favorable a evitar la separación de gelatina (11). Pero aquí debía existir simultáneamente un contenido de sal superior al 2,0% en el embutido. Por lo tanto, los emulsionantes **no actúan como tales o sólo muy escasamente** en los embutidos escaldados. La causa es que la masa del embutido escaldado **no debe ser considerada como una emulsión.** Se podría llegar a representar la masa como una suspensión, o sea, una distribución de partículas sólidas (grasa) en una fase líquida (principalmente agua) en la que existe una pequeña proporción también de grasa emulsionada.

Modo de empleo

Los emulsionantes pueden se agregados juntamente con la sal y el hielo al comienzo del picado o pueden ser procesados como una solución en agua (una parte del emulsionante y cinco partes de agua). Si bien se efectúa a veces una preemulsión de la grasa con el agua y emulsionante, no obstante habitualmente no se practica.

Para la obtención de la solución se procesa en la cúter el agua caliente juntamente con el emulsionante hasta la obtención de una masa cremosa homogénea. No es conveniente el empleo de la solución o emulsión caliente, dado que durante la elaboración de la masa se originan incrementos en la temperatura por encima de los límites de garantía. La cantidad de agua que se utiliza para obtener la solución debe ser restada al hielo que se agrega.

Acido-L- Glutámico de sodio y potasio, inosinato, guanilato

El ácido glutámico es un aminoácido que se encuentra en el cuerpo humano así como en la musculatura y órganos de los animales y en las plantas. Se presenta en las proteínas y en los péptidos pero también en forma libre o como sal. En el año 1908 se le aisló por primera vez en el Japón, siendo empleado desde entonces en todo el mundo como **potenciador del sabor.** La forma más efectiva es la forma L libre; las proteínas que contienen ácido glutámico no son efectivas. Antes se creía que la adición de glutamato otorgaba a los alimentos un mayor sabor a «carne» y que ese sabor era fundamental para el efecto potenciador. Desde que se lograron obtener preparados más puros se sabe que el sabor a carne se debe a las impurezas originadas en la extracción.

El glutamato tiene la fama de provocar una sensación de malestar en las personas susceptibles, que es denominado frecuentemente como «síndrome del restaurante chino». Este síndrome se manifiesta con sensaciones de opresión, sofocación y de calor, descríbese también un «tintineo en el oído» (14). Se ha comprobado que un 1 a un 2% de la población de los EE.UU. reacciona positivamente al glutamato de sodio. Sin embargo a concentraciones del 0,75% es poco probable que se presenten los síntomas del síndrome del restaurante chino.

Otros potenciadores del sabor que también se encuentran en la carne son los nucleótidos inosinato y guanilato. El inosinato se origina principalmente en la degradación del ATP y el guanilato en la degradación de los ácidos nucleicos. El efecto de los potenciadores del sabor se debe a dos mecanismos. Uno es la elevación de la sensibilidad de los botones gustativos de la lengua y el otro la elevación del flujo salival y la provocación de una sensación de «repleción» en la boca. Estos dos últimos efectos aumentarían la percepción por una impresión aromática en la zona olfativa nasal. Los nucleótidos inosinato y guanilato no poseen sabor propio y son de 10 a 20 veces más efectivos que el glutamato. Debido a este efecto tan intenso se le denomina como **potenciadores del sabor.**

Situación legal

Las sustancias aditivas ácido-L-glutámico como así también sus sales de sodio y de potasio se encuentran autorizadas como potenciadores del sabor bajo el número 17 y las sustancias aditivas inosinato y guanilato bajo el número 18 en la disposición 1 (artículos 1 y 2) de los reglamentos de la carne. La dosis permitida de ácido-L-glutámico y sus sales es, ya sea en forma individual o conjunta, de 1 gramo por kg de carne y grasa empleada. Para el inosinato y guanilato es de medio gramo respecto de un kg de grasa o carne empleada, ya sea individualmente o en conjunto.

No hay limitaciones en su uso, o sea, que pueden ser agregados a la masa combinados con otras sustancias aditivas o ingredientes. En la lista de ingredientes se citan por su nombre de clase según la disposición de la reglamentación de especificaciones de alimentos.

Otras propiedades

Se puede considerar al glutamato de sodio como condimento dado que, además de su efecto potenciador del sabor, posee un sabor propio entre dulce y salado y provoca una típica sensación de «plenitud» y «calidez» en la boca.

Resulta problemático emplear el glutamato **mezclado** con los nucleótidos dado que la acción del glutamato, incluso su efecto sensibilizante sobre la sensación del sabor y la sensación en la boca, es multiplicada varias veces por dicha mezcla. Por tanto, el empleo combinado y combinaciones con condimentos para comidas pueden originar problemas en el sabor y el aroma (**«aroma a glutamato»**).

Modo de empleo

Los potenciadores del sabor son empleados conjuntamente con las especias.

5. Plasma sanguíneo desecado, plasma sanguíneo, plasma sanguíneo desecado disuelto en una relación 1:10

El plasma sanguíneo es el líquido que resta tras haberse extraído los componentes celulares (glóbulos) de la sangre. Como sustancia anticoagulante se agrega hasta 16 gramos de citrato de sodio o de potasio por litro de sangre. La cantidad mínima de citrato trisódico con acción anticoagulante es 3 gramos por kg de sangre. A los componentes celulares separados de la sangre se les denomina **coágulo.** El plasma sin la proteína fibrina se denomina **suero sanguíneo.** El plasma sanguíneo usado para la elaboración de alimentos se obtiene sólo de la sangre de vacunos, excepto terneros y de cerdos. La obtención de plasma sanguíneo requiere una autorización. No es obligatoria tal autorización cuando de la sangre obtenida en el mismo establecimiento se obtiene plasma sanguíneo para uso propio (3).

El **contenido proteico** del plasma sanguíneo puede variar entre 5,0 a 7,5% dependiendo las diferencias de las dosis de citrato añadido a la sangre. A medida que aumenta la concentración de citrato disminuye el contenido de proteína del plasma, dado que debido al incremento de la intensidad iónica en el agua del plasma pasa más agua del coágulo hacia la fracción plasmática. El citrato se agrega frecuentemente a la sangre fresca disuelto en agua como una solución. Aquí se debe tener en cuenta que al emplearse una solución con una concentración de citrato inferior al 3,8% o sea semejante al añadir agua a la sangre, los glóbulos rojos (eritrocitos) se embeben y revientan debido a la disminución de la presión osmótica, ésta envia el pigmento rojo hemoglobina hacia el plasma tiñiéndolo de color rojo (15).

El plasma sanguíneo igual que la sangre, es un **producto higiénicamente muy peligroso,** cuyo contenido en microorganismos depende fundamentalmente del método y de la higiene en la obtención de la sangre y del posterior tratamiento previo al empleo para elaboración del embutido escaldado. El transporte y almacenamiento hasta su procesado deberá efectuarse a baja temperatura, preferentemente próxima al punto de congelación. A una temperatura de almacenamiento de 3°C el plasma sanguíneo se puede almacenar durante un máximo de 4 días. Ha demostrado ser favorable para la conservación la adición de un 5% de sal común. No debería emplearse la sal con nitrito dado que la misma, dependiendo del contenido de pigmento de hemoglobina en el plasma, se oxida formándose nitrato y no brinda ningún aporte en el curado y enrojecimiento de los embutidos escaldados. El plasma sanguíneo con sal puede ser almacenado durante un máximo de 7 días a una temperatura de 7°C sin que se incremente significativamente el número de microorganismos (15).

El plasma sanguíneo desecado es un polvo amarillento granulado que se obtiene a partir del plasma mediante su secado por aspersión o por el sistema de cilindros.

Situación legal

Se autoriza para la elaboración de embutidos escaldados el uso de plasma sanguíneo desecado en la disposición 2 (artículo 4, inciso 2) con el número 4 de los reglamentos de la carne, el plasma sanguíneo, suero sanguíneo y plasma sanguíneo desecado solubilizado en una relación 1:10 con el número 5 en la disposición 2 (artículo 4, inciso 2) de los reglamentos de la carne, sin que se requieran especificaciones.

Las especificaciones en la lista de ingredientes del paquete listo para la venta se indican como «plasma sanguíneo» o «suero sanguíneo».

Está autorizado el uso del plasma sanguíneo desecado sólo para aquellos productos que adquieren la capacidad de conservarse por un tratamiento calorífico a una temperatura en el centro del producto de por lo menos 80°C y en envases o recipientes cerrados herméticamente. Esta restricción no se aplica para el plasma sanguíneo, suero sanguíneo y plasma sanguíneo desecado diluido en una relación 1:10.

El porcentaje de plasma sanguíneo desecado en el producto debe ser como máximo del 2%, el de plasma sanguíneo, suero sanguíneo y plasma sanguíneo diluido en una relación 1:10 de 10% como máximo, con respecto de la cantidad de carne y grasa empleadas en cada caso.

Estos ingredientes no pueden ser empleados de tal manera que en el producto terminado haya un contenido en grasa y agua que supere la cantidad original. Además está prohibido su combinación con difosfato de sodio o de potasio, clara de huevo, clara de huevo congelada, caseína. No está permitido el procesado de plasma sanguíneo desecado conjuntamente con plasma sanguíneo y plasma de sangre desecado diluido en una relación 1:10.

Propiedades tecnológicas

El plasma sanguíneo eleva la **cantidad de agua fijada** de la masa pudiendo además reducir o evitar la separación de gelatina y de la grasa en los embutidos escaldados. Esta propiedad se debe a dos motivos, por un lado las proteínas del plasma ligan el agua más enérgicamente que las proteínas cárnicas y además el plasma sanguíneo eleva el pH de la masa. Con la elevación del pH se produce una mayor imbibición de las proteínas miofibrilares del músculo.

Otras propiedades

Es posible suplantar la carne por plasma desde el punto de vista del contenido analítico de proteína cárnica en el producto **(BEFFE)**. Una parte de carne magra contiene la proteína equivalente de aproximadamente tres partes de plasma sanguíneo y para cada formulación es una cuestión de cifras calcular la cantidad de carne que puede ser suplantada por plasma con sólo tener en cuenta los cocientes agua/proteína habituales. No obstante se debería conocer el contenido proteico actual del plasma obtenido o comprado dado que caben esperar diferencias en dicho contenido. El plasma sanguíneo debería poseer **por lo menos un 6,5% de proteína** puesto que con valores menores se puede sospechar que al plasma se le agregó agua en exceso. También se debería examinar en el plasma sanguíneo fresco o desecado adquirido el contenido de sal y el sabor y aroma. Es posible reemplazar un 10% de carne por plasma, inobjetable desde el punto de vista sensorial, sin que haya defectos de aromas, sabor, color y consistencia en el producto (15). Sin embargo, el aroma de los productos depende fundamentalmente de la obtención y tratamiento higiénico de la sangre y plasma y también de una estricta refrigeración hasta su procesado.

Mediante la rehidratación del plasma sanguíneo desecado, en una relación de una parte de plasma desecado y diez partes de agua, se puede emplear como plasma sanguíneo. La aptitud para el procesado desde el punto de vista sensorial se basa, además del método empleado para el desecado, de la calidad higiénica de la materia prima inicial.

Modo de empleo

El procesado del plasma sanguíneo se debe efectuar preferentemente en estado congelado. De esta manera contribuye adicionalmente a la refrigeración cuando se agrega al comienzo de la elaboración de la masa magra conjuntamente con el resto de hielo (agua) y sal. El plasma sanguíneo desecado no rehidratado también se agrega como polvo al comienzo del picado, conjuntamente con la sal y el hielo.

Se debe conocer la cantidad de sal del plasma sanguíneo o del plasma sanguíneo desecado adicionado y tenerlo en cuenta cuando se agrega sal a la masa del embutido escaldado. Dado que el plasma sanguíneo está compuesto en un 92% de agua eventualmente se debe corregir, durante el procesado la cantidad de agua a agregar.

6. Caseinato

Las proteínas de la leche de vaca se dividen tradicionalmente en caseínas y proteínas del suero. La fracción de las caseínas, que comprenden aproximadamente un 80% del contenido total de proteínas de la leche, está compuesta por un grupo heterogéneo de fosfoproteidos que se obtienen por la acidificación de la leche cruda a un pH de 4,6 a 20°C. Las proteínas que permanecen en solución son las proteínas del suero. El caseinato se obtiene a partir de leche desnatada por disgregación con carbonato de sodio o de potasio, bicarbonato de potasio o de sodio, citratos o por disgregación mediante hidróxido de sodio, calcio o potasio. El contenido proteico debe ser como mínimo de un 87%, puede tener como máximo un 6% de agua, 5% de cenizas y 0,5% de lactosa (5). El caseinato es más soluble en agua que la proteína láctica y no es destruido por las temperaturas que se aplican durante el tratamiento en autoclave de los embutidos escaldados.

Situación legal

El caseinato está autorizado para la elaboración de embutidos escaldados en la disposición 3 (artículo 5, inciso1) con el número 1 de los reglamentos de la carne. El producto debe presentar la especificación «con caseinato».

En la lista de ingredientes de los embutidos escaldados envasados el agregado de este ingrediente figura como «caseinato».

El requisito es el que puede ser agregado sólo o aquellos productos que para la conservación son sometidos a un tratamiento por calor cuya temperatura en el centro del producto sea de por lo menos 80°C, en envases o recipientes cerrados herméticamente. El contenido de caseinato debe ser como máximo de un 2% respecto de la cantidad de carne y grasa empleada. Este caseinato no pueder ser empleado de tal forma que el producto terminado presente un contenido en grasa y agua agregada superior al original.

Además, no puede ser empleado conjuntamente con el difosfato de sodio o de potasio, clara de huevo, clara de huevo congelada, plasma sanguíneo desecado, plasma sanguíneo, suero sanguíneo y plasma sanguíneo desecado disuelto en una relación 1:10.

Propiedades tecnológicas

El caseinato, contrariamente a lo que ocurre con la proteína cárnica, no forma una **trama alrededor de las partículas de grasa en la masa del embutido escaldado.** Se une directamente a las partículas de grasa envolviéndolas. Con un picado más fino del tejido graso, o sea, con un aumento de la superficie de la grasa, esta envoltura no se extiende haciéndose más delgada sino que se acumula el caseinato en la nueva superficie formada, permaneciendo intacta la envoltura. También la grasa, que eventualmente se desprende del gel de proteína cárnica desnaturalizada por calentamiento a mayor temperatura, puede ser envuelta por el caseinato que aún se encuentra en solución evitándose así la aglutinación de dicha grasa. Naturalmente que la condición para obtener un efecto estabilizador es una correcta formulación en la que no se presente una proporción demasiado elevada de grasa.

A medida que se incrementa la temperatura durante el tratamiento por calor de los embutidos escaldados aumenta el riesgo de separación de la grasa. El caseinato es empleado en aquellos embutidos escaldados que, colocados en envases o recipientes herméticamente cerrados, son sometidos a temperaturas mayores que las habituales para evitar o disminuir de esta manera la **separación de grasa**. Resulta correcto su empleo sólo para las formulaciones en que, por la experiencia de fabricación, cabe esperar separaciones de grasa solamente y no de gelatina. Si el mayor problema a solucionar es la **separación de gelatina** entonces es conveniente usar sustancias que actúan aumentando la imbibición de la proteína cárnica (**coadyuvantes del procesamiento con la cúter**) y/o los que actúan directamente sobre la fijación de agua, como es el **plasma sanguíneo.**

Otras propiedades

Al efectuarse la **evaluación sensorial** de los embutidos escaldados con y sin proteína láctea llama la atención que las partidas en las que esta proteína está integrada presentan frecuentemente un color más claro y que le falta en parte la característica consistencia al mordido. El color más claro, se trata de una variación del rojo al amarillo, se debe al efecto de aclaramiento que provoca la proteína láctea de color blanco. Las deficiencias que se presentan al morder son debidas, por lo general, a carne y grasa no adecuada, a defectos en la formulación con demasiada grasa o agua y al calentamiento demasiado elevado. Cabe anotar que el uso de la proteína láctea no contribuye en ninguna de sus formas a la formación de la estructura. Los anteriores problemas de sabor, como son sabor similar a la morcilla de hígado o aroma caseoso, ambos son casi desconocidos porque en la actualidad hay una mejora en los preparados ofertados. Una disminución en el aroma puede ser debido a una dosificación demasiado elevada de caseinato. Ya se ha hecho referencia a que la dosificación de caseinato no debe ser superior a un 2% respecto de la cantidad de carne y grasa. Frecuentemente debería ser suficiente un 1,0 ó 1,5% para lograr el efecto tecnológico requerido, con este porcentaje se impide o se limita su influencia sobre el sabor.

Modo de empleo

Para la elaboración de embutidos escaldados se ofrece el caseinato normal o el altamente viscoso. La última forma, tal como su nombre lo indica, es una solución más viscosa que la solución con viscosidad normal.

El caseinato es agregado a la pasta o masa como **polvo** o preparado como **gelatina** o **emulsión.**

Para la obtención de la **gelatina** se prepara una solución de caseinato y agua, para ello se mezcla en la cúter una parte de proteína láctea con 5 a 6 partes de agua hasta obtener una masa lisa y uniforme. En el caso de la proteína láctea altamente viscosa se pueden emplear hasta 8 partes de agua. Para lograr una rápida formación de la gelatina el agua se empleará caliente, dado que con disminución de la temperatura del agua se demora su obtención. La gelatina enfriada se agrega a la carne magra al comienzo del proceso de picado.

La segunda forma de preparación conocida es una **emulsión** de caseinato (1 parte) agua (5 partes) y grasa (5 partes). Con los preparados altamente viscosos se puede reducir la dosificación (1 parte de proteína láctea altamente viscosa, 8 partes de grasa, 8 partes de agua). Para obtener este tipo de preparado se le agrega a la grasa cruda o escaldada finamente picada en la cúter, la proteína láctea junto con el total de agua caliente mezclándose en la cúter hasta obtener una masa cremosa homogénea. Las temperaturas de emulsión próximas a 45°C han demostrado ser apropiadas para la formación de emulsiones estables de grasa/agua/proteína láctea. Para alcanzar estas temperaturas debe trabajarse con agua o grasa, o ambas **muy calientes.** La emulsión enfriada se agrega, eventualmente junto con el resto de la grasa, a la masa magra.

Ha demostrado no ser adecuado (13) el agregado de proteína láctea al embutido preparado a base de homogeneizado de cortezas y agua.

Dado que la elevada temperatura en la preparación frena el proceso de elaboración, frecuentemente se agrega sal a la masa al final de este proceso para reducir el crecimiento bacteriano durante la posterior conservación y luego se almacena dicha masa bajo refrigeración hasta la siguiente etapa de elaboración. La cantidad de sal empleada debe ser restada de la adición de sal en la masa si no se obtendrá un producto demasiado salado.

La forma de aplicación más adecuada es la emulsión de grasa/agua/caseinato, dado que de esta manera también las grasas difíciles de procesar, como es la grasa de riñonada, pueden ser empleados con éxito tras una preemulsión. El agregado de caseinato seco o de gelatina originó, en la mayoría de los ensayos, resultados desfavorables respecto de la separación de grasa.

En el procesado de la gelatina o de su emulsión a la cantidad de agua a emplear se le debe restar el hielo que se agregó y eventualmente se analizará el cociente agua/proteína en el producto terminado.

7. Clara de huevo y clara de huevo congelada

El huevo líquido está compuesto de un 36% de yema y un 64% de clara. La clara de huevo tiene un 10% de proteína y posee una serie de proteínas en cuya molécula hay fósforo y cuya capacidad de resistencia a la desnaturalización por calor depende del pH. Pierde sus propiedades funcionales y físicas a una temperatura superior a los 58°C.

Si los huevos son almacenados enteros a los pocos días se eleva el pH de la clara, dependiendo de la temperatura de almacenamiento, desde un valor inicial de 7,6 a un máximo de 9,7. Esta elevación del pH no se debe a una degradación microbiana sino debido al escape de anhídrido carbónico a través de la cáscara. Con la elevación del pH se destruye la estructura gelatinosa de la clara de huevo. Por tanto la clara es un producto muy sensible que pierde sus propiedades funcionales, las que son importantes para la elaboración de comestibles finos.

La clara de huevo es un **producto del huevo** que puede ser obtenido de los huevos de gallinas de Guinea, pavas, patas, gansas o codornices. Los huevos pueden ser puestos a la venta o empleados para la elaboración industrial de alimentos sólo si han sido sometidos a un correcto pretratamiento (6). El pretratamiento es considerado correcto cuando el número de gérmenes aerobios en un gramo o mililitro de cada muestra no supera los 10^5 microorganismos, cuando hay ausencia de salmonellas en 25 gramos o mililitros; cuando se comprueba la ausencia de enterobacterias en un tercio de las muestras de un gramo o mililitro. Los huevos pueden ser empleados sin tratamiento previo sólo si son utilizados en el propio establecimiento donde se obtienen y en el mismo día. Pueden ser usados también al día siguiente siempre y cuando el almacenamiento se haga una temperatura de 6°C como máximo.

Situación legal

La clara de huevo líquida y la clara de huevo congelada se autorizan en la elaboración de embutidos escaldados en la disposición 3 (artículo 5, inciso 1) bajo el número 2 de los reglamentos de la carne debiendo estar especificado en el producto la indicación de «con clara de huevo». En la lista de ingredientes se indicará «clara de huevo».

La condición para su empleo es que el contenido de clara de huevo sea como máximo de un 3% respecto de la cantidad de carne y grasa empleada y no puede ser usado de tal manera que el producto terminado presente un contenido de grasa y agua añadida superior a la original. No pueder se empleado junto con difosfato de sodio o de potasio, caseinato, plasma sanguíneo desecado, plasma sanguíneo, suero sanguíneo y plasma sanguíneo desecado disuelto en una relación 1:10.

Propiedades tecnológicas

La clara de huevo, debido a la disminución del pH en la pasta o masa, no coagula aglutinándose, sino que sus proteínas que floculan eliminando agua se incluyen en la masa sin que contribuyan en la formación de la estructura proteica. Debido a ello el embutido escaldado presenta mayor humedad al corte, la consistencia se hace más blanda y el aroma disminuye.

El empleo de clara de huevo o clara de huevo congelada hasta una cantidad máxima permitida de un 3%, **no muestra** un efecto tecnológico positivo, como podría ser que disminuyera la separación de grasa o de gelatina. El empleo de clara de huevo pasteurizado **no tiene ningún** sentido desde el punto de vista tecnológico.

8. Pistachos (inclusiones de trozos), queso duro, queso tipo fiambre, huevos duros

Situación legal

Se encuentra permitido el uso de pistachos bajo el número 6 de la disposición 2 (artículo 4, inciso 2) de los reglamentos de la carne como ingrediente especial en la elaboración de embutidos escaldados, sin límite de cantidad.

Las inclusiones de trozos de pimiento, peperoni, tomates, olivas, hongos comestibles excepto trufas, pepinos, pasas de uva, almendras, nueces e inclusiones similares como queso duro, queso tipo fiambre y huevos duros se autorizan en el número 7 de la disposición 3 (artículo 5, inciso 1) de los reglamentos de la carne, debiendo ser especificado y usado en una cantidad limitada. La inclusión de los trozos se efectuará de una manera tal que sean visibles claramente en el corte del producto. No obstante la cantidad total de las inclusiones no debe superar el 15% en el producto terminado excepto en el caso del queso y huevos. El queso y los huevos no deben ser superior al 25% en el producto terminado. Si además, de queso y huevos se usan otras inclusiones en trozos la cantidad total de estas inclusiones debe ser como máximo de un 25%.

Debe tenerse en cuenta que al emplear estos ingredientes, para la determinación del contenido de carne magra en el producto este será analizado sin las inclusiones, excepto en el caso de los pistachos. O sea, que la estandarización del contenido de BEFFE se debe efectuar sin estas inclusiones.

El tipo de inclusión se dará a conocer, excepto para el caso de los pistachos, o claramente en la descripción del producto.

Estos ingredientes no poseen ningún efecto tecnológico sino que estimulan la atracción por el producto y le añaden su sabor.

Bibliografía

1. Bekantmachung der Neufassung der Fleischverordnung vom 21. Januar 1982 (BGBl. I S. 89), geändert durch Art. 3 der Änd.-VO vom 13. 3. 1984 (BGBl. I S. 393)

2. Verordnung zur Neuordnung lebensmittelrechtlicher Kennzeichnungsvorschriften vom 22. Dezember 1981 (BGBl. I S. 1625)

3. Verordnung über Blutplasma vom 14. September 1939 (RGBl. I S. 1774, i. d. F. vom 19. 12. 1959, BGBl. I S. 726) und der Anpassungs-Verordnung vom 16. 5. 1975 (BGBl. I S. 1281)

4. Verordnung über diätetische Lebensmittel (BGBl. I S. 72, 1982)

5. Verordnung über Milcherzeugnisse vom 15. Juli 1970 (BGBl. I S. 1150), geändert durch die Änderungs-VOen vom 20. 12. 1977 (BGBl. I S. 2738), vom 13. 8. 1979 (BGBl. I S. 1455), vom 8. 12. 1980 (BGBl. I S. 2236), durch Artikel 10 der VO zur Neuordnung lebensmittelrechtlicher Kennzeichnungsvorschriften vom 22. 12. 1981 (BGBl. I S. 1625 / 1667) und Art. 2 der 4. Änderungs-VO der Käse-VO vom 24. 2. 1982 (BGBl. I S. 220)

6. Verordnung über gesundheitliche Anforderungen an Eiprodukte und deren Kennzeichnung (Eiprodukte-Verordnung vom 19. Februar 1975 (BGBl. I S. 537 ber. S. 1031), geändert durch die VO zur Änderung der Fleisch-VO und der Eiprodukte-VO vom 20. 12. 1977 (BGBl. I S. 2820) und durch Art. 7 der VO zur Neuordnung lebensmittelrechtlicher Kennzeichnungsvorschriften vom 22. 12. 1981 (BGBl. I S. 1625 / 1662)

7. Leitsätze für Fleisch und Fleischerzeugnisse (Bundesanzeiger Nr. 134 vom 25. 7. 1975, Beil.; GMBl. S. 389)

8. Leitsätze für Gewürze, Gewürzextrakte und Gewürzzubereitungen vom 6./7.Juli 1977 (BAnz. Nr. 82 vom 29. 4. 1978)

9. "Emulgatoren - Ihre Wirkung in Lebensmitteln". Band 1 der Schriftenreihe LEBENSMITTELCHEMIE, LEBENSMITTELQUALITÄT, Herausgeber: Fachgruppe Lebensmittelchemie und gerichtliche Chemie in der GDCh-Arbeitsgruppe Zusatzstofftechnologie und -analytik, B. Behr's Verlag, Hamburg, 1166 (1979)

10. HECHELMANN, H.; L. LEISTNER: Mikrobielle Stabilität autoklavierter Darmware. Mitteilungsblatt der BAFF Nr. 84 vom 01. 06. 1984, S. 5894 (1984)

11. HONIKEL, K. O.; R. HAMM: Untersuchungen zur Wirkungsweise von Emulgatoren bei der Brühwurstherstellung. Mitteilungsblatt der BAFF Nr. 80 vom 01. 06. 1983, S. 5474 (1983)

12. KRISPIEN, K.; W. RÖDEL; L. LEISTNER: Vorschlag zur Berechnung der Wasseraktivität (a_w-Wert) von Fleischerzeugnissen aus den Gehalten von Wasser und Kochsalz. Die Fleischwirtschaft **59**, 1173 (1979)

13. MÜLLER, W.-D.; R. SANTOS LORENZO: Beitrag zur Verarbeitungseignung von Schweineschwarten unterschiedlicher Vorbehandlung zur Brühwurstherstellung. Mitteilungsblatt der BAFF Nr. 74 vom 01. 12. 1981, S. 4842

14. N. N.: Monosodium Glutamate (MSG). Food Technologie 34 II 10/49 (1980)

15. STIEBING, A.: Frischblutplasma - Gewinnung und Verarbeitung zu Brühwurst. Mitteilungsblatt der BAFF Nr. 80 vom 01. 06. 1983, S. 5463

16. TÄNDLER, K.: Hitzestabilität und Lagerstabilität von Naturgewürzen, Gewürzextrakten und Würzstoffen in Fleisch-Soße-Gerichten und Wurstkonserven. Die Fleischwirtschaft **58**, 1107 (1978)

17. THIESSEN, F.; J. SCHEIDE: Das Hitzeverhalten von Naturgewürzen und Gewürzessenzen. Die Fleischwirtschaft **50**, 317 (1970)

18. VAN EERD, J.-P.: Meat emulsion stability. Influence of hydrophilic lipophilic balance, salt concentration and blending with surfactants. Journal of Food Science **36**, 1121 (1971)

19. WIRTH, F.: Das Verhalten von Gewürzessenzen aus Naturgewürzen bei der Hocherhitzung und längerer Lagerung von Wurstkonserven. Die Fleischwirtschaft **45**, 1403 (1965).

Capítulo 6

Técnicas para el picado

P. -G. KLETTNER

1. Máquina para picado y amasado

Se puede hacer una diferenciación del tipo de picado de acuerdo con la **máquina de picado y amasado** existentes:

1. Troceadora de carne congelada
2. Picadora
3. Cúter
4. Molinos coloidales
5. Blender

En embutidos escaldados en relación a las diferentes tecnologías, según se trabaje con material congelado o refrigerado, se emplearán uno de los cuatro tipos de picado. Puede hacerse una diferenciación entre procesos de picado continuos o discontinuos de picado. Las troceadoras de carne congelada, picadoras, CCA (Continuous -Cutter-Automat) y los molinos coloidales trabajan de manera continua, en cambio la cúter y el blender, en forma discontinua.

Troceadora de carne congelada

Algunos establecimientos necesitan trocear grandes bloques de carne congelada. Para ello se utilizan máquinas cortadoras, raspadoras y fresadoras. El troceado más grueso se realiza mediante el principio de guillotina. Se puede, a partir de bloques grandes, un troceado más fino por medio de cortadoras rotativas. Dentro de estas se pueden mencionar la flaker y la cúter. Las denominadas flaker (cortadora en flóculos) o cúter (para trozos más grandes) poseen uno o más rodillos que cortan los bloques congelados mediante cuchillas afiladas o que despedazan a los mismos mediante elementos cortantes en forma de pico. Si se desean rendimientos elevados se ofrecen máquinas que trabajan en forma rotativa. Si se requieren espesores de corte con regulación variable de 3 hasta 25 mm se disponen de máquinas de cortado rotativo. Además deben mencionarse las cortadoras en las cuales la carne congelada es cortada en forma de dados. Ultimamente también se pica en forma rotativa el material congelado a muy bajas temperaturas.

Existen también picadoras especiales para el material prepicado o incluso máquinas que pican el bloque congelado completo en un solo proceso (HAGER, 1979).

Según las investigaciones de HARBITZ y EGELANDSDAL (1983) del Instituto Noruego de Investigaciones de Alimentos de Aas, la carne con porcentajes de grasa del 22% congelada a bajas temperaturas era prepicada en una troceadora de carne congelada (habitual en la industria) a una temperatura entre -20 y -7°C. Esta carne prepicada era de inferior calidad respecto a la textura, a la capacidad de fijación de grasa a la mayor separación de gelatina; las características sensoriales de los productos cárnicos elaborados a partir de ella eran también de baja calidad. Los autores concluyen de acuerdo con los resultados de las investigaciones efectuadas en proteínas y grasas, que la causa de la desvalorización de las características para el procesado no se debe a la desnaturalización proteica, sino a la máxima destrucción de las células adiposas. Por tanto, si para la producción industrial se emplean troceadoras de carne congelada, es necesario atemperar la carne congelada sobre todo cuando la misma posee una elevada cantidad de grasa.

Picadora

La picadora realiza un corte de cizalla. La carne está refrigerada. Los trozos más o menos grandes son introducidos en la picadora mediante un tornillo sin fin o hélice de alimentación desde donde son transportados para el precortado. El material llega así a una doble cuchilla la cual actúa antes del disco triturador. A continuación se encuentra nuevamente una doble cuchilla, previa a la placa; la superficie de ésta está perforada con pequeños agujeros. Esta placa puede ser intercambiada por otra de tal manera que se puedan obtener diversos grados de picado final. Las placas más corrientes son los de 13, 8, 5, 3, 2 y 1,5 mm. Existen también aquí dispositivos seleccionadores que extraen automáticamente los tendones de la carne magra. La disposición entonces es la siguiente: precortador, cuchilla, impulsadora, disco triturador, cuchilla seleccionadora y su disco separador o de perforación fina: que separa tendones y ternillas. La cuchilla impulsadora y la separadora cuentan con ranuras las que permiten que los tendones sean conducidos hacia el centro y desalojados a través de un tubo. La velocidad de corte de la picadora es de 1 m/s.

Cúter

En la cúter se produce el proceso simultáneo de picado y amasado. La cúter más sencilla se compone de un plato giratorio el cual gira sobre un eje, y de un juego de cuchillas. Las cuchillas están dispuestas de tal manera que el nivel de cortado presenta una superficie radial a partir del eje del plato. La velocidad de corte de las cuchillas de la cúter es de 25 m/s. Las cúter de mayor tamaño disponen de dos cabezales portacuchillas. Además existe otro tipo de cúter con otro tipo de cuchillas en posición vertical, encontrándose el plato fijo. Cuanto mayor es la capacidad de ligazón de mezcla (carne caliente) mayor es la cantidad de aire que penetra y por tanto es retenido. En el aire existe oxígeno que produce oxidaciones químicas indeseables, las que originan un efecto negativo sobre el color y el sabor. Mediante el procesado con la cúter al vacío puede limitarse el efecto perjudicial del oxígeno. Por medio de este procedimiento se desaloja del recipiente de la cúter una gran parte del aire y por ende también del oxígeno, de forma tal, que se produce una masa con una mayor densidad, mejor sabor y color y mejor conservación de la misma (WIRTH, 1970). Debido al vacío aumenta la **consistencia** del producto escaldado. El embutido es resistente al mordido e incluso a un elevado vacío aumenta la consistencia o textura, del embutido escaldado, de forma tal que puede llegar a tornarse gomosa. Según WIRTH 1973) la carne con baja capacidad para ligazón, o las fórmulas con adición excesiva de agua o tratamientos caloríficos intensos, requieren un vacío elevado o lo más alto posible. Tal como ya se ha mencionado, el procesado con la cúter al vacío origina en embutidos escaldados una mayor densidad, es decir, una disminución del volumen. Por tanto los embutidos a igual peso son más pequeños (desventaja psicológica para la venta). Esta desventaja puede ser compensada mediante la introducción de gas nitrógeno tras el uso del vacío. Más adelante se hará una referencia más detallada. **El mejoramiento en el sabor** con el uso del vacío se debe a una protección de las grasas frente a modificaciones oxidativas muy rápidas. A menudo se subestima la importancia de las grasas en la formación del sabor de la carne y de los productos cárnicos. El procesado con la cúter al vacío puede mejorar el color del embutido escaldado porque la reacción del oxígeno con el pigmento muscular es mínima originándose por ello menos metmiocromógeno de color gris. Un evidente efecto mejorador del color por extracción del oxígeno se produce con un vacío superior al 60%. El efecto resulta más marcado en el caso de pasta con una excesiva adición de agua y con débil formación de nitrosomioglobina, es decir, con un curado suave. Tanto en el fiambre envasado como en el no envasado se presentaba una mejor **conservación del color** a medida que aumentaba al vacío (WIRTH, 1973).

Un nuevo desarrollo lo presenta el Continuous-Cutter-Automat (CCA) (NORBISRATH, 1983). Para el procesado en la CCA los componentes de la fórmula ya picados y mezclados son transportados mediante una bomba para sólidos hacia el recipiente cilíndrido en rotación del CCA. La fuerza centrífuga del cilindro en rotación distribuye la masa en una delgada capa sobre la pared interna. En el interior del recipiente funciona a gran velocidad de rotación el denominado «cabezal portacuchillas satélite», cuyas cuchillas en forma de disco giran con sus filos muy cercanos a la pared interna del recipiente cilíndrico. Las numerosas cuchillas redondas producen un proceso de picado intensivo originándose un corte arrastrado. El lugar donde se efectúa el picado se encuentra cerrado y puede ser sometido al vacío. El vaciado tiene lugar por la parte superior del recipiente cilíndrico del CCA (punto 5), mediante un rascador con rosca transportadora. La masa puede transportarse por medio de una bomba directamente a la embutidora. El Continuous -Cutter-Automat es una cúter de elaboración **continua.** El grado de picado se gradúa de acuerdo con el número de cuchillas utilizadas (10 a 24 unidades) al número de vueltas del cabezal portacuchillas regulable en forma continua (3.500 a 5.000 RPM) y a la cantidad de materia prima introducida a través de la bomba. El rendimiento es de un máximo de 3.800 kg de masa por hora. Se puede efectuar un vacío superior al 90% (NORBISRATH , 1983). El tiempo de permanen-

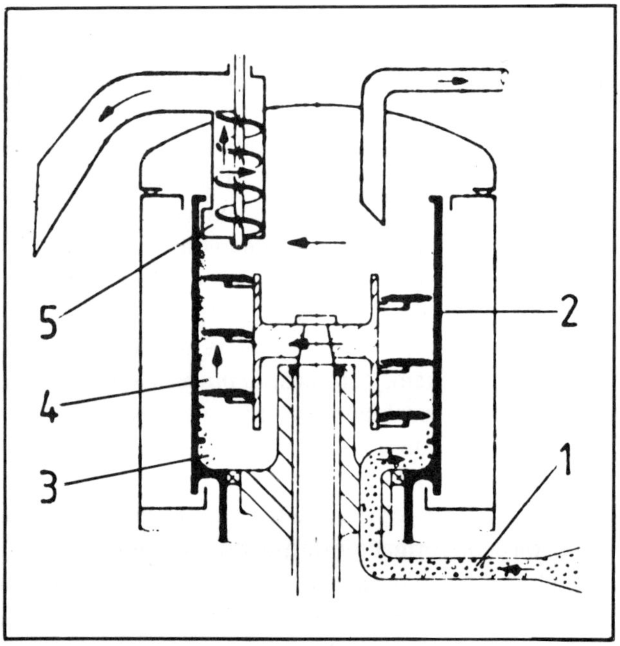

Figura 1.
Representación esquemática del Continuous-Cutter-Automat (según NORBISRATH, 1983)

1 = Conducto de alimentación,
2 = Recipiente,
3 = Capa de masa,
4 = Cabezal portacuchillas satélite,
5 = Rosca transportadora

cia de la masa en la cúter es de 3,6 a 14,4 segundos. Según la consistencia del material a procesar y del deseado grado de picado, la elevación de la temperatura en el CCA es de 8°C a 13°C (SCHMIDT, 1984).

Molinos coloidales

Al procesado con la cúter le sigue a veces un picado extrafino. Los molinos coloidales más conocidos son Kolloidmühle, cortador KS, Microcut. A diferencia de lo que sucede con la cúter los molinos coloidales trabajan según el principio de trabajo contínuo, es decir, que el material a ser picado llega mediante un embudo de carga al mecanismo para picar o molino, saliendo luego del sistema. De acuerdo con el principio de picado se produce el corte en cizalla y un molido. En los **kolloidmühlen** funciona un cono estriado dentro de una carcasa la cual presenta estrías helicoidales angulosas. El espacio entre carcasa y cono puede regularse. Debido a la elevada velocidad (5.000 revoluciones por minuto) y a la pequeña separación, se produce un gran desnivel de velocidad. Estos desniveles originan turbulencias. Debido a ello se produce una intensa mezcla de material. Las estrías poseen efecto de cortado y molido.

El **cortador KS** trabaja de tal forma que, mediante una doble cuchilla el material es presionado a través de un listón perforado o de una reja cortante, resultando ser así cortado y mezclado en el disco perforado.

En principio es similar al de la picadora pero la velocidad en el corte es mucho mayor. El **Micro-Cut** trabaja de acuerdo con el sistema de corte centrífugo. La carne es llevada mediante un tornillo transportador hacia un suelo rotante con ranuras. Este material mediante la fuerza centrífuga es presionado a través de finas placas cortantes que se encuentran lateralmente, siendo cortado previamente mediante placas cortantes rotativas. Las placas cortantes pueden tener una ranura de 0,05 a 0,1; 0,2; 0,5; 0,7 y 1,3 mm (HEIDTMANN, 1965).

Blender o mezcladora

En el blender no se efectúa un picado sino solamente un amasado. En el procesado con el blender puede mezclarse (homogeneizarse) gran cantidad de carne a procesar en forma individual, o se efectúa una mezcla de todo el material a ser procesado. En las correspondientes etapas de procesado se toman muestras para determinar si se cumple con la formulación. PUOLANNE y TERREL trabajaron con el blender con distintas concentraciones de sal. Se demostró que aquellos embutidos que no fueron salados pero que fueron procesados en el blender presentaban mala capacidad para la fijación de agua.

2. Procesado con la cúter

Generalmente el procesado para la elaboración de la masa en el embutido escaldado tiene lugar en la cúter. En la cúter deben distribuirse y mezclarse en forma homogénea los componentes de la fórmula, es decir, carne magra, tocino, hielo y aditivos. El proceso de cortado con la cúter debe, en lo posible, romper simultáneamente muchas células musculares para liberar el complejo actomiosina. Este, mediante el agregado de sal y agua, se embebe y solubiliza. En el procesado con la cúter se pueden diferenciar distintos pasos:

El primer paso, frecuentemente empleado, es el **procesado en seco con la cúter**, en el cual, antes del agregado de agua o hielo las fibras musculares en estado «seco» son cortadas por las cuchillas de la cúter lográndose con ello un grado de picado más fino que con el agregado inmediato de hielo. Sin embargo, el procesado con la cúter en seco posee limitaciones, pues la carne se calienta más rápidamente que bajo el efecto refrigerante del hielo. Un calentamiento de la carne demasiado elevado podía ocasionar modificaciones proteicas desfavorables (WIRTH, 1974). En el filo de corte de las cuchillas de la cúter se presentan temperaturas de hasta 60-70°C (HEIDTMANN, 1961). Un prepicado intenso antes de agregar agua solamente es posible trabajando con material congelado.

Se denomina **tecnología de la masa magra (sin añadir tocino)** al picado y amasado de la carne magra con agua, aditivos y sustancias agregadas. La adición de agua debe efectuarse lentamente y su temperatura será inferior a 3°C (HEIDTMANN, 1962).

La tecnología del acabado de la masa es la continuación de la tecnología de la masa magra y comprende la incorporación del tejido graso (tocino) prepicado a dicha masa; la temperatura tras el amasado no debe ser más alta de 12 a 15°C.

Se describen a continuación dos procesos para la elaboración en la masa cuyo empleo no es muy difundido.

En el **proceso de formación de la masa con grasa** se pica primeramente la carne magra con el agua y los agregados mezclándolos y retirándolos de la cúter. Después se pica la grasa, y tras su picado se incluye la masa magra. En este método el tocino sufre un picado especialmente fino. En este proceso la temperatura final no debe superar los 15°C (HEIDTMANN, 1962; JAHNKE, 1977; REICHERT, 1982). Según HEIDTMANN (1962) el proceso de formación de la masa con grasa requiere mayor trabajo y no presenta ninguna ventaja en especial. En algunos casos incluso se obtenía comparativamente un producto escaldado menos satisfactorio.

En la **formación de la masa total** se procesan en la cúter todos los componentes al mismo tiempo, es decir, carne magra, aditivos, hielo, sustancias agregadas y tocino. Este proceso se realiza con las cúter de gran tamaño las que funcionan a gran velocidad (HEIDTMANN, 1962).

3. Condiciones específicas de la cúter

HEIDTMANN, (1964) estudió la influencia de diferentes **llenados del plato o artesa.** Con una carga mínima la temperatura de la masa ascendía con mayor rapidez hasta alcanzar una temperatura ambiente de 18 a 20°C, y una vez superada ésta temperatura el ascenso de ella en la masa era menor. Por el contrario, con la carga máxima, la temperatura de la masa aumentaba primeramente de manera más lenta y luego superaba la temperatura ambiente más rápidamente. GIRARD *et al.* (1983) estudiaron la influencia de la temperatura ambiente sobre la densidad de la masa durante el procesado en la cúter. Se demostró que con un aumento en el tiempo de procesado primeramente disminuía la densidad aumentando tras los primeros 3 a 4 minutos. La temperatura ambiente elevada originaba también un aumento en la densidad de la masa. Según la opinión de estos autores el aumento de densidad de la masa se originaba, entre otras cosas, con el comienzo de la fusión de la grasa. HEIDTMANN, (1964) estudió también la influencia de la elevada o baja **velocidad de las cuchillas** manteniendo constantes las condiciones de procesado con la cúter. Con el incremento de la velocidad de las cuchillas se producía un calentamiento más rápido de la masa. El calentamiento más rápido de la masa se debe a un mayor efecto de rozamiento de las cuchillas. DOLATA y RYWOTYCKI (1984) estudiaron también la velocidad de giro de la artesa o plato de la cúter y de la velocidad de las cuchillas. Estos autores llegaron a la conclusión de que con un aumento del número de vueltas de las cuchillas y de la artesa de la cúter, se mejoraba la calidad del embutido escaldado; en estos casos el tiempo de procesado era menor.

MIALKI, (1951) en ensayos de picado con la cúter y la picadora no encontró diferencias, en embutidos escaldados, entre cuchillas afiladas y sin afilar HONIKEL y EGGINGER, (1984) efectuaron ensayos respecto del **número y forma de las cuchillas de la cúter**. Un número elevado de cuchillas en la cúter originaba un picado y homogeneizado más intenso, pero también un aumento más rápido de la temperatura de la masa. Las cuchillas con filos rectos formando ángulos uno a continuación del otro (perfil recto) producían una elevación más lenta de la temperatura que las cuchillas con perfil curvo. A iguales tiempos de procesado en la cúter y a la misma temperatura de la masa se comprobaba mayor separación de gelatina con cuchillas de perfil curvo.

4. Grado de picado de la masa magra

La temperatura de la masa y el tiempo de procesado con la cúter (grado de picado) son muy importantes para la estabilidad de dicha masa. AMBROSIADIS y KLETT-

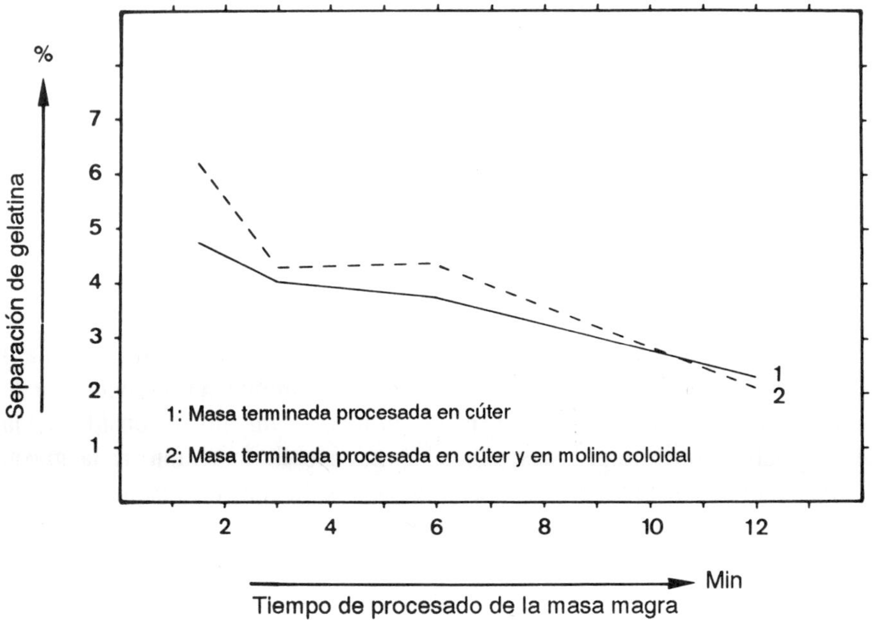

Gráfico 1. Separación de gelatina en semiconservas en relación al picado de la masa magra (según AMBROSIADIS y KLETTNER, 1981)

NER, (1981) estudiaron el efecto del **grado de picado de la masa magra** sobre las cualidades del embutido escaldado.

El Gráfico 1 muestra que a medida que aumentaba el tiempo de procesado de la masa magra disminuía en forma contínua la separación de gelatina. Si la masa magra tras un corto procesado con la cúter era pasada por un molino coloidal se conseguía que la separación de la gelatina fuera mínima. Estos resultados confirman el concepto de que la masa magra debe ser picada a **bajas temperaturas** lo más finamente posible. Por tanto, es adecuado que la materia prima que fue congelada sea picada durante un tiempo prolongado.

Con esta pasta o masa magra se efectuaron ensayos de picarla en molino coloidal. Debido al picado en molino coloidal la temperatura final de la masa se elevaba desde 3 -4°C a 13-15°C. Los resultados conseguidos se encuentran también en el Gráfico 1. El posterior picado en molino coloidal originaba un aumento **de la separación de gelatina** en todos los tiempos de procesado de la masa magra hasta los nueve minutos. Con un tiempo de procesado de la masa magra de 12 minutos se podía lograr mediante

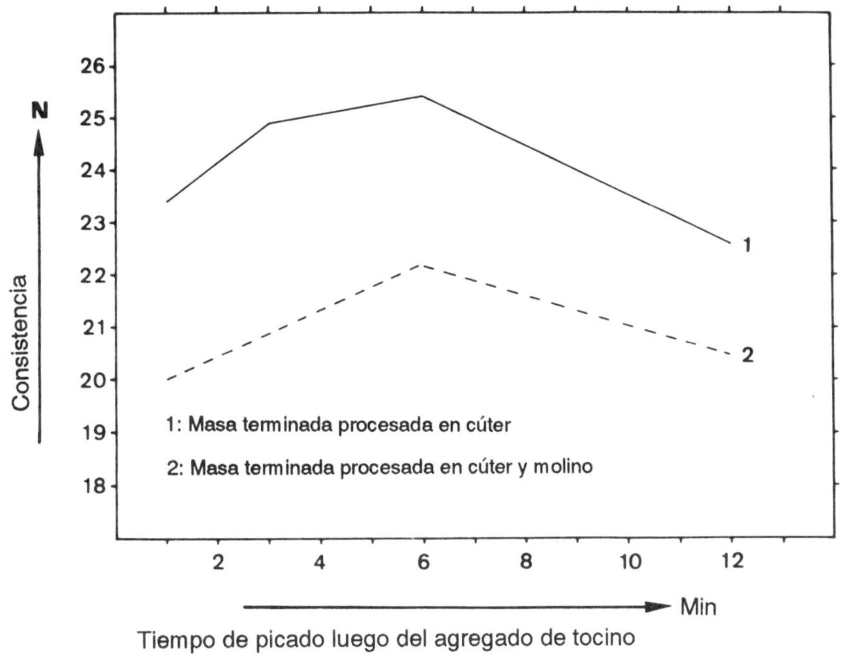

Gráfico 2. Consistencia del embutido escaldado en relación al picado de la masa magra (según AMBROSIADIS y KLETTNER, 1981)

el picado en molino coloidal, una disminución de la separación de gelatina de un 2%. Si la masa magra era procesada en cúter durante 1,5 minutos, se picaba luego en un molino coloidal, efectuándose luego un picado del tocino con la masa magra en la cúter y luego nuevamente un picado en el molino coloidal, se producían separaciones de gelatina de un 2,3%. Frente al procedimiento de picado de la masa magra en el molino coloidal (separación de gelatina de un 3,2%), un posterior picado de la masa terminada en molino coloidal, puede presentar una reducción de la separación de la gelatina (2,3%). Los resultados alcanzados aquí respecto del procesado de la masa magra fueron también controlados a través de mediciones de la consistencia en los embutidos escaldados.

El Gráfico 2 muestra que con un tiempo de procesado con cúter de la masa magra de 6 minutos, provocase un aumento de la consistencia, medido con el Instron, alcanzando un óptimo de 25,5 N para luego descender. Si la masa magra se pica en molino coloidal, entonces la consistencia disminuía claramente. Esto demuestra que un tratamiento con la cúter de 6 minutos aumenta la consistencia hasta un valor de 22,3 N. Luego se constata una disminución.

Si la **masa magra** era procesada con la cúter brevemente pasándola luego por un molino coloidal para finalizar el procesado con la cúter se obtenía una consistencia de 27 N. Si tras este procesado la masa era sometida nuevamente al **molino coloidal,** entonces la consistencia disminuía a 23,8 N. De estos resultados se puede concluir que el **procesado de la masa en el molino coloidal** debe ser considerado positivo respecto de la escasa separación de gelatina y del aumento de la consistencia. En cambio el **procesado de la masa terminada en el molino coloidal**, lo cual se realiza bastante frecuentemente en la industria, es negativo debido al aumento en la separación de gelatina y a una reducción de la consistencia.

5. Temperatura de la masa magra y efecto del grado de picado de la masa terminada

A continuación se estudiará la influencia de las diferentes temperaturas de la masa magra y el efecto del grado de picado de la masa terminada a temperaturas finales

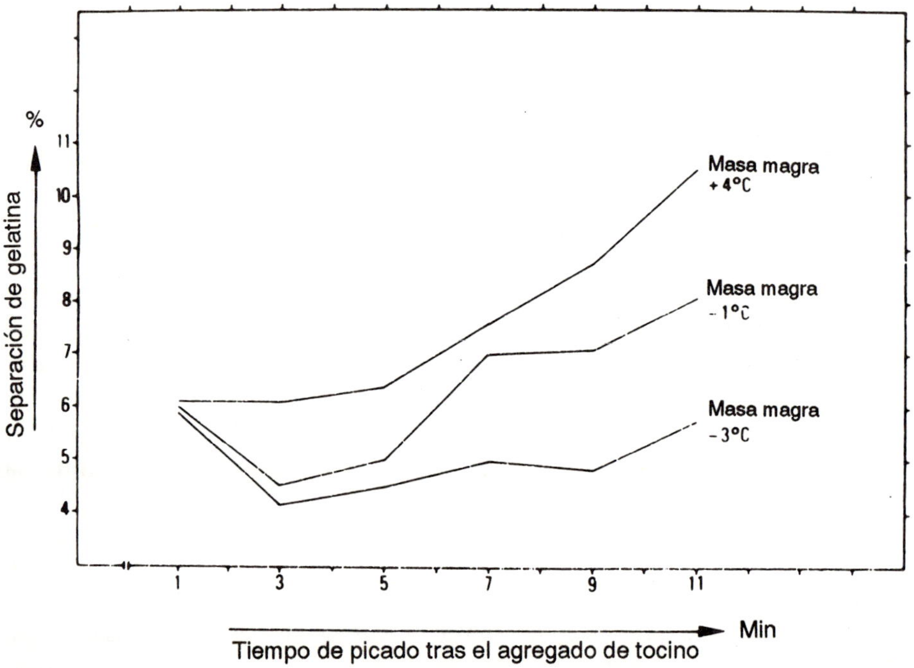

Gráfico 3. Separación de gelatina en relación al tiempo de picado del tocino (3 diferentes temperaturas finales de masa magra; según AMBROSIADIS y KLETTNER, 1981)

constantes de dicha masa. Las partidas fueron elaboradas sin fosfato. **La temperatura final de la masa magra** era de -3, -1 y 4°C. La masa terminada se retiraba luego de 1, 3, 5, 7, 9 y 11 minutos, se embutía en tripa o se enlataba para su posterior tratamiento térmico. El ascenso de la temperatura de la masa terminada por encima de los 14°C era frenado mediante refrigeración con nitrógeno líquido. En el Gráfico 3 se representa la separación de gelatina en relación al tiempo de picado del tocino.

A una temperatura final de la masa magra de 4°C la separación de la gelatina se mantenía constante hasta un tiempo de procesado en la cúter de la masa terminada de 5 minutos. Luego la separación de gelatina aumentaba en forma contínua a medida que se incrementaba el tiempo de picado de la masa terminada, sobre todo al ir aumentando el tiempo de picado del tocino. Cuando la temperatura final de la masa magra era de -1 y -3°C se originaba, hasta un tiempo de procesado de la masa terminada de 3 minutos, una disminución de la separación de gelatina. Esto se debe seguramente a un mejor emulsionado de la grasa. Tras un picado del tocino de 3 minutos, con una temperatura de la masa magra de -1°C, la separación de la gelatina aumentaba en forma contínua. Con una temperatura de la masa magra de -3°C si bien existía un aumento de la separación de gelatina, ésta era muy escasa. Se debía alcanzar una temperatura de la masa terminada de por lo menos 10°C para que se presentara una escasa

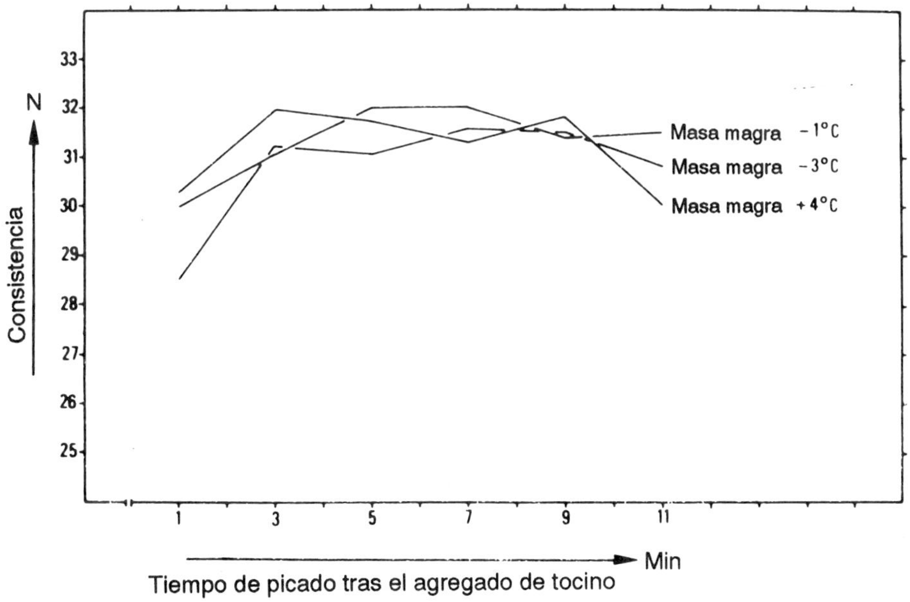

Gráfico 4. Consistencia en relación al tiempo de picado del tocino (3 diferentes temperaturas finales de la masa magra) (según AMBROSIADIS y KLETTNER, 1981)

separación de gelatina. PUOLANNE *et al.* (1983) estudiaron la capacidad de retención de agua a distintas temperaturas de masa terminada. A temperatura de 14-16°C se obtenía, para los embutidos sin agregado de fosfato, un **óptimo de fijación de agua.** La capacidad de retención de agua disminuía marcadamente sobre todo cuando la temperatura de masa terminada era más elevada. En el Gráfico 4 se representa la consistencia del tocino en relación al tiempo de picado.

El picado del tocino no tenía gran influencia sobre la consistencia. Sólo en los tres primeros minutos de picado se producía un aumento de la consistencia. Un picado más fino del tocino **no producía** modificación alguna en la consistencia. No obstante, con el aumento en el tiempo de picado del tocino se producía un color más claro y una disminución del color rojo. Este efecto que con un incremento del picado del tocino el color del embutido disminuye, es conocido por toda aquella persona practica en la materia.

Se puede afirmar, por tanto, que con **temperaturas finales de la masa magra** más elevadas, el procesado con la cúter se hace más crítico y delicado que con temperaturas más bajas, de por ejemplo -3°C. Se produce una **disminución de la separación de gelatina**, cuando **la masa magra se elabora a partir de material congelado**. También SHUT y BROUWER (1975) con la cúter llegaron a la conclusión a través de sus numerosos ensayos, de que la temperatura de la masa magra posee una importancia fundamental. En la elaboración de la masa magra la **temperatura** debe permanecer **lo más baja posible.** La manera como se realice el picado de la carne con sal y hielo, aparentemente no tiene tanta importancia, siempre y cuando un cierto picado se realice a bajas temperaturas.

Frecuentemente, **en el molino coloidal**, se pican tan finamente **las cortezas y los tendones** que no son visibles ni en la masa ni en el embutido. Según MÜLLER y VOGT (1984) las cortezas y los tendones limpios deberían ser picados primeramente mediante la picadora con placa de orificios grandes para luego ser congelados. En estado congelado el material se agrega 20 g de sal con nitrito para curado y 1 kg de hielo por kg de tendones o cortezas y, así es picado en la cúter hasta una temperatura de aproximadamente ± 0°C. A continuación se efectuaba un doble picado en molino coloidal. El primer picado debería efectuarse con el juego de corte de 1,5 ó 1 mm y el segundo picado con el juego de 0,4 ó 0,2 mm. Con el empleo del juego de corte de 0,4 mm, 0,2 mm ó 0,1 mm no se podía reconocer en el embutido escaldado ninguna partícula de tejido conectivo. Cuanto más finamente se picaba las cortezas no acidificadas, tanto menor era su efecto de aumento de consistencia sobre el embutido escaldado, el cual, no obstante, resultaba ser mayor que el de los tendones.

La manera más conveniente de picar la carne con **elevado contenido de tejido conectivo** era en cúter mediante sal y hielo colocándose luego la masa magra en el molino coloidal a aproximadamente -2°C con un juego de corte de 0,4 mm. Aquí la masa se calentaba hasta un máximo de 5°C. Para la elaboración de salchichas escaldadas de pequeño calibre esterilizadas, resultaba problemático el agregado de tendones y cortezas dado que aumenta mucho el riesgo de reventones y éstas en forma de roseta en el caso de salchichas de tripa pelable. Las cortezas en general no elevaban la separación de gelatina; en el caso de tendones la separación de gelatina aumentaba respecto del control en un 10% y más.

Según AMBROSIADIS y WIRTH (1983) el **contenido de tejido conectivo** de la carne afectaba en gran medida a la separación de grasa y gelatina, al color y la textura («mordido») del embutido escaldado. Con aumento de contenido de tejido conectivo se incrementaba también la separación de gelatina y grasa y por otro lado el embutido escaldado se tornaba más firme al mordido. En el caso de carne con **escaso tejido conectivo** el picado más intenso mejoraba la fijación de agua y grasa; la textura se modificaba muy poco. Por el contrario en carne **rica en tejido conectivo** el picado intenso provocaba mala fijación de agua y grasa y sobre todo una pérdida de la textura («mordido»).

Según los autores, antes del picado debería efectuarse, en lo posible, una separación de la carne magra (pobre en tejido conectivo) de la carne rica en tejido conectivo desprendiendo éste, por ejemplo, mediante separadores apropiados. La carne magra debería picarse en forma intensa a bajas temperaturas. En un picado a través de un molino coloidal la **temperatura de la masa magra sin agregado de fosfato** no debería encontrarse por encima de los 2°C, mejor aún a ± 0°C. **La temperatura de la masa magra con agregado de fosfato** no debe ser superior a 5°C. El tejido conectivo picado finamente puede ser añadido a la cúter junto con el agregado de la grasa. **La temperatura de la masa terminada** debería ser de 10 a 12°C sin fosfato y con fosfato de 16 a 18°C.

6. Temperatura final de la masa

La temperatura final de la masa es importante en el resultado del procesado con la cúter. La masa magra era procesada con la cúter durante 3 minutos y el tocino, agregado posteriormente, durante 2 minutos. Este material inicial se atemperaba en distinta forma. La temperatura final de la masa se controla también en relación a la adición de difosfato de 0,3%. A su vez una parte de la masa era picada en molino coloidal. Las temperaturas resultantes están representadas en la Tabla 1. En las partidas sin fosfato se originaba temperaturas de picado desde 9 a 27,7°C. El picado con molino coloidal aumentaba la temperatura en todas las partidas. En la masa que estaba a baja temperatura ésta aumentaba en mayor medida que aquella masa cuya temperatura era más elevada. A baja temperatura el aumento era de 6,2°C a elevada temperatura final el aumento de la masa era solamente de 1,2°C Aquí seguramente en el picado se

Tabla 1. Diferentes temperaturas finales de masa con distinta atemperación pero igual grado de picado (según AMBROSIADIS y KLETTNER, 1981)

Partida Nº	Sin agregado de fosfato		Con agregado de fosfato	
	Sin procesado con molino coloidal	Con procesado con molino coloidal	Sin procesado con molino coloidal	Con procesado con molino coloidal
1	9,0 °C	15,2 °C	8,5 °C	13,9 °C
2	15,2 °C	21,5 °C	15,0 °C	18,0 °C
3	19,1 °C	22,1 °C	19,1 °C	21,3 °C
4	24,7 °C	25,7 °C	24,2 °C	26,5 °C
5	27,7 °C	28,5 °C	26,5 °C	27,5 °C

hicieron notar las diferentes viscosidades. Si el procesado no se hacia en molino coloidal, en las fórmulas con fosfato se alcanzaban aproximadamente las mismas temperaturas finales de la masa que en el caso de ausencia de fosfato.

Con molino coloidal la elevación de temperatura era menor en las partidas con agregado de fosfato que en aquellas sin él. Trabajando con temperaturas bajas, la elevación de la temperatura era de 5,4°C y con temperatura elevada solamente de 1,0°C. La menor elevación de la temperatura debido al procesado en el molino coloidal en las partidas con fosfato, se debía seguramente al efecto de disminución de la viscosidad del difosfato.

Se realizaron también determinaciones de densidad de las partidas mencionadas. Con una fórmula de 51,5% de carne, 22,8% de tocino y 25,7% de hielo los valores de densidad se presentan en la Tabla 2.

Tabla 2. Efecto de la temperatura final de la masa sobre la densidad del embutido escaldado sin y con procesamiento en molino coloidal (según AMBROSIADIS y KLETTNER, 1981)

Partida Nº	Sin agregado de fosfato		Con agregado de fosfato	
	Sin procesado con molino coloidal	Con procesado con molino coloidal	Sin procesado con molino coloidal	Con procesado con molino coloidal
1	0,940	0,909	0,920	0,908
2	0,951	0,919	0,944	0,922
3	0,965	0,934	0,960	0,944
4	0,968	0,950	0,967	0,952
5	0,977	0,964	0,969	0,954

La densidad es una medida del aire incluido o sea del contenido de oxígeno y por lo tanto un importante criterio para valorar la consistencia al mordido, sabor y color. En general se observaba que con una mayor temperatura final de la masa aumentaba también la densidad,o sea, la masa se hacía más pesada incorporándose por lo tanto menos aire. El procesado con molino coloidal provocaba, tal como se puede observar, una disminución de la densidad, o sea, que el embutido escaldado se hacía más liviano siendo mayor el aire incorporado a la masa. Este es un hecho conocido, el cual ya fue mencionado por HEIDTMANN en el año 1965. Debido al procesado con molino coloidal cuando la temperatura final de la masa era más baja se incorporaba mayor cantidad de aire que cuando la temperatura final de la masa era elevada, dado que a mayor temperatura la misma ya habría perdido mucha de su capacidad de fijación de agua. Si se comparan las partidas sin y con fosfato en un procesado normal con la cúter (sin procesado en molino coloidal) se demuestra entonces que con fosfato se originan densidades menores que sin fosfatos. En el caso de las partidas con fosfato se incorporaba aún más aire, sobre todo a baja temperatura final de masa, dado que la misma había aumentado su capacidad de fijación de agua a causa del agregado de fosfato. Tras el procesado con molino coloidal, entre las partidas sin y con fosfato no se presentaban ya mayores diferencias en los valores de densidad.

Mayor referencia sobre beneficios de un método de picado lo ofrece la separación de gelatina. Se elaboraron semiconservas. El calentamiento se realizó a 75°C. El Gráfico 5 muestra la separación de gelatina en relación a la temperatura final de la masa. El Gráfico 5 muestra claramente que hasta una temperatura final de la masa de 15°C se producían separaciones de gelatina solamente en un 6,5%. Sin embargo un **procesado en molino coloidal** a 15°C produce ya una separación de gelatina de un 9%. A temperatura final de la masa más elevada la separación de gelatina aumentaba marcadamente en las partidas sin adición de fosfato. Esto se presentaba tanto en las partidas sin y con procesado con molino coloidal. En las partidas con fosfato, sin y con procesado en molino coloidal, se presenta una separación de gelatina del 1% independientemente de la temperatura final de la masa. Esta era una prueba de que las adiciones de fosfato reducían considerablemente la separación de gelatina y de que la temperatura final de la masa no tenía influencia sobre la separación de gelatina. Con empleo de fosfato se puede efectuar el procesado con la cúter añadiendo agua, sin que se produzca una mayor separación de gelatina.

Respecto de la consistencia se comprobó que en las mismas condiciones de procesado, al aumentar la temperatura final de la masa **disminuía la consistencia,** descendiendo de 33 a 29 N para embutidos sin agregado de fosfato. Los embutidos con agregado de fosfato poseían una consistencia mayor en 4 N. El procesado con molino coloidal originaba, por lo general, escasa disminución de la consistencia.

En síntesis, se puede afirmar para embutidos sin fosfato que la temperatura final de la masa, o sea, la temperatura de la masa terminada poseía a partir de los 15°C, una gran influencia sobre la separación de gelatina. Con la misma técnica de picado, al aumen-

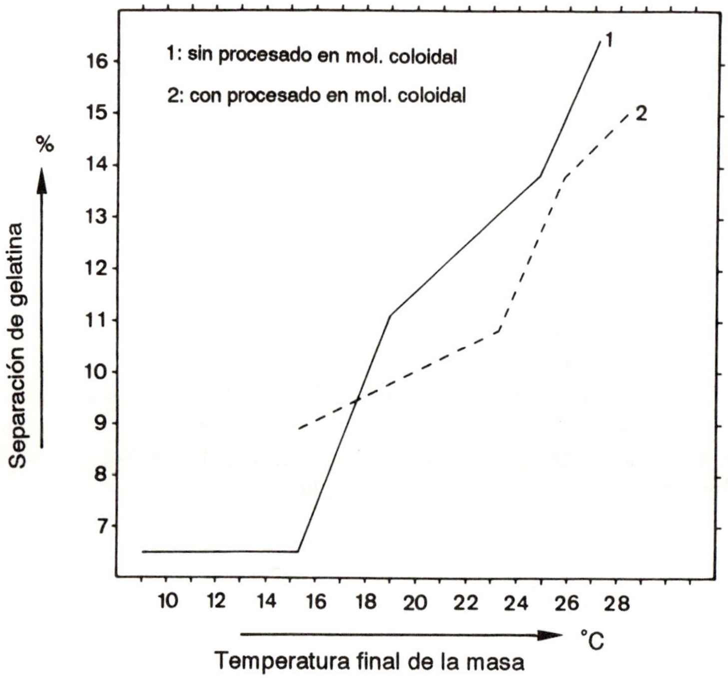

Gráfico 5. Separación de gelatina en partidas sin agregado de fosfato en relación a la temperatura final de la masa (semiconservas) (según AMBROSIADIS y KLETTNER, 1981)

tar la temperatura final de la masa se incorporaba menos aire al mismo porque, la capacidad de fijación de aquella disminuía. Con el procesado en molino coloidal se incorporaba aire adicional a la masa, el cual aumentaba más aún con el agregado de fosfato, dado que se presentaba una mejor capacidad de fijación. La consistencia aumentaba debido al agregado de fosfato pero aquella disminuía con el incremento de la temperatura final de la masa.

7. Influencia de la atmósfera en el procesado con la cúter

Se efectuaron ensayos de técnicas de picado bajo **diferentes atmósferas.** Se realizaron con la cúter los siguientes procesados:

1. Procesado normal
2. Procesado normal, insuflado de CO_2
3. Procesado normal, insuflado de N_2
4. Procesado al vacío
5. Procesado al vacío con CO_2
6. Procesado al vacío con N_2

Como procesado normal se entiende aquél en el que penetra aire exterior. En otra técnica de procesado el plato de la cúter dispone de una una cubierta y en las proximidades de las cuchillas se expandía CO_2 en forma continua. De esta manera se elimina el aire y mediante la cubierta se impedía la entrada del mismo y por lo tanto también del oxígeno. Esta técnica se denomina **procesado normal con insuflado de CO_2.** Cuando en lugar de CO_2 se utilizaba N_2 la técnica era designada como **procesado normal con insuflado de N_2.** El procesado al vacío ha sido descrito frecuentemente. Se le presenta como la 4a. técnica a efecto de las comparaciones. En este caso el procesado se realizó en un vacío del 80%. En las técnicas 5 y 6 también se producía en la cúter un vacío del 80% reemplazóse el aire eliminado con CO_2 hasta llegar a un vacío residual del 10%. Esta técnica ha sido denominada como **procesado al vacío con CO_2**. Cuando el reemplazo se efectuaba mediante N_2 entonces la técnica era denominada como **procesado al vacío con N_2.**

En las diferentes ténicas de procesado con la cúter y reemplazo de gas se empleó una fórmula con 44% de carne, 29,5% de tocino, 26,5% de hielo y difosfato. Con esta fórmula se obtuvieron en los diferentes procesados los siguientes valores de densidad (Tabla 3).

En el procesado normal se obtuvieron densidades de 0,936. Mediante el reemplazo con CO_2 aumentaba la densidad y con N_2 disminuía la misma. En el procesado al vacío con valores de este de 80% se alcanzaba una densidad de 1,017. Por lo tanto los embutidos eran más pesados que el agua. En un procesado al vacío con reemplazo de gas hasta un vacío del 10%, se lograba mayor densidad que en el procesado normal. En la embutidora con vacío aumentaba también la densidad. Si se désea saber si es la cúter con vacío o la embutidora al vacío la que extrae más aire de la masa, tenemos los siguientes datos: La cúter con vacío del 80% eleva la densidad en 8/100 unidades, mientras que la embutidora al vacío con el mismo vacío aumentaba la densidad 2/100. Se puede afirmar por lo tanto que la **cúter al vacío** eliminaba el aire y por ende el oxígeno 4 veces más que la embutidora al vacío; sin embargo, el empleo de CO_2 presenta **algunos problemas** porque los embutidos de calibre 90 **reventaban** con el procesado normal en el que se insuflaba CO_2 y se embutía con la embutidora de pistón. Con el **calibre 60** se producía, debido al calentamiento, una **excesiva dilatación de la tripa artificial,** lo cual se hacía evidente por la formación de pliegues tras la refrigeración. La rotura de los embutidos se debería a la liberación durante el

Tabla 3. Efecto de la técnica de procesamiento con la cúter y del llenado sobre la densidad (20°C) del embutido escaldado (según KLETTNER y AMBROSIADIS, 1980)

Técnica de procesado con la cúter	Embutidora a pistón	Embutidora al vacío con 20% de vacío	Embutidora al vacío con 80% de vacío
1. Procesado normal	0,936	0,947	0,953
2. Procesado normal + introducción de CO_2	0,960	0,975	0,982
3. Procesado normal + introducción de N_2	0,928	0,948	0,950
4. Procesado al vacío	1,017	1,021	1,021
5. Procesado al vacío con CO_2 (10% de vacío)	0,974	0,997	1,024
6. Procesado al vacío con N_2 (10% de vacío)	0,943	0,960	0,966

calentamiento del CO_2 asociado a la masa. La liberación de CO_2 se demostraba también en las conservas totales en las cuales en el embutido escaldado se observaban muchos huecos, fracturas y grietas. En los ensayos se demostró también que el procesado al vacío producía un embutido escaldado más firme con tendencia a una menor separación de gelatina y un mejor color.

8. Conclusiones

1. De acuerdo con los conocimientos actuales, la carne **magra** debería ser procesada en la cúter en estado congelado. Se considera **positivo** el picado en el molino coloidal a **bajas** temperaturas. En estado congelado, la proteína cárnica se disgrega mejor.

2. La carne **rica en tejido graso** se picará sólo brevemente, dado que debido a un picado demasiado intenso se observarán más los efectos negativos que los que positivamente se obtienen de un picado intenso de la carne magra.

3. Las **cortezas** y los **tendones** se picarán lo máximo posible en el molino coloidal, de tal manera que no se observen **partículas visibles**. Un picado demasiado intenso

tiene un efecto negativo sobre la separación de gelatina y grasa y sobre la consistencia.

4. De la carne **rica en tejido conectivo** se aisla éste, si es posible con separador adecuado, es decir se aisla el tejido conectivo de la carne y se procesa según se ha descrito. En caso de que ésta no sea posible entonces efectuar la separación a mano o picar finamente con la cúter.
5. El tocino será procesado en la cúter solamente hasta que no se observe más su presencia.
6. **El procesado de la masa terminada en molino coloidal** altera la fijación de agua y grasa, el color y la consistencia.
7. **Con la cúter** no deben superarse los 13°C **en la temperatura final de procesado;** si se adicionan fosfatos es posible trabajar con la cúter a una temperatura final de procesado más elevada.

Bibliografía

1. AMBROSIADIS, J.; P.-G. KLETTNER: Einfluß des Kutterprozeßes auf Brühwurst. Die Fleischwirtschaft **61**, 1621 - 1628 (1981)
2. AMBROSIADIS, J.; F. WIRTH: Zerkleinerung des Bindegewebes und Temperaturführung bei der Brühwurstherstellung. Mitteilungsblatt der BAFF Nr. 80, 5468 - 5473 (1983)
3. GIRARD, J. P.; S. DANTCHEV; F. CALDERON: Beziehung zwischen Temperatur sowie Zerkleinerungsgrad beim Kuttern und der Struktur von Brühwurstbrät. Die Fleischwirtschaft **63**, 909 - 914 (1983)
4. DOLATA, W.; R. RYWOTYCKI: Brühwurstherstellung. Einfluß der Drehzahl der Messer und der Kutterschüssel auf Brätqualität und Dauer des Kuttervorganges. Die Fleischwirtschaft **64**, 21 - 23 (1984)
5. HAGER, J.: Zerkleinerung von Gefriergut. Die Fleischerei **30**, 865 - 868 (1979)
6. HARBITZ, O.; B. EGELANDSDAL: Technological properties of frozen meat grinded on a frozen meat grinder. 29th European Congress of Meat Research Workers; Salsomaggiore (Parma), S. 313 - 319 (1983)
7. HEIDTMANN, R.: Probleme der Zerkleinerung bei der Herstellung von Brühwurst. Die Fleischwirtschaft **13**, 109 - 114 (1961)
8. HEIDTMANN, R.: Probleme der Zerkleinerung bei der Herstellung von Brühwurst. Die Fleischwirtschaft **42**, 665 - 667 (1962)
9. HEIDTMANN, R.: Die Erwärmung des Brätes während des Kutterns. Die Fleischwirtschaft **44**, 635 - 641 (1964)
10. HEIDTMANN, R.: Zur Verwendung von "Feinstzerkleinerungsmaschinen" bei der Brühwurstherstellung. Die Fleischwirtschaft **45**, 9 - 15 (1965)

11. HONIKEL, K. O.; R. EGGINGER: Einsatz verschiedener Kuttermesser bei der Brühwurstherstellung. Die Fleischwirtschaft **64**, 518 - 522 (1984)

12. JAHNKE, K.: Zur Brühwurstherstellung. Die Fleischerei **28**, 77 - 79 (1977)

13. KLETTNER, P.-G.; J. AMBROSIADIS: Einfluß verschiedener Kutter- und Fülltechniken auf Qualitätsparameter bei Brühwurst. Die Fleischwirtschaft **60**, 1950 - 1956 (1980)

14. MIALKI, W.: Die mechanische Verarbeitung von Fleisch als Problem der Kolloid- und Strömungsphysik. Die Fleischwirtschaft **3**, 226 - 227 (1951)

15. MÜLLER, W.-D.; Brigitte VOGT: Zur Verarbeitung von kollagenem Gewebe zu Brühwursterzeugnissen. Mitteilungsblatt der BAFF Nr. 84, 5929 - 5936 (1984)

16. NORBISRATH, M. E.: CCA - Ein neues Verfahren und eine neue Maschine zur Wurstherstellung. Die Fleischwirtschaft **63**, 804 (1983)

17. PUOLANNE, E.; Marita RUUSUNEN; Eeva KUKKONEN: Einfluß von Kutterzeit und -temperatur auf das Wasserbindungsvermögen des Fleisches in Brühwurst. Die Fleischwirtschaft **63**, 915 - 916 (1983)

18. PUOLANNE, E. J.; R. N. TERRELL: Effects of salt levels in prerigor blends and cooked sausages on water binding, released fat and pH. Journal of Food Science **48**, 1022 - 1024 (1983)

19. REICHERT, J. E.: Einfache Methode zur Bestimmung der optimalen Kutterbedingungen bei der Herstellung von Brühwurstbräten. Die Fleischerei **33**, 681, 684, 686 (1982)

20. SCHMIDT, K.: Kontinuierliches Vakuumkuttern mit dem CCA. Krämer & Grebe Information 01/84

21. SCHUT, J.; F. BROUWER: Der Einfluß einiger Prozeßvariablen auf die Stabilität von Brühwurstbräten. 21. Europäischer Fleischforscherkongreß Bern/Schweiz; S. 83 - 85 (1975)

22. WIRTH, F.: Zerkleinerung unter Vakuum. Die Fleischerei **21**, 38 - 40 (1970)

23. WIRTH, F.: Vakuumkuttern bei Brüh- und Kochwurst auch im Handwerksbetrieb? Die Fleischwirtschaft **53**, 1080 - 1084 (1973)

24. WIRTH, F.: Brühwurst-Herstellung heute - Wasserbindung, Fettbindung, Struktur. Die Fleischwirtschaft **54**, 19 - 20, 22 - 28 (1974).

Capítulo 7

Curado - Formación y conservación del color

F. WIRTH

La impresión que provoca el color contribuye a la elección y compra de los productos cárnicos. Seguramente se sobrevalora a éste como característica de calidad. Un color atractivo puede confundir; detrás de una apariencia bien lograda se pueden ocultar deficiencias. La composición, la frescura y sobre todo el sabor son las características objetivas más importantes de un producto cárnico de excelente calidad. La experiencia aconseja, sin embargo, que se debe prestar especial atención al color. Tal como se dice en el lenguaje popular «la comida entra por los ojos» y el consumidor poco exigente o aquel que posee «poco paladar» para la evaluación de un alimento la sensación provocada por el color puede llegar a ser fundamental.

Más de un 90% de los embutidos escaldados poseen color rojo; el resto posee un color blanco-grisáceo. Es decir, desde el punto de vista del color se pueden diferenciar dos tipos de embutidos escaldados: los curados que poseen color rojo y los sin curar de color blanco-grisáceo. A continuación se estudian los embutidos escaldados curados.

1. Historia, conceptos

De acuerdo con lo que a través del tiempo se transmitió, el hombre desde ya hace miles de años agregaba sal a las comidas. La sal de aquella época se encontraba mezclada, seguramente, con gran cantidad de impurezas. En la región norte de Alemania apareció en la Edad Media el término de «curado» para definir el tratamiento de la carne y pescado con sal. En nuestra época se diferencia entre **salado**, que es el tratamiento con sal común y el **curado**, que es el tratamiento con nitrato o nitrato y sal común. Las **sales para el curado** son el **nitrito y nitrato,** pero también se emplea además de las sales de nitrito (sal de ácido nitroso) y nitrato (sal de ácido nítrico) la sal común, con la que otorgar sabor.

Originalmente el salado y el posterior curado de la carne se utilizaban, sobre todo, para conservar. Conjuntamente con el ahumado y el secado, eran importantes métodos de conservación en épocas en que el refrigerado y el congelado, por falta de medios técnicos, desempeñaban su papel solamente durante los meses de invierno. Entre tanto, sin embargo, el color y el aroma de curado como características del valor sensorial, han adquirido mayor importancia relegando la acción conservadora del curado a un segundo plano. Hoy la refrigeración, la congelación o la liofilización y también el tratamiento térmico son mejores técnicas con las que aumentar la capacidad de conservación, tanto desde el punto de vista higiénico-sanitario, como del menor daño que ocasionan en relación a las de salado o de curado.

Originariamente se realizaba el curado con nitrato (salitre). A principios de este siglo se comprobó que a partir del nitrato se debe formar primeramente nitrito para que se produzca el efecto del curado. El nitrito es, en realidad, la sustancia de curado. De acuerdo con los conocimientos actuales, esta conversión (reducción) se origina solamente por microorganismos. El curado con nitrato depende necesariamente de determinadas especies de bacterias, que tienen la facultad de producir ese metabolismo (bacterias reductoras del nitrato). Tras adquirir estos conocimientos rápidamente se tendió al empleo directo del nitrito. Y es que el nitrito actúa más rápidamente, es más seguro, y sus reacciones se pueden medir mejor. Se deben valorar una serie de factores que influyen sobre la formación de color de curado, tanto con el uso del nitrato como del nitrito (Figura 1).

2. Valoración higiénico-sanitaria del nitrato, nitrito y nitrosamina

Hasta hoy no se conoce que el **nitrato** incluso a concentraciones relativamente elevadas, produzca alteraciones en el organismo humano. El hombre con la alimentación ingiere diariamente cantidades significativas de nitrato, sobre todo a través de la verdura y del agua según la zona. En la carne se encuentra muy poco nitrato, al igual que, en general, en los productos cárnicos. Solamente en el jamón serrano pueden encontrarse, de acuerdo con la tecnología actual de curado, cantidades mayores de nitrato. En los productos escaldados se pueden aislar tras el tratamiento por calor, 20 a 40 ppm (mg/kg) de nitrato. Este se origina por oxidación del nitrito agregado. En el balance general las alteraciones en el hombre por el nitrato ingerido a través de la carne y productos cárnicos desempeña un papel secundario.

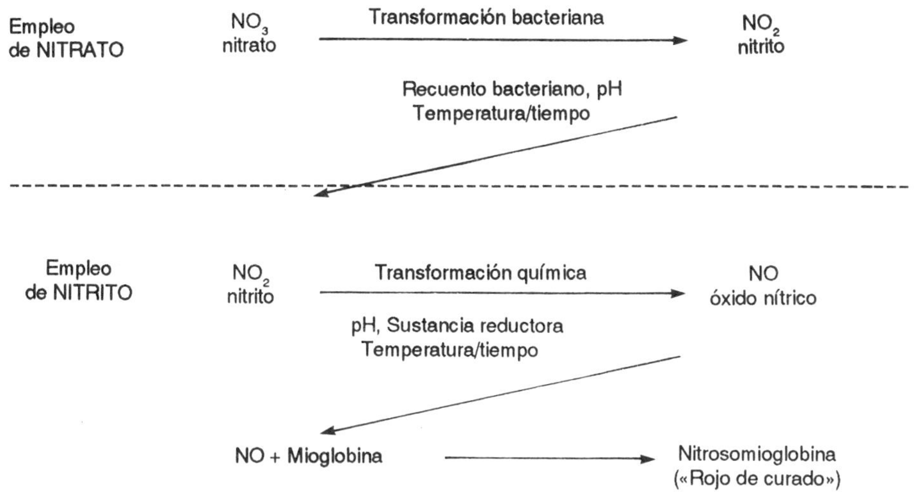

Figura 1. Mecanismo de reacción (simplificado), de la formación de color de curado en embutidos escaldados

En cambio del **nitrito** sabemos que puede actuar como tóxico en el organismo humano. Debido a su acumulación en la hemoglobina (el pigmento de la sangre) se bloquea el suministro del oxígeno al organismo. En la década de los 20 se descubrieron algunos casos de muerte por el nitrito depositado en productos cárnicos curados; en esta época el nitrito era usado de forma libre, mal dosificado, y /o era confundido frecuentemente con sal común. Por esta causa, en los productos cárnicos se encontraban frecuentemente cantidades de 100 a 1.000 veces mayores de las que se emplean actualmente en el curado. Con esta información al comienzo de la época de los 30 se prohibió el empleo de nitrito para los productos curados. Solamente se permitió su uso mezclándolo con sal común: la sal con nitrito para curado. La sobredosificación de esta mezcla se reconoce debido a su sabor salado. La idea de mezclarlo con «sal» ha demostrado a través de décadas ser una idea excelente que se mantuvo incluso después de las modificaciones efectuadas en la reglamentación de las sustancias de curado en el año 1980. Desde que se introdujo esta medida la equivocación es imposible en la dosificación. Desde entonces no se ha descrito trastorno alguno provocado por nitrito en los productos cárnicos curados.

Una nueva situación en la valoración para la evaluación de las sustancias de curado se manifestó en la década de los 70 al conocerse que las **nitrosaminas** formadas en o sobre los productos cárnicos posiblemente pueden afectar al hombre. Las nitrosaminas se forman a partir de aminas. Estas son productos de degradación de las proteínas y de formas moleculares del nitrito. Hoy se sabe que la mayor parte de los compuestos de nitrosamina son marcadamente cancerígenos. En cambio no se puede afirmar que las escasas cantidades de nitrosamina que se forman por los habituales métodos de fabricación de los productos cárnicos posean importancia en la producción de cáncer en el hombre. El aporte de pruebas concluyentes es discutible. Pero también es cierto que cantidades «por debajo del umbral» de sustancias carcinógenas o tóxicas puedan acumularse y potenciarse en el organismo provocando una posible afección general. El problema de las nitrosaminas originó en los últimos 10 años una intensiva investigación en el campo del curado, que provocó como resultado una modificación de las disposiciones legales en la República Federal Alemana y en otros países. La disminución y limitación de sustancias de curado con el nitrato y nitrito en productos cárnicos fue, sin lugar a dudas, un paso correcto para la protección de la salud

3. Efectos del curado

En el curado de la carne y de los productos cárnicos se manifiestan 4 efectos:

1. **Efecto de formación del color** («rojo de curado»)
2. **Efecto de la formación de aroma** («aroma de curado»).
3. **Efecto de conservación** («inhibidor de los microorganismos»)
4. **Efecto antioxidante** («protección de las grasas frente a la oxidación»)

Formación del color

En la formación del color rojo de curado el pigmento muscular mioglobina reacciona con el óxido nítrico (NO), el cual se forma a partir del nitrito en medio ácido. La misma reacción se produce en la hemoglobina, el pigmento de la sangre, el cual se ha de encontrar también en pequeñas concentraciones en la materia prima para embutidos escaldados. La hemoglobina permanece en la carne, musculatura y eventualmente en el plasma sanguíneo. El compuesto óxido nítrico mioglobina o hemoglobina, que es el «rojo de curado», es relativamente estable a la luz y al oxígeno y sobre todo estable al calor. Es decir, que un producto cárnico curado o tratado por calor, como por ejemplo, el embutido escaldado posee color rojo, mientras que un producto elaborado sin sustancias de curado, es decir, cuando se añade solo sal común presenta un color blanco grisáceo («productos blancos»).

La formación de óxido nítrico a partir de nitrito y la reacción de áquel con el pigmento muscular o con el de la sangre se ve afectada por factores como la temperatura pH, oxígeno y sustancias reductoras, de forma que la formación de un color suficiente de curado depende en gran medida de la tecnología. La cantidad mínima de nitrito necesaria, para la formación de color de curado en la carne y productos cárnicos y por tanto en embutidos escaldados es de **30 a 50 ppm (mg/kg).**

Formación del aroma

Por acción del nitrito sobre la carne y los productos cárnicos se manifiesta un típico aroma y un típico sabor distinto de aquel que se origina a partir de un producto tratado solamente con sal común, designase como «aroma a curado». El aroma de los productos cárnicos curados sometidos a un tratamiento por calor es, a su vez, diferente de los productos crudos curados. Evidentemente a temperaturas más elevadas se originan compuestos saborizantes y aromatizantes diferentes o adicionales. Lo que de cierto se sabe es que el aroma a curado se origina a partir de que diversas sustancias que se encuentran en la carne reaccionen con el nitrito y el óxido nítrico; de estas sustancias se conoce hasta ahora alcoholes, aldehídos, inosina, hipoxantina y especialmente compuestos sulfurados. Para la formación del típico aroma a curado, en el producto cárnico, son suficientes **20 a 40 ppm de nitrito**.

Efecto de conservación

Ya se conocía a principios de siglo que el nitrito a dosis relativamente pequeñas inhibía el desarrollo de gran número de especies microbianas. Así pués las especies que originan intoxicación alimenticia, como son *Clostridium Botulinum, Salmonellas,* estafilococos, son frenadas en su desarrollo por concentraciones de nitrito de **80 a l50 ppm**. Estos conocimientos han desempeñado, hasta nuestros días, un papel muy importante para el empleo del nitrito. Sin embargo, la acción conservadora del nitrito está relacionada con otros factores también influyentes, como son: la actividad agua, el pH, la temperatura. Los ensayos de los últimos años han demostrado que la acción del nitrito respecto a la estabilización del producto (conservabilidad, capacidad de almacenamiento) evidentemente ha sido sobrevalorado. El tratamiento calorífico y la refrigeración de los productos poseen mayor acción sobre la conservabilidad.

Efecto antioxidante

Relativamente tarde se reconoció que el nitrito posee también un efecto inhibidor sobre la degradación oxidativa de la grasa de los productos cárnicos. No se conoce la necesaria concentración mínima. El mecanismo antioxidante se localiza en la unión de áquel con sustancias oxidables del producto, como por ejemplo del hierro. Los productos elaborados solamente con sal común sufren, por lo general, una reducción más rápida en el sabor; esto es valido sobre todo para los productos finamente picados, como son los embutidos escaldados, en los cuales, durante el proceso de elaboración se introduce aire y por tanto oxígeno. En los productos elaborados con nitrito el tiempo de conservación, antes de que se produzcan reacciones negativas en el sabor, es más prolongado que en aquellos que han sido elaborados solamente con sal común.

4. Pigmento muscular-mioglobina, pigmento de la sangre-hemoglobina

La coloración roja de la carne se origina por el pigmento muscular y en menor proporción por el pigmento de la sangre. Este pigmento muscular rojo, mioglobina, se encuentra en la celula muscular. Cuando se produce una adición intensiva de oxígeno a la mioglobina el tono del color es rojo claro, lo cual se evidencia en la superficie de un corte reciente en el producto como de carne fresca. Cuanto menor es la presencia de oxígeno más oscuro se torna el tono del color. Esta reacción del pigmento muscular frente al oxígeno desempeña un papel fundamental en la elaboración de embutidos escaldados. En la síntesis química de la molécula de mioglobina es característico un átomo de hierro central. Por ello, la formación de mioglobina en el organismo animal se encuentra ligada, entre otras cosas, a una suficiente provisión de hierro en dicho organismo. Dado que el pigmento muscular se encuentra en la célula del músculo, el componente determinante de todo embutido escaldado, es decir, de la carne, es también factor determinante para la formación del color. Siempre resulta más sencillo lograr un vistoso color de curado en los embutidos ricos en carne, que en aquellos que poseen una mayor proporción de grasa, de tejido conectivo o de agua. En general puede decirse que: **sólo con el suficiente pigmento muscular se logra un suficiente color de curado.** Esto que parece obvio en la práctica de la elaboración de embutidos no se realiza siempre y es también, a menudo, la explicación sencilla de la insuficiente formación y conservación del color en embutidos.

Se subestima la influencia la variabilidad de los distintos porcentajes de pigmento muscular en las diferentes partes musculares de las distintas especies animales, sobre la formación de color de curado. El contenido del pigmento depende, sobre todo, de la especie animal, la alimentación y la edad de los animales, así como también de la región de la canal. El vacuno posee en promedio el doble de contenido en mioglobina en el músculo (aproximadamente 300 a 400 mg/100 g de carne) respecto del cerdo (100 a 200 mg/100 g de carne, aproximadamente). Menor cantidad de pigmento muscular presenta la carne de ternera (aproximadamente 50 a 100 mg/100 g de carne). Es interesante saber también que el contenido en mioglobina del músculo depende del sistema de cría (la crianza en pastoreo o la alimentación verde produce un mayor contenido en mioglobina) de la edad de los animales (carne de animales más viejos presentan mayor cantidad de pigmento que los animales jóvenes) y de la zona muscular (los músculos que realizan mayor esfuerzo presentan, en general, más mioglobina que aquellos que cumplen una función menor). El contenido del pigmento de la carne si bién, por lo general, se puede estimar a grosso modo por la intensidad del color visible subjetivamente, no resulta totalmente fiable esta apreciación. Así es que la carne de añojo posee bastante menos mioglobina que la que se supone que posee debido a su color rojo mientras que la carne de vaca vieja frecuentemente presenta más mioglobina de la que a grosso modo se estima. La carne de cerdo pálida y exudativa (carne PSE) posee frecuentemente más mioglobina que la que se le concede a carne tan extremadamente pálida. En ésta debido a la gran cantidad de líquido que se encuentra sobre la superficie y a la «estructura abierta» de la carne se produce una marcada absorción y dispersión de la luz lo que origina un aspecto muy claro de la carne.

La intensidad de color de curado de un embutido escaldado permite, en general, obtener una referencia sobre la cantidad de carne empleada. Pero los embutidos escaldados elaborados principalmente o exclusivamente con carne de cerdo presentan siempre, a igual proporción de carne, un color más pálido que aquellos elaborados con carne bovina. Por tanto, cuando se emplea principalmente carne deficiente en mioglobina sería útil que se lograra una mejor presentación del color mediante la adición de una sustancia colorante natural a la masa. El colorante natural que se ofrece y que se encuentra en pequeñas cantidades en toda la carne es el pigmento de la sangre. En algunos países para una mejor formación de color es usual agregar cierta cantidad de pigmento de sangre a los embutidos escaldados.

En la República Federal Alemana este tipo de adición es discutible desde el punto de vista de la reglamentación alimentaria. Se argumenta que debido a un color de curado más intenso puede simular una mayor cantidad de carne. Pero dado, que tal como se ha expuesto, a igual contenido de carne, según de qué especie es la carne empleada se originan marcadas diferencias en el tono del color del producto final, esta argumentación es poco convincente. La gran cantidad de pros y de contras desde el punto de vista de los reglamentos alimentarios, de la tecnología para el empleo de sangre o de sus pigmentos en la estabilización del color de curado nos impide discutirlo aquí con más detalle.

5. Disposiciones legales para las sustancias de curado

El empleo de sales de curado para productos cárnicos curados se reglamentó por primera vez en Alemania en el año 1934 por el Decreto de la Ley de nitrito.

Anteriormente se había realizado un uso incontrolado y con frecuencia se sobredosificaba el nitrato al igual que el nitrito; tras conocerse a éste como sustancia de curado, se empleó ilegalmente y a su vez en cantidades incontroladas. En la década de los 20 surgió la idea de permitir el uso del nitrito para curado mezclándolo solamente con sal común. Esta mezcla de sal común y nítrito se denominó **sal con nitrito para curado**. Mediante el empleo de esta mezcla de sales el sabor de la sal común impide una sobredosificación del nitrito. La cantidad de éste en la sal con nitrito para curado se fijó en 0,5 a 0,6%. Esta cantidad demostró ser suficiente para las necesidades tecnológicas y microbiológicas del curado. Junto a la prohibición del empleo del nitrito la introducción de sal con nitrito para curado fue el tema más importante del reglamento de nitrito, sancionado en el año 1934. La problemática de la nitrosamina llevó al, comienzo de la década de los 70, a la tecnología del curado a un primer plano en los ensayos experimentales. El lema era **tanta sustancia de curado como sea necesaria y tan poca como sea posible**. Aquí se comprobó que para la formación del **color de curado y aroma de curado** son suficientes, para todos los productos cárnicos, 50 ppm de nitrito. **El decreto para la autodeterminación de nitrito y nitrato para los alimentos del 19/12/1980** ha reemplazado a la Ley sobre nitrito del año 1934 y reglamenta desde entonces el empleo de las sustancias de curado. Las modificaciones más importantes de la nueva reglamentación son: reducción de la proporción del nitrito en la sal con nitrito para curado, de un 20% a un 0,5% de nitrito como máximo (composición de la sal de nitrito para curado: 99,5-99,6% de sal común + 0,4- 0,5% de nitrito de sodio) además se fijan los valores límite para nitrito más nitrato en el producto listo para el consumo y se limita el del empleo de nitrato para unos pocos productos.

La Figura 2 representa un resumen simplificado del empleo de las sustancias permitidas.

Para embutidos escaldados solamente se permite el empleo de **sal con nitrito para curado**. Esta decisión respecto de las reglamentaciones anteriores que permitian como alternativa al uso de sal con nitrito para curado también el uso del nitrato se encuentra fundamentada desde el punto de vista tecnológico. El nitrato es totalmente innecesario en la tecnología del embutido del escaldado. El empleo ilegal del nitrato, que se usa ocasionalmente en la práctica con la pretensión de elevar la oferta de sustancias de curado, es ineficaz y perjudica el contenido residual de nitrito más nitrato en el producto final. Sólo en la elaboración de productos escaldados pobres en sal común o en sodio está permitido, de acuerdo con las reglamentaciones de productos dietéticos, el empleo de nitrato potásico. Dado que al embutido escaldado se agrega un promedio de **2% de sal con nitrito para curado,** cabe esperar que en este embutido haya aproximadamente **80 ppm de nitrito**. En el producto terminado el contenido residual de nitrito más nitrato puede ser de 100 ppm (calculado como $NaNO_2$). Esta

Sustancia de curado	Producto/cantidad	Cantidad máxima en el producto Nitrito + Nitrato
Sal con nitrito para curado (99,5-99,6% de Sal común 0,4- 0,5% de Nitrito de Na)	Para el curado de **carne y productos cárnicos** (entre otros **embutidos escaldados)**	**Todos los productos** (también los jamones pequeños), 100 ppm (como NO_2Na)
	Excepto productos que se elaboran tradicionalmente sin sustancias de curado	**Jamón crudo** 150 ppm (como NO_2Na)
Nitrato de potasio (Salitre)	**Jamón crudo,** 600 ppm	**Jamón crudo,** 600 ppm (como NO_3K)
	Embutidos crudos 300 ppm	**Embutidos crudos** 100 ppm (como NO_3K)
	Productos cárnicos pobres en sodio (entre otros **embutidos escaldados**), 300 ppm	**Productos cárnicos pobres en sodio,** 100 ppm (como NO_3K)
Sal con nitrito para curado + Nitrato de potasio (Salitre)	**Jamón crudo,** 300 ppm de nitrato	**Jamón crudo,** 600 ppm (como NO_3K)

Figura 2. Empleo de sal para curado permitida para productos cárnicos (Reglamentación sobre la aprobación del empleo de nitrito y nitrato en alimentos del 19-12-1980).

tolerancia relativamente elevada para el contenido residual es necesaria porque pueden agregarse cantidades significativas de nitrato al embutido escaldado, sobre todo a través de la adición de agua (Figura 3).

Con respecto a ésto es interesante preguntarse que cantidad de nitrito o nitrato pueden introducir las materias primas o los aditivos a los productos cárnicos. De acuerdo con nuestras investigaciones este influjo se ha sobrevalorado. La carne de vacuno ternero y porcino contiene, por lo general, vestigios de nitrito (1 a 2 ppm). El contenido de nitrato se encuentra también muy bajo, siendo el promedio de 5 ppm; cantidades superiores a 10 ppm no han sido encontradas hasta el momento por nosotros (Figura 3).

En el componente vegetal algunos tipos de especias pueden contener grandes cantidades de nitrato, sobre todo adicionando especias de hoja (perejil, mejorana,

	Nitrito (ppm)	Nitrato (ppm)
Carne vacuna, cruda	0 - 1	2 - 10
Carne de ternero, cruda	0 - 1	2 - 6
Carne porcina, cruda	0 - 1	2 - 8
Especias	0 - 1	5 - 2.000
Agua potable	0 - 3	2 - 50 (hasta 200)

Figura 3. Contenido de nitrito y nitrato en la carne, especias y agua potable

tomillo, cebollino y otros) se pueden hallar hasta 20 ppm de nitrato. Sin embargo, en las especias de fruto o semilla o raíz (pimienta, cardamomo, jenjibre, alcarabea y otros) el contenido en nitrato es más pequeño. Si además se considera que la adición de especias al producto cárnico es de aproximadamente un 0,3 a un 0,6% la posible influencia de las especias sobre el balanza nitrato/nitrito en embutidos escaldados es escasa. En cambio, el agua potable posee una importancia mucho mayor. Mientras que en el agua se encuentran solamente vestigios de nitrito el contenido de nitrato ofrece amplias variaciones en relación con la región. Acorde con las vigentes reglamentaciones de agua potable ésta puede contener hasta 90 ppm de nitrato. Se está elaborando una ley para disminuir esta cantidad a sólo 50 ppm. En muchas regiones de la República Federal de Alemania no se llega a estos valores. De acuerdo con nuestros conocimientos la cantidad más frecuente de nitrato aislado en el agua se sitúa entre 5 y 20 (50) ppm. Sin embargo, existen zonas de aprovechamiento de agua donde la actual reglamentación de 90 ppm de nitrato no se cumple. Existen informes donde en estas zonas afectadas por una excesiva fertilización por nitrógeno, por ejemplo viñedos, se determinaron 200 ppm y aún más de nitrato en el agua de bebida. Por el empleo de este tipo de agua en la fabricación de embutidos escaldados o productos curados cocidos pueden en casos excepcionales, de acuerdo con nuestras investigaciones, superarse la cantidad de 100 ppm de nitrito más nitrato en el producto final, y esto es debido a la elevación de la proporción de nitrato. El indicio en estos casos es la elevada cantidad de nitrato en el producto, aunque no por ello se eleva la proporción de nitrito (Figura 3).

De las 80 ppm de nitrito que llegan al producto escaldado a través del 2% de sal de nitrito para curado, 20 a 30 ppm son trasformadas por oxidación a nitrato antes y durante el calentamiento. Debido al tratamiento térmico la destrucción de los microorganismos reductores de nitrato es efectiva y éste ya no es utilizado, es decir, que se pierde para el proceso de curado y para la estabilización microbiana de un embutido escaldado. Además tras el calentamiento a 75°C (producto fresco), se encuentra en el producto 30 a 50 ppm de nitrito residual que no participa en la formación del color y aroma de curado. Con ello el contenido residual de nitrito -nitrato es de un promedio de 50 a 70 ppm lo cual resulta relativamente elevado. En este balance cabe agregar que un promedio aproximadamentede 10 a 30 ppm de nitrato llegan al producto a partir de la carne, del agua y las especias, siendo por lo tanto un cálculo realista un valor inicial de 100 ppm para nitrato-nitrito. Mediante un tratamiento calorífico más intenso (por ejemplo en la elaboración de conservas) se forma mayor cantidad de nitrosomioglobina utilizándose por ello más nitrito y disminuyendo la cantidad residual a 10-30 ppm de nitrito. Por el contrario el nitrato se mantiene en iguales cantidades de 20 a 30 ppm. Durante la conservación de embutidos escaldados el contenido de nitrito residual disminuye: después de 7 días hallamos 10 a 20 ppm de nitrito aproximadamente. En cambio, el contenido residual de nitrato permanece sin modificación. Con el empleo de sustancias coadyuvantes del curado, ácido ascórbico-ascorbato se origina una intensa transformación del nitrito a nitrosomioglobina. Por consiguiente, las cantidades residuales de nitrito son menores encontrándose más elevado el valor residual del nitrato, de tal manera que la suma de nitrito más nitrato se mantiene en los mismos valores que para embutidos escalados que no han sido procesados con ácido ascórbico-ascorbato (Figura 4).

A continuación del picado o tras el proceso de embutir, el embutido escaldado es sometido a un tratamiento térmico. Por este tratamiento calorífico la gran mayoría de microorganismos que se encuentran en la pasta o masa cruda son destruidos. Sin

Agregado		Luego del calentamiento					
Sal con nitrito para curado %	Acido ascórbico %	75°C Nitrito ppm	75°C Nitrato ppm	110°C Nitrito ppm	110°C Nitrato ppm	120°C Nitrito ppm	120°C Nitrato ppm
2,0 ≙ 80 ppm Nitrito	sin	30 - 50	20 - 30	10 - 30	20 - 30	10 - 25	20 - 30
	0,05	20 - 35	30 - 40	5 - 20	30 - 40	2 - 15	30 - 40

Figura 4. Contenido de nitrito/nitrato en el embutido escaldado; empleo de 2% de sal con nitrito para curado (80 ppm de nitrito)

embargo, tal como ya se ha mencionado, cuando se emplea nitrato se requiere de la actividad metábolica de los microorganismos que degradan el nitrato hasta la obtención de nitrito. En la elaboración de embutidos escaldados con nitrato potásico, pobres en sodio, se debe **almacenar la carne** presalada con nitrato o sino la masa cruda de 1 a 3 días según la temperatura, hasta obtener una suficiente cantidad de nitrito a partir de la degradación microbiana. El problema microbiológico para el caso del pretratamiento de la masa es que esta pasta muy picada es propensa al desarrollo microbiano y permite también el crecimiento de otros microorganismos. Así que se puede provocar una elevada acidez por acción de lactobacilos con los riesgos tecnológicos que se originan para la masa del embutido escaldado, como por ejemplo: menor fijación de agua, elevado crecimiento de gérmenes, alteraciones que acortan la conservación del producto final.

6. Formación del color de curado

La tecnología del embutido escaldado debe tener como meta la actuación del nitrito disponible a partir de la sal de nitrito para curado. Esto tiene importancia en primer lugar para la formación del **color de curado**. Para lo cual se conocen una serie de medidas tecnológicas.

Reacciones del pigmento muscular

El pigmento muscular es una sustancia química que presenta una gran actividad reactiva. Análogamente a su función en el organismo vivo, que es la de captar y almacenar oxígeno, tras la muerte del animal se manifiesta también, en primer lugar, la reacción con el oxígeno por parte del pigmento de la carne. Mientras que la mioglobina pobre en oxígeno presenta un color rojo a rojo oscuro, cuando existe mayor cantidad de oxígeno (oximioglobina) muestra un color rojo claro. Sin embargo, ante una marcada acción del oxígeno (oxidación) se oxida el átomo de hierro central de la mioglobina pasando de la forma bivalente a la trivalente, originándose la **metmioglobina** de color gris marrón, color no deseable.

Esta misma reacción se produce también por calentamiento o por influencia de la sal común. Por consiguiente, todos los productos cárnicos contienen metmioglobina gris y todos ellos presentan una mezcla de colores a partir de compuestos de pigmentos rojos deseados (mioglobina, oximioglobina y nitrosomioglobina) y de la indeseada metmioglobina. Por lo tanto un objetivo importante en la elaboración de productos cárnicos es que la proporción de metmioglobina sea lo más pequeña posible:

% de metmioglobina en el pigmento total	Color del producto
<30%	= rojo intenso
30 a 50%	= rojo
50 a 60%	= rojo amarronado
60 a 70%	= marrón rojizo
>70%	= gris, marrón

Mientras que las reacciones de ésta con el oxígeno se encuentran en primer lugar, existen, sin embargo, otras reacciones del pigmento muscular. La mioglobina reacciona con el monóxido de carbono formando un compuesto de color rojo claro; si la concentración de monóxido de carbono en el humo para ahumado es suficiente puede haber una influencia sobre el color en las zonas periféricas de los embutidos escaldados ahumados. Cuando la acción es muy intensa se origina una apertura de la molécula de mioglobina apareciendo como consecuencia compuestos indeseables de color verde, similares a los pigmentos biliares. Este tipo de compuestos de color se encuentran, por ejemplo, en el enverdecimiento del embutido escaldado debido a determinadas especies bacterianas que destruyen la molécula de mioglobina. Estas alteraciones en el color son la consecuencia de una sobredosificación de sustancias fuertemente reductoras, como por ejemplo, ácido ascórbico (cuando en lugar de 0,3 a 0,5 g/kg se emplean, por ejemplo, 3 a 5 g de ácido ascórbico /kg de pasta de embutido); se originan estos colores verdosos sobre todo en la superficie de los embutidos, pero también en las zonas donde se localizan inclusiones de aire.

Influencia del vacío

Tal como se ha mencionado con anterioridad se considera que el factor que más influye negativamente sobre la formación y conservación en embutidos escaldados es el oxígeno. Durante el picado y amasado del embutido escaldado, bajo acción de las cuchillas de la máquina picadora, a gran velocidad, se produce la inclusión y distribución de una considerable cantidad de aire y, por tanto, de oxígeno en la pasta cruda. Entre esta fina y esponjosa estructura proteica se encierran gran cantidad de partículas de grasa (gotas de grasa) y burbujas de aire. Durante el tratamiento por calor se produce la compactación de la masa, con lo cual el aire queda encerrado en la trama proteica coagulada. Debido al contacto íntimo del oxígeno con las sustancias componentes y con los pigmentos musculares y de la sangre de la masa del embutido escaldado se producen intensas reacciones químicas, elevando extraordinariamente la posibilidad de formación de metmioglobina. Por tanto, una medida tecnológica para mejorar el color de embutidos escaldados curados es disminuyendo la influencia del aire y del oxígeno sobre la pasta de dicho embutido. Para conseguir este objetivo en los últimos años se han impuesto técnicas de vacío con las que potenciar el color. En la producción de embutidos escaldados se proponen distintas posibilidades para el empleo de vacío. Por ejemplo durante el:

1. picado de la materia prima,
2. amasado de la materia prima,
3. embutido de la masa cruda en tripas o envases cerrados herméticamente,
4. envasado del producto terminado.

Durante la fase de picado de los embutidos escaldados se introduce aire en la masa, es pues en esta fase donde se presenta fundamentalmente este efecto negativo. Cuando se realiza el picado con molino coloidal existe la posibilidad de que la cantidad de aire aumente o que éste se distribuya en burbujas más pequeñas. Por esta causa, además de una distribución más intensa de la grasa, la masa sometida al molino coloidal frecuentemente muestra un color de curado más pálida. El aire encerrado durante el picado se elimina mediante la posterior aplicación de vacío, pero solamente de las zonas superficiales. Por lo tanto en la mezcladora de vacío se puede lograr ese efecto solamente de manera parcial, pero si se disminuye la cantidad de aire de la masa se disminuirá también la posibilidad de reacción de la mioglobina con el oxígeno reduciendo así la formación de metmioglobina. Por consiguiente, el empleo de la **cúter de vacío,** es fundamental en la fabricación de embutidos escaldados. Con el uso de la cúter de vacío el color rojo de éstos es más intenso y duradero.

Una desventaja que se presenta en el procesado con la cúter de vacío es que junto con la extracción de aire se origine una marcada compactación de la masa y por consiguiente una disminución del volumen. Por tanto, se procurará mantener el volumen de la masa junto con la eliminación de las modificaciones debidas al oxígeno. Con la técnica de procesar en la cúter con nieve carbónica («hielo seco») el ácido carbónico elimina una parte del aire y provoca, a través de la disminución del pH, un efecto adicional sobre el mejoramiento del color. Ya se han mencionado las desventajas que origina éste en la fijación de agua. Además se comprobaron efectos negativos sobre la estructura del producto, debido a la liberación de grandes cantidades de este gas durante el tratamiento calorífico. El empleo de nitrógeno presenta menor problema. El nitrógeno es un gas inerte que elimina el oxígeno pero no modifica el pH ni la estructura del embutido. Técnicamente se puede proceder de la siguiente manera: en un sistema cerrado para picado, por ejemplo cúter de vacío, se efectúa un elevado vacío que se nivela total o parcialmente con la introducción de nitrógeno. A continuación se pica y amasa en esta atmósfera de nitrógeno. Con ello no se incluye el aire y el oxígeno en la masa del embutido escaldado, sino que el gas nitrógeno se distribuye por toda la masa. De ésta manera por un lado se logra la protección del color debido a la eliminación del oxígeno y por otro se impide la modificación en el volumen del embutido. La Figura 5 muestra que tras el procesado con la cúter de vacío también se encuentra en menor proporción el contenido residual de nitrato.

Temperatura y tiempo de curado

Como en todas reacciones químicas también la reacción entre la sustancia de curado y el pigmento muscular o el pigmento de la sangre depende de la temperatura y del tiempo. En las técnicas modernas se racionaliza el proceso. La consecuencia puede ser un insuficiente enrojecimiento. La acción de la temperatura es demasiado breve o la temperatura no es suficientemente elevada para la necesaria formación del color de curado. La temperatura y el tiempo de curado son dependientes entre sí, es decir, cuanto menor es la temperatura durante el proceso tanto más largo debe ser su tiempo de acción (Figura 6).

Figura 5. Influencia del procesamiento con la cúter (cuterizado) al vacío sobre residuos de nitrito y nitrato

Agregado 2% de sal con nitrito para curado ≙ 80 ppm de nitrito	Cuterizado normal		Cuterizado al vacío	
	Nitrito ppm	Nitrato ppm	Nitrito ppm	Nitrato ppm
Calentado a 75°C				
Examinado inmediatamente	42	30	40	18
1 semana	35	27	31	20
4 semanas	28	27	25	22
Calentado a 110°C				
Examinado inmediatamente	22	32	25	22
1 semana	12	29	19	16
4 semanas	10	26	12	18

Figura 6. Color de curado en el embutido escaldado en relación a temperatura y tiempo (calibre 90 mm)

Temp.de escaldado \ T. de escal-dado	15'	30'	45'	60'	75'	90'	110'
70°C	gris	gris	gris	levte. rosado	rosado claro	rosado	rosado fuerte
75°C	gris	levte. rosado	levte. rosado	rosado claro	rosado	rosado fuerte	
80°C	levte. rosado	rosado claro	rosado	rosado	rosado fuerte		
100°C	rosado claro	rosado	rosado fuerte				
110°C	rosado	rosado fuerte					

levte. = levemente

Mientras que en la elaboración de embutidos escaldados nos encontramos, debido a razones de conservabilidad, con una suficiente acción calórica para el enrojecimiento, en el caso de embutidos frescos, especialmente en los embutidos escaldados de gran calibre, se presentan tiempos de reacción muy cortos. La causa, a menudo, radica en que se quiere evitar o eliminar la disminución de la pérdidas por escaldado mediante un tratamiento relativamente suave. La Figura 6 demuestra cómo con la influencia de la temperatura de escaldado a 70°C obtenemos un marcado colór de curado después de 110 minutos, mientras que a 75°C de tratamiento esta intensidad en el color se alcanza ya a los 90 minutos, etc.

Es decir, que en embutidos escaldados una deficiente formación del curado o una mala conservación del color se debe frecuentemente a un tiempo de reacción insuficiente para la óptima formación de color. En estos casos, la temperatura de escaldado se debe elevar si con ésta no se modifica el tiempo de tratamiento.

pH y formación de color de curado

La degradación de nitrato (salitre) a nitrito tiene lugar fundamentalmente a través de las bacterias degradadoras del nitrato. La mayor parte de las especies bacterianas que realizan esta función muestran un suficiente metabolismo solamente a un elevado pH. Por lo tanto, con el empleo de nitrato el pH de la pasta no debería ser muy bajo o no deberían incluirse sustancias que disminuyan el pH. Dado que el nitrato es utilizado solamente para embutidos escaldados indicados para fines dietéticos éste aspecto posee poca importancia (Figura 7).

La disociación de la molécula de nitrito o el ácido nitroso que se forma a partir de etapas intermedias, a óxido nitroso, participante en la reacción de la mioglobina, depende en gran medida del pH de la pasta o masa. La reacción se desarrolla tanto más intensamente cuanto menor es el pH. Las sustancias crudas del embutido escaldado presentan un pH entre 5,8 y 6,1. Mediante el empleo de sustancias adicionales básicas o levemente ácidas (fosfatos, citratos, lactatos) el pH puede elevarse a 6,3 o más. Pero el óptimo pH para una suficiente degradación del nitrito en productos cárnicos se encuentra por debajo de 5,7. Es pues claro que en el embutido escaldado no se encuentra el pH óptimo para la formación de óxido nitroso y como consecuencia para la formación de curado (Figura 7).

Disminuir el pH y mejorar la formación de color de curado es posible a través de la adición de ácidos comestibles (ácidos lácticos, ácido cítrico, citrato) o glucono delta-lactona de la que se forma ácido glucónico. No obstante a la disminución del pH a través de estos aditivos se le opone, además de una posible influencia sobre el sabor, el hecho de que la fijación de agua de la masa disminuye a medida que desciende el pH. Esta cuestión es tan importante en la elaboración de embutidos escaldados como la de la formación del color.

Esto no significa que en la elaboración del embutido escaldado no se pueda obtener un adecuado pH para los dos procesos fundamentales, es decir, buena fijación de agua y simultáneamente buena formación de color de curado. Con la disminución del pH

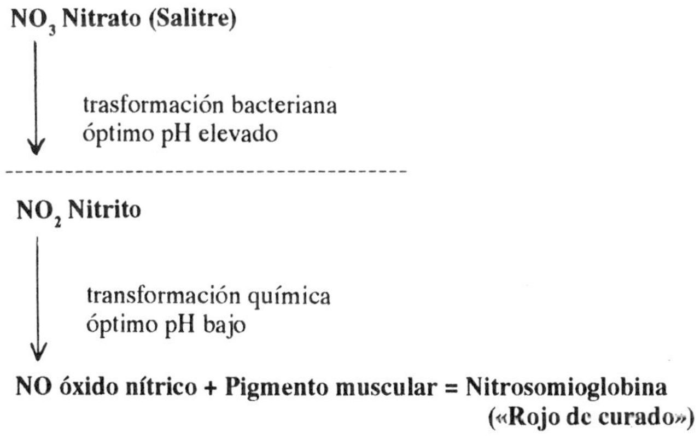

Figura 7. Dependencia de la degradación del Nitrato y Nitrito del pH

se mejora la formación del color pero se disminuye la fijación de agua. Con el incremento de pH se eleva la capacidad de fijación de agua, pero se ve restringida la formación de óxido nítrico y como consecuencia la formación de color de curado. El elevado pH es la causa también de por qué los embutidos escaldados elaborados a partir de carne caliente o con agregados de fosfatos o con el empleo de carne con elevado pH (carne DFD= carne oscura, untuosa) presenten una excelente fijación de agua y una buena consistencia pero el color de curado es deficiente. Por consiguiente y desde el punto de vista tecnológico, hay que llegar a soluciones de compromiso. Por ejemplo a una masa que presenta buena fijación de agua se le puede disminuir 0,2 unidades de pH, si necesariamente se requiere un color de curado más intenso y no es posible lograrlo de otra manera. En cambio para una carne que presente una moderada fijación de agua se deberá evitar el mejoramiento de color a través de la acción de pH. En este caso sólo es posible el empleo de sustancias coadyuvantes del curado que no actuen a través del pH como puede ser el ascorbato, con el que se mejora el color de los embutidos escaldados. Ultimamente se ha difundido el procesado en la cúter con nieve carbónica («hielo seco») o con el dióxido de carbono. El efecto mejorador del color se presenta uniformemente similar al del agregado de ácidos comestibles. El ácido carbónico disminuye el pH, pero debido a ello se debe considerar su efecto negativo sobre la fijación de agua.

Sustancias coadyuvantes del curado

Las sustancias coadyuvantes del curado más efectivas en el enrojecimiento y estabilización del color del embutido escaldado son: el **ácido ascórbico** o su sal sódica, el **ascorbato de sodio.** La cantidad óptima a añadir es 0,03 a 0,05 (0,07%) para ambas sustancias; la dosis de ascorbato de sodio debe ser más elevada para obtener el mismo efecto. El ácido ascórbico actúa más rápidamente que el ascorbato, característica ésta, que, sin embargo, no es fundamental para el curado. La experiencia señala que dosis mayores de las indicadas no presentan ventajas; incluso en casos de sobredosis se observaron reacciones negativas (enverdecimiento) y sabor «a lejía» con el ascorbato.

El ácido ascórbico es una sustancia fuertemente reductora; libera a partir del NO_2: (dióxido de nitrógeno).

$$\underset{\text{ácido ascórbico}}{C_6H_8O_6 + 2HNO_2} \longrightarrow \underset{\text{ácido dehidroascórbico}}{C_6H_6O_6 + 2NO + 2H_2O}$$

Con el aumento de NO, una mayor cantidad de mioglobina se transforma en nitrosomioglobina («rojo de curado»): el proceso de curado se acelera y se intensifica.

Lamentablemente una parte de NO formado es transformado inmediatamente en nitrato por el oxígeno, el cual se pierde para la formación de color de curado. Este aumento de formación de nitrato se presenta también por la mayor proporción de nitrato en el contenido residual de nitrato más nitrito de un embutido escaldado tras el empleo de ácido ascórbico-ascorbato (Figura 3). Simultáneamente actúa también el ácido ascórbico por desplazamiento del potencial redox que limita la formación de metmioglobina en la pasta. Este efecto puede ser utilizado sobre la superficie de las conservas de embutidos escaldados mediante la adición de una solución de ácido ascórbico. La adición de una solución de ácido ascórbico «spray» en el espacio superior antes del cerrado puede limitar la acción del oxígeno impidiendo la coloración verdosa en dicho espacio. Mediante el ácido ascórbico-ascorbato se logra un mejor color y conservación del mismo debido a la formación de una mayor cantidad de nitrosomioglobina y de la disminución en la proporción de metmioglobina en la sustancia colorante total. Por tanto, debería adoptarse como costumbre adicionar ácido ascórbico o ascorbato de sodio al embutido escaldado.

El empleo de **ácidos estimulantes** que disminuyen el pH puede ser combinado, bajo determinadas condiciones con la adición de ácido ascórbico/ascorbato. Esta mezcla intensifica la acción de aquellas. Por razones sensoriales, de los ácidos estimulantes se emplean solamente el ácido cítrico y el láctico como así también el ácido glucónico formado a partir del glucono delta lactona. El tipo y cantidad de ambos grupos coadyuvantes para el curado se usarán en los embutidos escaldados, estrictamente de acuerdo con la formulación. Para algunos tipos de embutidos escaldados con mayor proporción de agua, los que por lo general poseen pequeña capacidad buffer, resulta problemático el empleo de ácidos que disminuyen el pH debido a la segura pérdida de capacidad de fijación de agua. Entonces es adecuado el empleo de ascorbato de sodio en una dosis de 0,05% (0,07%). Desde el punto de vista sensorial, en general, los productos con agregado de ácido ascórbico son considerados mejores que aquellos con ascorbato de sodio.En embutidos escaldados ricos en carne el empleo de ácidos estimulantes que disminuyen el pH, es posible, especialmente cuando en la elaboración se usa el fosfato. La disminución del pH en el producto terminado puede llegar a valores de 5,8, para lo cual se requiere un 0,1% de ácido cítrico o ácido láctico o de 0,3% de glucono delta lactona. El ácido cítrico muestra, frente al ácido láctico, a igual dosificación, un efecto más intenso (disminución más marcada del pH) y, en general es preferida, desde el punto de vista sensorial. Para embutidos escaldados ricos en grasa es aconsejable el empleo de ácidos que disminuye el pH. También aquí se puede aspirar a una disminución del pH hasta aproximadamente 5,8-5,7. Las dosis de ácido necesarias son: 0,1%, con tendencia al 0,2%. Para muchos embutidos escaldados es más adecuada una «acción por dos vías», una combinación de un 0,1% de ácido estimulante y 0,03 a 0,05% de ácido ascórbico o ascorbato.

Otros factores que influyen sobre la formación y conservación del color

En la actualidad la mayor parte del **material cárnico** usado en la fabricación del embutido escaldado es **presalado.** Se debe considerar que durante el almacenamiento de la carne mezclada con la sal con nitrito para curado, una parte del nitrito es oxidado a nitrato perdiéndose, por consiguiente, para el proceso de curado. En la medida que el presalado tiene lugar durante una sola noche, estas pérdidas se mantienen dentro de ciertos límites, pero en una conservación durante varios días, las pérdidas de nitrito, si son altas, pueden producir un insuficiente color de curado y una escasa estabilidad del mismo.

Se debe tener en cuenta también que existen en un embutido escaldado una serie de **sustancias** que **empalidecen** el color rojo. En primer lugar se debe mencionar a la grasa, la que picada finamente empalidece cualquier producto cárnico. También la proteína láctea y la **corteza finamente picada** favorecen el aclaramiento del color. Además el **agua** actúa diluyendo y por ende empalideciendo el tono del color. Estas interrelaciones deben ser consideradas sólo cuando eventualmente se presentan problemas de color.

En el **preenvasado del embutido escaldado como fiambre en lonchas** es condición fundamental que haya un elevado vacío en el envase plástico para eliminar la influencia de oxígeno. Un vacío pobre o un envase no hermético o una película demasiado permeable al oxígeno provoca en poco tiempo un color grisáceo a consecuencia de la formación de metmioglobina y la imposibilidad de la venta del producto. Es indispensable un elevado vacío o, lo que provoca el mismo efecto, un vacío parcial con un reemplazo de gas nitrógeno. Solamente las hojas de material sintético impermeables al oxígeno son apropiadas para este tipo de envase; es indispensable, por tanto, una completa protección frente al oxígeno, ya que aumenta de manera notable la superficie de reacción del embutido escaldado como el fiambre cortado en lonchas.

Para los embutidos escaldados en lonchas, además de la protección frente al oxígeno es necesario un almacenamiento en refrigeración (óptimo -1 a +2°C) y una suficiente protección frente a la luz. La luz puede desempeñar un papel importante como proveedor de la energía necesaria para la formación de metmioglobina. Por ello, cuando el producto no es ofrecido para la venta, debería almacenarse siempre en un lugar oscuro. La excesiva iluminación de expendedores y vitrinas refrigeradas perjudica marcadamente la conservación del color del producto cárnico. Las lámparas deberían tener una suficiente separación respecto del producto e iluminar en forma indirecta. También aquí debería existir un equilibrio entre una prolongada conservación del color y una presentación para la promoción de la venta de los productos. Intensidades de luz de 400 a 600 lux son suficientes (se han llegado a medir 2.000 lux en expendedores refrigerados). Los productos protegidos de la luz conservan más tiempo el color que aquéllos otros que se iluminan permanentemente.

En las conservas de **embutido escaldado** se presenta un problema especial en la modificación del color debido a la formación de metmioglobina. En la venta es de gran importancia psicológica el hecho de que en el espacio superior de la conserva se formen modificaciones de color frecuentemente desagradables (formación de color grisáceo hasta enverdecimiento) debido a la acción del oxígeno allí almacenado. Estas deficiencias de color se evitan o disminuyen si se elimina o al menos se reduce la burbuja de aire o si se agrega una sustancia que neutralice al oxígeno. La solución es llenar los recipientes hasta casi rebosar o cerrando al vacío o mediante la introducción de vapor (eliminación del aire) o ácido ascórbico en spray en el espacio superior antes del cerrado.

7. Conclusiones

Resumiendo en embutidos escaldados curados, las **deficiencias de color** sobre todo, demasiado pálidos o la mala conservación se deben, en general, a causas que frecuentemente actúan también en forma combinada:

- **poca mioglobina** (cantidad de carne, tipo de carne)
- **tiempo de reacción demasiado corto** (en relación a la temperatura y el tiempo)
- **demasiado oxígeno** (picado, envasado, almacenado)
- **ningún coadyuvante del curado o en cantidades mínimas** (ácido ascórbico, ascorbato, ácidos estimulantes (cítrico y málico, etc.)
- **porque se utiliza poca sal de curado** (entre otras cosas un presalado demasiado prolongado)

De estas conclusiones surgen los puntos de partida para eliminar o disminuir estas deficiencias.

Bibliografía

1. N.N.: Verordnung über die Zulassung von Nitrit und Nitrat zu Lebensmitteln. Bundesgesetzblatt, Jahrgang 1980, Teil I, S. 2313

2. N.N.: Verordnung über diätetische Lebensmittel (Diätverordnung). Bundesgesetzblatt, Jahrgang 1982, Teil I. S. 71

3. MÖHLER, K.: Das Pökeln.
Fleischforschung und Praxis. Schriftenreihe Heft 7. Verlag der Rheinhessischen Druckwerkstätten, Alzey, 1980.

4. MIRNA, A.: Chemische Vorgänge beim Pökeln von Fleisch
in: Beiträge zur Chemie und Physik des Fleisches . Bundesanstalt für Fleischforschung 1981, S. 106

5. WIRTH, F.: Brühwurstherstellung. Grundlagen der Farbbildung.
Fleischwirtschaft **55**, 17 (1975)

6. WIRTH, F.: Brühwurstherstellung. Probleme der Farbe in der Praxis.
Fleischwirtschaft **57**, 885 (1977)

7. WIRTH, F.: Technologische Bewertung der neuen Pökelstoff-Regelung.
Fleischwirtschaft **63**, 532 (1983)

Capítulo 8

Embutir y ahumar

W. -D. MÜLLER

EMBUTIR LA PASTA

1. Envolturas de embutidos y envases

Comparación de tripas naturales y sintéticas

La pasta o masa cruda del embutido escaldado es un producto intermedio que a través del tratamiento por calor adquiere las características del producto final (embutido escaldado). Para este proceso de calentamiento, la pasta o masa del embutido escaldado, que es pastosa, viscosa y posee capacidad de fluir, requiere una envoltura protectora. En la mayoría de los embutidos escaldados se emplean tripas; la tripa otorga al embutido la forma y la estabilidad definitiva. Antes se empleaban solamente tripas obtenidas del sacrificio de los animales, hoy en cambio se utilizan fundamentalmente tripas artificiales. Una excepción la presentan productos escaldados como Wienerbraten, Römerbraten, Leberkäse, etc. Estos son sometidos al tratamiento por calor en moldes de metal. Además se utilizan, en la elaboración de conservas (latas de aluminio y hojalata), frascos (salchichas en frasco) y recipientes blandos de hojas combinadas.

Empleo de tripas naturales para embutidos escaldados:

Tipo de tripa	**Clase de embutido**
Tripas de vacuno:	
Cordilla, intestino delgado	Fleischwurst im Ring, Rheinische Fleischwurst, Stadtwurst
Ciego de vacuno	Bierschinken, fiambres
Colon	Schinkenwurst, Jagdwurst
Tripas de ternero:	
Ciego y vejiga	Bierwurst
Tripas de cerdo:	
Intestino delgado, estrecho	Bratwurst, Bockwurst
Intestino delgado, ancho	Landjäger, Brühwurst
Tripas de ovino:	
Tripa fina de ovino (intestino delgado)	Salchichas (de Viena, Frankfurter, etc), Bratwürste
Ciego	Jagdwurst, Bierwurst, Mortadella

Cuando a fines del siglo XIX se crearon máquinas para el procesado de la carne que sustituían al hombre en la elaboración manual de la masa, se cambiaron los hábitos de consumo de carne por el consumo de embutidos. Esto trajo aparejado que las tripas naturales obtenidas del sacrificio de los animales fueron insuficientes para las necesidades de las fábricas de embutidos. Así es que se trató por un lado de cubrir la falta de tripas naturales mediante la importación y por el otro crear quien las reemplazara (tripa artificial). Por que Alemania durante la 1a. Guerra Mundial no podía importar, se favoreció la investigación para conseguir tripas naturales, perfeccionándose así la envoltura alternativa con que embutir. Las tripas artificiales que se ofrecen hoy no presentan ninguna desventaja con respecto a las tripas naturales e incluso frente a determinados requisitos pueden llegar a superarlas.

A continuación se presentan algunas ventajas y desventajas:

Tripas Naturales	**Tripas artificiales**
Ventajas:	*Ventajas:*
Elevada permeabilidad al humo	Se puede elegir la permeabilidad al vapor, gas y humo
Buena unión entre masa y superficie de la tripa	Almacenamiento simple de las tripas, no se produce deterioro

Debido a la alta permeabilidad se disminuye la separación de la gelatina y de la grasa	No requiere tratamiento muy complejo
Comestible como proteína animal	Condiciones higiénicas favorables
Buena imagen para el consumidor Aspecto muy decorativo	No se produce untuosidad de la superficie en el caso de tripas artificiales sintéticas
	Se procesan en forma racional: – generalmente firmes en el embutido de la pasta – de calibre homogéneo – buen manejo mecánico en la sección de llenado automático – estables a la temperatura
	Con posibilidades de impresión para publicidad
Desventajas:	*Desventajas:*
Características higiénicas desfavorables	Mala imagen para algunos consumidores («artificial»)
Untuosidad de la superficie	No todas las tripas artificiales son resistentes a la humectación
Requiere condiciones especiales de almacenamiento (fresco y oscuro)	
Se seca rápidamente	
El procesamiento requiere mayor tiempo y trabajo debido a: – mayor tiempo de preparación – calibre en parte desigual – peor manejo mecánico, es decir que el proceso de embutir es más difícil de automatizar	

Tripas artificiales

Las tripas artificiales se elaboran a partir de productos naturales regenerados, como por ejemplo de la celulosa y del colágeno de pieles de vacunos, y también a partir de material sintético. A éstas se les denomina artificiales:

Para *salchichas escaldadas de pequeño calibre* se emplean **tripas desprendibles de hidrato de celulosa**, y para ser consumidas **tripas de colágeno reconstituido** elaboradas a partir de la piel de vacuno.

Los *embutidos escaldados de mayor calibre* se embuten también en **tripas de colágeno reconstituido**; de las que se ofrece una amplia variación de tripas medias y tripas de roscal. Las tripas de colágeno reconstituido son permeables al vapor de agua y al gas, permeables también al humo y son las más semejantes en sus propiedades a la tripa natural.

La **tripa de hidrato de celulosa** pura es elástica y puede ser distendida más allá de su calibre. Esta propiedad se emplea por ejemplo para la elaboración de Bierkugeln. La tripa de hidrato de celulosa que mantiene su calibre, se refuerza mediante una estructura de fibras vegetales designándose como **«tripa fibrosa»** (Tripa fibrosa de hidrato de celulosa). Debido a su elevada elasticidad mecánica las tripas fibrosas se fabrican principalmente en los calibres mediano y grande. También existen tripas fibrosas coloreadas. Esta tripa de hidrato de celulosa es permeable al vapor de agua, al oxígeno y al humo.

Un avance en las tripa de hidrato de celulosa reforzada con fibras, son las tripas recubiertas con PVDC. El recubrimiento puede tener lugar interna o externamente. La tripa con recubrimiento en el interior es más adecuada en la práctica, dado que en el secado se contrae y además con el secado superficial se obtienen embutidos tirantes bien redondeados en los extremos. Además es muy buena la capacidad de pelado de esta tripa recubierta en el interior. La **tripa fibrosa de hidrato de celulosa recubierta con PVDC** es, contrariamente a la tripa no recubierta, muy impermeable al vapor de agua, al gas y también al humo. La mayor parte de los productos son ofrecidos con «envoltura coloreada».

Además se ofertan **tripas artificiales** que son elaboradas a partir de **material sintético** a base de materias primas petroquímicas: **poliamida, copolímero PVDC, etanodiol éster del ácido politereftálico (poliéster), polietileno y polipropileno.**

Las tripas artificiales de material sintético poseen, de acuerdo al material básico que las componen, diferentes características. Debido a ello son empleadas para diferentes usos. Mediante la coextrusión es posible ahora elaborar tripas de material sintético de dos capas, en las cuales se combinan las propiedades deseadas de los materiales sintéticos empleados.

Confección de tripas artificiales

Las tripas artificiales se confeccionan de acuerdo con el proceso que sufrirán posteriormente. Esta confección por lo general es más económica en los establecimientos elaboradores de tripas artificiales, debido a que éstos poseen un mayor grado de mecanización y automatización, que en los establecimientos procesadores de carne. De acuerdo con los requerimientos de la práctica del proceso de embutir se desarrollaron principalmente las siguientes formas de confección:

Tripas en rollos; en secciones precortadas; tripas de un determinado largo enrolladas en ovillos; secciones de tripas cerradas en un extremo listas para embutir; secciones de tripa cosida; perforada; humedecida y también tripa en forma de oruga. Los nuevos avances son tripas artificiales obtenidas de películas que adquieren la forma de tripa y que son soldadas tras la operación de embutir y también una pasta de colágeno que adopta la forma de salchicha escaldada de pequeño calibre tras la elaboración de embutir.

La tripa de sección cerrada en un extremo y lista para ser embutida, se ha impuesto sobre todo en establecimientos artesanales en los cuales el grado de automatización no es tan elevado como en la industria de productos cárnicos. La diferente materia prima utilizada para la elaboración de tripas artificiales como también las condiciones especiales que les exigen a las tripas, originaron el desarrollo de numerosos tipos de atado. Dado que los embutidos durante la elaboración y el almacenamiento permanecen colgados, se combina casi siempre el atado de un extremo de la tripa con un dispositivo para el colgado. Antes se utilizaba para atar casi exclusivamente hilo para embutidos (hilo de lino). Posteriormente se utilizaron hilos de algodón e hilos de material sintético como polipropileno, poliamida y poliéster. Mediante estos hilos las secciones de tripas preparadas se les proporciona un nudo en forma de ojal. Las secciones de tripas confeccionadas de esta manera se denominan también secciones «enlazadas». Estas tienen como finalidad impedir el deslizamiento del nudo en forma de ojal de la tripa, incluso forzándola.

El hilo para el atado, de acuerdo con los requisitos que exige la práctica, debe satisfacer las siguientes premisas:

Elevada resistencia a la rotura, estabilidad frente a las variaciones de temperatura, al agua, sal, salmuera, grasa, proteína y humo de ahumado. Los hilos de colores deben ser resistentes también a las temperaturas de cocción. Además el hilo debe ser fácil de ser manipulado, no debe retorcerse cuando está húmedo, de tal manera que sea fácil ensartarlos sencilla y rápidamente en las varillas de ahumado. Los hilos de material sintético inyectado son los que mejor cumplen este requisito.

Otra posibilidad es atar una sección de tripa con una grapa de material. Si las tripas artificiales de material impermeable al vapor de agua y a los gases son atadas en ambos extremos con grapas de metal, entonces, de acuerdo con las reglamentaciones cárnicas, se les considera herméticamente cerradas (en las que por ejemplo se puede embutir masa elaborada con proteína láctea) si a su vez son calentadas a una temperatura de 80°C en el centro de la pieza. En estos casos se coloca, por ejemplo, en las tripas atadas, una grapa adicional (atado con posterior grapeado) o el nudo en forma de ojal es colocado junto con la grapa. En el caso de atado con grapa, a veces se emplean, en lugar de ojales, piezas de material sintético inyectado en forma de ojal. En la preparación de las tripas para ser usadas se deben atender estrictamente a las indicaciones del fabricante de tripas artificiales, indicaciones que están orientadas para un buen uso del producto y la correspondiente forma de confección.

2. Embutidoras

Embutidora de pistón (discontinua)

Las máquinas de embutir la pasta pueden clasificarse en **embutidoras discontinuas y continuas.** Las **embutidoras discontinuas** son las **embutidoras de pistón.** La embutidora de pistón está compuesta de un cilindro en el cual se mueve un pistón que ejerce una presión sobre la masa que se encuentra en el cilindro, hacia la parte superior o inferior del mismo. Las embutidoras de pistón con cilindro y pistón horizontales no se usan. Una excepción la presenta un aparato especial para embutir la pasta de embutidos secos. En el caso de embutidoras pequeñas (aparatos de mesa), el pistón se mueve de arriba hacia abajo por lo tanto el orificio de salida de la masa se encuentra muy próximo al piso del cilindro. En el caso de embutidoras de pistón más grandes el cilindro se mueve de abajo hacia arriba encontrándose la abertura de salida de la masa en la parte superior inmediatamente por debajo de la tapa.

En el caso de embutidoras pequeñas (volumen del cilindro de aproximadamente 12 l), la presión necesaria para embutir se ejerce manualmente mediante una manivela que acciona el pistón a través de un engranaje. Desde hace poco tiempo se ofrece un aparato de mesa similar al tipo de embutidora a presión de aceite accionada eléctricamente. El empalme para la salida de la masa posee también, como en la mayoría de las otras embutidoras, una rosca sobre la cual se enrosca una tuerca de unión. De esta manera las boquillas (embudos para embutir) de diferente diámetro interno, son fijados a los empalmes de salida de la masa. Algunos fabricantes fijan la boquilla a la embutidora también mediante la ayuda de un sistema de inserción. En los establecimientos artesanales pequeños y medianos se utilizan actualmente, principalmente las embutidoras de pistón accionadas con aceite a presión. Estos son fabricados como aparatos fijos (cilindros verticales) con un volumen del cilindro de 20 a 70 l. De acuerdo con el tipo y consistencia del material a embutir y el diámetro de la boquilla, se puede regular la presión del pistón y también la velocidad en el proceso de embutir. En las antiguas embutidoras de pistón, se regulaba la salida de la masa generalmente a través de diferentes tipos de compuertas. También en el caso de encontarse las tajaderas cerradas, el pistón ejerce la presión graduada sobre la masa. La apertura o el cerrado de la tajadera se maneja generalmente mediante un interruptor de palanca para rodilla. En el caso de embutidoras a presión de aceite sin compuertas para la masa, es accionado dicho pistón solamente durante el proceso de llenado. Para el caso de embutidoras de pistón de mayor tamaño y más modernas, la mayoría de las firmas pueden proveer a las mismas con aparatos atadores, dosificadores y retorcedores.

Embutidora de vacío (continua)

En los establecimientos artesanales grandes y en los industriales se han impuesto las **embutidoras continuas de vacío.** Las embutidoras de vacío están compuestas por una tolva, un dispositivo de transporte y dosificación de la masa o pasta y una bomba de vacío. La masa que es colocada en la tolva mediante el carro elevador hidráulico, es sometida al vacío en las secciones de dosificación y llenado. La tolva de la masa se carga en forma continua sin necesidad de interrumpir el proceso de embutir. El dispositivo para embutir presiona a la masa a través de la boquilla hacia el interior de la tripa. Las embutidoras de vacío que se ofrecen se diferencian en la construcción del dispositivo para embutir y el dosificador o de porcionado. Estos pueden presentarse como trayecto de transporte con sistemas de paletas (sistema de llenado con rotor de paletas), bomba doble helicoidal, bomba de rueda dentada interior o bomba de émbolo axial. La masa es transportada a la boquilla a través de estos sistemas mediante una presión regulable la que se encuentra generalmente entre los 15 a 30 bar.

En todos los sistemas la pasta o masa, en los mecanismos de transporte, es sometida a un vacío continuo. Mediante la extracción del aire se logra una mejor formación y conservación del color, una consistencia más firme y un retraso en las reacciones de oxidación. Además la pasta tras ser embutida se presenta libre de burbujas de aire.

Algunas máquinas poseen un dispositivo de fraccionado manejado electrónicamente y algunos disponen además de un dispositivo de fraccionado mecánico. En la mayoría de éstas máquinas, el rango de fraccionamiento es de aproximadamente 10 a 10.000 g. En el caso de embutidoras al vacío de tipo industrial se puede alcanzar, para embutidos escaldados de calibre grande, rendimientos en el embutido de la pasta de 6.000 a 9.000 kg/hora. La velocidad de fraccionado y atado por torsión, según la máquina, es entre 320 y 410 porciones por minuto con un peso por porción de 100 g. Para embutir latas de conservas y frascos se ofrecen boquillas especiales generalmente curvas.

Adaptadores para el llenado de embutidos escaldados de gran calibre

Estas máquinas embutidoras pueden combinarse con maquinaria adicional para torsión y atado. Para embutidos escaldados de gran calibre existen adaptadores

semiautomáticos. Estos trabajan con las tripas en secciones, (por lo general tripas artificiales); no obstante las máquinas más modernas son apropiadas también para el procesado de tripas naturales. En estas máquinas las tripas son colocadas manualmente en la boquilla de embutir, siendo henchidas con la cantidad de masa previamente determinada y atadas con grapa automáticamente. En este proceso se pueden incluir también lazadas de hilo.

En **embutidoras de vacío totalmente automáticas** con grapadora se enfila la tripa sobre la boquilla, deslizándose el comienzo de la tripa sobre el freno de tripa, siendo en esta situación atada. La madeja de tripa artificial en forma de cartucho de una longitud de hasta 50 m, es llenada en porciones o sea fraccionada y atada mediante una doble grapa. Los embutidos continuos pueden ser separados mediante una cuchilla separadora. Pero también es posible elaborar cadenas de embutidos en la que solamente al último embutido de dicha cadena se le incluye un lazo de hilo o plástico con la grapa. El operario solamente coloca los cartuchos de tripas sobre uno de los dos, tres o cuatro boquillas que se encuentran en el cabezal tipo revolver, controla la máquina y cuelga los embutidos terminados en varillas de ahumado. Otras grapadoras trabajan con **tripas artificiales en rollo.** Estos rollos de tripa poseen normalmente 400 m de tripa. En una primera etapa la tripa se confecciona a un largo ya previsto mediante el cortado y atado con grapa. A continuación es colocada sobre la enfiladora libre que se encuentra en el cabezal tipo revolver y luego se llena y ata tal como se ha descrito en los equipos semiautomáticos.

Más racional aún es el **procesado de la tripa artificial en lámina**. Mientras que en todos procedimientos la formación de la tripa en la fabricación de tripas artificales tiene lugar en la fábrica de tripas, en este caso la tripa se forma poco antes del embutido en la embutidora a partir de una lámina plana. La lámina se obtiene de una bovina, de la lámina se confecciona la tripa por medio de un denominado hombro formador. A continuación el tubo abierto se suelda. De acuerdo con el material de la película, se efectúa la soldadura por contacto térmico (sellado en caliente), o soldado de alta frecuencia o ultrasonidos y también a veces el cosido y pegado.

Embutidoras para frascos y envases blandos

Para la colocación de la pasta de embutidos escaldados en frascos y envases blandos se ofrecen embutidoras especiales. Estas máquinas se fabrican para un funcionamiento semiautomático hasta totalmente automático con un elevado rendimiento. Se puede efectuar una dosificación y un vacío de la masa durante el proceso de embutir.

3. Efecto del proceso de embutir sobre la consistencia del embutido escaldado

Ensayos efectuados por AMBROSIADIS (1979) demostraron que el proceso de embutir puede afectar la consistencia del embutido escaldado. Por tal motivo se deberían emplear boquillas anchas, dado que con este tipo a igual velocidad de embutido de la pasta la presión es más baja sufriendo la masa además un menor efecto mecánico. Una presión muy pronunciada produce pérdidas en la consistencia y separación de gelatina. Las boquillas con un pequeño diámetro provocan una distribución desigual de la consistencia.

4. Embutido de la pasta en embutidos escaldados de pequeño calibre

El proceso de embutir la pasta se ha racionalizado también para salchichas escaldadas, como salchichas de Viena y Frankfurter *(en tripa fina de ovino)*, como así también Bockwürste y Knacker *(intestino delgado de cerdo)*. Con la ayuda de adaptadores para el montado de las tripas o mediante tripas plisadas sobre tubos de plástico, se sustituye el montado manual de tripas naturales el que requiere gran trabajo. El proceso de embutir se hace posible mediante un dispositivo de fraccionado y de torsión manual o a través de un dispositivo de torsión.

En *tripas para pelado y tripas de colágeno* (tripa de colágeno reconstituido), la automatización del proceso de embutir se encuentra más avanzada que en el caso de las tripas naturales. Para la elaboración industrial de salchichas se desarrollaron líneas para embutir, y fraccionar y colgado de las mismas. Un tipo de máquina bastante difundida trabaja, por ejemplo, de la siguiente manera:

De acuerdo con las necesidades cae una bobina de tripa (tripa para pelado o de colágeno en cartucho) de un compartimiento, a un adaptador, el cual sostiene a dicha tripa colocando la bobina en posición para la introducción en la boquilla. La boquilla se desliza sobre el cartucho el cual en el choque acciona un microinterruptor poniendo en funcionamiento el mecanismo de transporte de la masa efectuando así el embutido del cartucho atado en un extremo. Mediante una varilla de empuje el cartucho de tripa es presionado hacia adelante. Una vez que el cartucho se ha llenado se detiene el sistema de transporte de la masa y un nuevo cartucho sale del compartimiento para colocarse sobre la boquilla. La tripa embutida es torsionada en el dispositivo de fraccionado siendo colgada en forma de espiral sobre una cadena de ganchos. Se puede regular el número de salchichas por ristra. Las ristras o los embutidos de a pares se distribuyen homogéneamente sobre la varilla de ahumado. La única operación manual que tiene lugar en estos sistemas totalmente automáticos, es la colocación de las varillas de ahumado vacías y la retirada de aquellas que se encuentran completas.

AHUMADO

1. Historia y desarrollo del ahumado

En el norte de Europa junto con el salado y el secado, es uno de los procedimientos más antiguos para conservar los alimentos. Hoy en el ahumado de embutidos escaldados no es la conservación el aspecto más importante, sino la aromatización, el color a humo y en parte el aumento de la firmeza (endurecimiento) de las tripas naturales y de colágeno, como también la activación para la formación de la piel propia en el caso de salchichas sin piel. Este aumento de la firmeza provocado por determinadas sustancias componentes del humo es apreciado sobre todo en la elaboración de salchichas en lata, mientras que para salchichas como producto fresco puede provocar una dureza de la tripa indeseable. La conservabilidad de los embutidos escaldados tiene lugar a través de un tratamiento por calor, el cual unido a un almacenamiento en refrigeración otorga una determinada conservación al embutido. En los embutidos escaldados ahumados envasados en tripas naturales o de colágeno reconstituido las sustancias bacteriostáticas y bactericidas del ahumado retardan la formación de la untuosidad superficial de la tripa.

La técnica del ahumado se mantuvo inalterable a través de los siglos. Por lo general el embutido para ser ahumado era colgado en el interior de torres de mampostería o cámaras, a continuación se encendía en el piso de la cámara el material generador de humo. Para obtener mayores temperaturas (ahumado caliente) se quemaba madera. Posteriormente se efectuó también el calentamiento mediante gas, electricidad o mediante intercambiadores de calor con vapor. El aumento de los establecimientos de producción junto con las necesidades de los elaboradores de productos cárnicos, originaron la automatización y estandarización como así también un acortamiento del proceso de nuevos productos en condiciones de ahumado. Este desarrollo tuvo lugar fundamentalmente en los últimos 30 años y se ha perfeccionado en los pasados 10 años por la necesidad de limitar el contenido de α benzopireno a un máximo de 1 ppb.

Por lo tanto se construyeron generadores de humo activados desde el exterior y separados de la cámara de ahumado. Así se logran las siguientes ventajas: durante el manejo y control el individuo no se encuentra en contacto con la atmósfera con humo. El manejo es sencillo y está automatizado. La temperatura de la cámara no es influida o muy escasamente por el humo; el proceso de producción del mismo se puede estandarizar y perfeccionar. Finalmente se logra un control de la temperatura del humo mediante el enfriamiento de éste en un circuito de caños, así disminuye el traspaso al embutido de las elevadas cantidades de α benzopireno.

2. Disposiciones para la protección del medio ambiente

Los avances tecnológicos más recientes están influenciados en gran medida por la reglamentación que se dictó en el marco de la protección del medio ambiente. Existen diferentes posibilidades para disminuir la emisión de humo de las instalaciones de ahumado:

1. Optimización del proceso de ahumado desde el punto de vista de la emisión de humos de la instalación. En las instalaciones existentes con este procedimiento se lograría solamente disminuciones relativamente pequeñas de la emisión de humos.
2. Eliminación del humo, es decir, tratamiento del gas de escape con la finalidad de disminuir su emisión en las instalaciones existentes y en las nuevas. Para el tratamiento del gas de escape se pueden efectuar, para el caso de instalaciones de ahumado, los siguientes procedimientos:

Postcombustión
- térmica
- catalítica
- mezcla de los humos de los gases no purificado con el aire de combustión de las instalaciones para tal fin

Condensación
- indirectamente en enfriadores
- directamente en lavadores de humo con instalaciones de absorción que contienen sustancias oxidativas como ozono, dióxido de cloro, peróxido sódico

Adsorción
- en adsorbentes (sustancias sólidas con gran superficie interna, por ejemplo, carbón activo)

Procedimientos combinados
- Separación electrostática de la fase de partículas
- Absorción o adsorción de la fase gaseosa

Estos procesos y equipos deben adecuarse a la instalación y al proceso de ahumado de tal manera que se tenga en cuenta la posterior limpieza del humo y su concentración. No hay influencia sobre el proceso de ahumado. Los procesos bastante difundidos de postcombustión térmica o catalítica, son procedimientos relativamente costosos desde el punto de vista de la inversión y del consumo de combustible.

3. La tercera posibilidad para solucionar el problema de la emisión es el desarrollo de nuevas tecnologías y la construcción de nuevas instalaciones de ahumado que en principio presenten un favorable comportamiento de emisión. Esta posibilidad tuvo lugar especialmente con el desarrollo de instalaciones de ahumado cerradas, las denominadas instalaciones de movimiento circular. En estas instalaciones el humo no se genera con introducción de aire exterior, como es habitual, sino con una mezcla de aire y humo en la misma instalación generadora de humo. Dicho de otra manera, el humo es conducido repetidas veces a través del generador de humo pasando por el producto a ser ahumado, volviendo así a «reutilizarse». De esta manera se debe producir solamente la cantidad de humo correspondiente al volumen de la instalación de ahumado, del generador de humo y la tubería.

Además últimamente se construyeron instalaciones con sistemas de aire circulante-aire exterior (instalaciones abiertas) sin recirculación de humo, de tal manera que las mismas podían trabajar con elevada densidad de humo y reducida corriente de circulación de salida, de aproximadamente 40 m^3 por hora para el caso de una cámara de un carro. El objetivo de esta nueva construcción es precisamente la producción de pequeñas cantidades de humo y su mejor aprovechamiento. Con ello es posible reducir el humo de tal manera que en muchos casos se puede prescindir totalmente de una posterior limpieza o que ésta sea mínima . Todas las nuevas instalaciones de ahumado que presentan en su construcción técnica una menor emisión, poseen la característica de que trabajan con elevadas densidades de humo. De esta manera pudieron acortarse los tiempos de ahumado, respecto de las instalaciones tradicionales con sistema abierto alimentadas con humo a partir de generadores por combustión o fricción. Debido a ello se disminuyó también simultáneamente el consumo de material para ahumado. Sin embargo, la elevación de la densidad de humo provocaba en algunas instalaciones, sobre todo en aquellas cerradas con recirculación de humo hacia un generador a partir de viruta, mezclas gaseosas explosivas. Debido a ello se producían deflagraciones (explosiones relativamente débiles). Los fabricantes de estas instalaciones con riesgo de explosión aplicaron medidas para limitar la densidad de humo e impedir este tipo de accidentes en el futuro. Se buscan sustancias indicadoras para saber cuando en el humo como mezcla gaseosa se presenta la posibilidad de ignición. Por el momento se les considera como tales a los gases metano, hidrógeno y monóxido de carbono. Se encuentran en etapa de elaboración las correspondientes disposiciones de la Asociación para la prevención y el seguro de accidentes de trabajo. Por lo tanto hoy se deben requerir las siguientes condiciones en un proceso de ahumado:

1. Los productos cárnicos ahumados deben contener escasas cantidades de hidrocarburos policíclicos aromáticos. La sustancia indicadora para los hidrocarburos policíclicos aromáticos es el α benzopireno (3,4-benzopireno). Esta se encuentra limitada por la reglamentación, a 1 ppb en el producto cárnico ahumado.
2. El proceso debería proteger el medio ambiente, es decir, se deberían liberar sólo escasas cantidades de sustancias de humo (compuestos totales de carbono).
3. Los productos cárnicos ahumados deben presentar buenas características sensoriales, es decir, sin defectos en el sabor y en el color de ahumado.
4. Con escaso consumo de material para ahumado y de energía, el proceso de ahumado debería ser fácil de reproducir desde el punto de vista técnico

3. Generador de humo

Mientras tanto se desarrollaron y fueron adoptados en la práctica tres tipos de generadores de humo en principio con otros procedimientos para la producción de humo.

El generador de humo por combustión, el generador de humo por fricción y el generador de humo por vapor

Cada generador de humo posee determinadas características de construcción dependiendo del fabricante, finalidad de uso y acoplamiento con determinadas instalaciones de humo. A modo de ejemplo se presentarán las tres construcciones básicas. Un **generador de humo por combustión** sencillo trabaja según el siguiente principio: un caño provisto de ranuras separadas a igual distancia es llenado con viruta de madera. La viruta es encendida en el extremo superior del caño. El caño se encuentra en un cubículo totalmente cerrado impidiendo la entrada de aire y cuenta con un compartimiento para la ceniza. Tan pronto el ventilador de la cámara de ahumado provoca una presión negativa, se aspira aire a través de la zona de ardido. El humo que se genera de esta manera llega al cubículo a través de las ranuras y desde aquí por un caño a la cámara de ahumado. Los más difundidos con los **generadores mecánicos de humo por combustión.** Los mismos cuentan con un recipiente de almacenado y un dispositivo de aprovisionamiento, por ejemplo un brazo removedor, mediante el cual es conducido el material de ahumado de manera continua o en intervalos a la zona de ardido. La zona de ardido (zona de pirólisis) se encuentra dispuesta en forma muy variada. En parte se asemeja a un gran plato sobre el cual se distribuye el material para ahumar y que es repartido uniformemente en una capa fina. La zona se desplaza de fuera adentro y el humo es extraído directamente de la zona de combustión. El encendido se efectúa mediante un calefactor con resistencia eléctrica o mediante llama de gas. La ceniza y los restos de pabesas de viruta combustionada caen a través de una parrilla en un recipiente colector y el humo circula a través de un conductor hacia la cámara de ahumado. Para el manejo de la producción de humo se pueden modificar la cantidad de material, el contenido de agua de la viruta y también la cantidad de aire exterior introducido.

En el caso de otros generadores de humo (sobre todo en los generadores de humo a partir de viruta), la zona de pirólisis está formada por un caño angosto de aproximadamente 12 cm de altura. La viruta es encendida en el extremo inferior donde se encuentra la rejilla, siendo aspirados el aire y el humo formado a través de la capa de viruta de 12 cm de alto. Debido a los gradientes de temperatura producidos tiene lugar la formación de humo a distintas temperaturas, como en el caso de una pipa para tabaco. Con este tipo de generadores se puede producir un humo muy denso. Por razones de ahorro de espacio se instalan también los generadores de humo por combustión en las puertas de las cámaras de ahumado. En este tipo de generadores de humo, la viruta se desliza por gravedad desde el recipiente almacenador cónico hacia la zona de pirólisis.

Según TOTH (1982) el proceso de humo por combustión es un método exotérmico de producción de humo, en el cual la energía calórica para la pirólisis es producida por el quemado de carbón de madera originado en la pirólisis anterior. En cambio los métodos que se mencionan a continuación son procesos endotérmicos de generación de humo en los cuales la energía necesaria para la pirólisis debe ser suministrada desde el exterior.

En el caso del **método de humo por fricción**, una madera es empujada contra un cilindro de acero en rotación provisto de estrías. Debido a ello, a causa de la elevación de la temperatura, se produce en la superficie de fricción la formación de humo. El humo así generado es conducido a través de tuberías hacia la cámara de ahumado y el raspado de la madera cae en un recipiente colector. Para evitar un sobrecalentamiento y con ello un encendido de la madera, el generador de humo trabaja en forma intermitente, es decir, que el cilindro gira durante un tiempo, por ejemplo de 20 segundos, permaneciendo luego quieto durante 2 minutos para su enfriado.

En el caso del **método de humo por vapor condensado** el humo se genera mediante la acción de vapor de baja presión, sobrecalentado (temperatura 300 a 400°C), también mezclado con aire, sobre viruta de madera. Una espiral transportadora conduce la viruta a la zona de reacción en la cual penetra la mezcla de vapor-aire sobrecalentado, provocando la pirólisis. El humo llega a través de una chapa perforada y por tubos conductores a la cámara de ahumado. La viruta cae en un recipiente donde se almacenan los restos de la combustión. Debido al enfriado a aproximadamente 80°C hasta la entrada en la cámara de humo, el humo se humedece. Por este elevado contenido de humedad se le denomina también «humo con vapor» o «humo con condensado». El humo con vapor se emplea fundamentalmente en el ahumado caliente.

El humo por vapor, contrariamente a los otros tipos de humos, puede ser disminuido en forma relativamente sencilla por condensación en lavadoras de humo. Por lo tanto en estas instalaciones se puede controlar de manera relativamente fácil el problema de la emisión de humos respecto de la contaminación ambiental. Una ventaja de los generadores de humo endotérmicos (humo por fricción, humo por vapor), es que se puede disponer de humo en pocos segundos. En sistemas de humo por vapor se debe considerar un correspondiente periodo de precalentamiento.

4. Instalaciones de ahumado

Ya se ha informado sobre las modificaciones técnicas de las instalaciones de ahumado y las condiciones básicas que han influido marcadamente sobre este proceso de desarrollo. Las instalaciones de mampostería para ahumado en caliente en las que el humo es generado en la cámara y en donde tiene lugar una corriente de humo solamente por una elevación térmica, se encuentran en funcionamiento todavía en forma aislada en la República Federal de Alemania.

Hoy las más difundidas son las instalaciones de ahumado en las que el aire es removido mediante un ventilador. Al aire circulante se agrega el aire exterior o una parte de humo. El aire o el humo se liberan durante todo el proceso (las así denominadas **instalaciones de ahumado abiertas**). El volumen de la salida de aire corresponde a la corriente de aire exterior o parte de humo agregado. Por lo general las instalaciones cuentan con dispositivos para el rociado con agua para con ella regular la temperatura y la humedad relativa ambiente. Debido a ello en estas cámaras resulta posible una serie de tratamientos como son enrojecimiento (curado), secado, ahumado, escaldado, refrigerado mediante el rociado con agua fría o enfriado por refrigeradores adicionales en forma sucesiva, simultáneamente o alternada. Las condiciones deseadas en los diferentes tratamientos pueden ser reguladas y en parte programables. Debido a la introducción de la tecnología de los microprocesadores, en las instalaciones de ahumado resulta posible desarrollar programas de ahumado con un elevado número de pasos para una gran cantidad de distintos productos cárnicos. Estos pueden ser consultados en cualquier momento reproduciéndose el mecanismo. En los últimos años este tipo de instalaciones fue modificado, en parte, de tal manera que es posible alimentarlas en la fase de ahumado con un relativamente pequeño volumen de corriente de humo altamente concentrado (proveniente de generadores de humo por combustión de viruta). Las corrientes de pequeño volumen de humo de concentración elevadas permiten ser eliminadas, en las instalaciones de postcombustión, de manera más económica que las corrientes de gran volumen con humo menos concentrado.

El desarrollo de **instalaciones de aire circulante,** que hoy en día se ofrecen controladas por microprocesadores, son también la consecuencia de una reglamentación de la protección del medio ambiente. El aire exterior utilizado en general para la producción de humo es reemplazado en ellas por un tratamiento del aire de la instalación (sistema de circulación). De esta manera se evitan grandes volúmenes de salida de gas. La salida de gas puede efectuarse por dilatación térmica del aire tratado y durante la salida de aire luego de finalizado el proceso de ahumado. Algunas de estas instalaciones trabajan en todas las etapas con aire de circulación. En este caso la deshumectación tiene lugar a través de un refrigerador adicional. Para disminuir el consumo energético se han ideado también instalaciones que trabajan como instalaciones cerradas solamente en la fase de ahumado. Entre los tipos de generadores de humo podemos considerar el generador de humo por combustión y por fricción.

5. Ahumado de embutidos escaldados

Las explicaciones dadas hasta ahora pretenden mostrar también la problemática que se presenta cuando se plantean indicaciones generales válidas sobre técnicas de ahumado. Los embutidos escaldados de muy diversa composición se embuten y se ahuman en las más distintas tripas naturales y artificiales. Además de la gran cantidad de variedades de embutidos y tipo de tripas, para el caso de, por ejemplo, salchichas escaldadas, la finalidad del empleo, como la elaboración de producto fresco o de conserva, posee una importante influencia sobre la necesaria tecnología de ahumado. Además en el proceso de ahumado, como ser humo por ardido o por fricción en un sistema abierto o cerrado como también en el humo por vapor, se debe considerar que el correspondiente programa de ahumado tiene que estar concebido para el proceso de ahumado. Muchas veces no resulta posible trasladar un programa de ahumado de una instalación similar proveniente de otro fabricante de instalaciones de ahumado. Además pueden aparecer dificultades cuando el programa de ahumado aplicable a una instalación para un carro se utiliza para una instalación de tres o seis carros del mismo fabricante. Estas enormes diferencias hacen también prácticamente imposible la evaluación de la bibliografía técnica existente. Así es que en la mayoría de las publicaciones faltan las indicaciones sobre tipo de construcción y las condiciones de uso del generador de humo y del tipo de instalación de ahumado. En otras publicaciones no se encuentran, por ejemplo, las indicaciones sobre la composición de la masa, tipo de tripa y calibre de la misma como tampoco las condiciones de tratamiento durante el enrojecimiento (curado) y secado, los cuales poseen una gran influencia sobre el proceso de ahumado y la calidad del producto final. Así es que para un tipo de embutido se pueden encontrar las recomendaciones más diversas, las que en parte se contradicen. Esto se puede deber a que las condiciones de ahumado se han determinado con distintos generadores de humo y tipos de cámara de ahumado.

LANGE (1978) ha publicado una amplia recopilación de tablas de procedimientos para el ahumado de productos cárnicos. Los valores allí indicados se refieren a las modernas instalaciones de ahumado de aire circulante (instalaciones de ahumado de aire circulante, instalaciones de aire circulante/aire exterior en sistema abierto sin recirculación de humo, hacia el generador de humo). La alimentación de humo tiene lugar a través de un generador de humo automático, pudiendo ser un generador de humo por combustión, por fricción o de humo de vapor. Analizando las tablas llama la atención que se indican diferentes condiciones de ahumado para productos similares.

Condiciones de ahumado para salchichas (producto fresco)

Ensayos propios efectuados en los últimos años respecto del ahumado de salchichas escaldadas de pequeño calibre en tripa fina de ovino de calibre 20 a 22 mm, con humo por combustión en sistema abierto como también humo por fricción y humo por vapor en sistema abierto, ofrecieron los siguientes resultados: la intensidad de color, el tono del mismo y la característica de la tripa (blanda, firme, dura, resistente) como así también la intensidad del sabor, pueden ser afectados en todos los procesos de ahumado examinados, mediante la regulación de la humedad relativa y tiempo durante el enrojecimiento/secado y ahumado. Luego de que se optimizaron las condiciones de ahumado en los cuatro procesos de producción de humo y ahumado y después de haberse efectuado distintas comprobaciones de sistemas, se logró elaborar salchichas ahumadas bastante idénticas. Para ello en el proceso de producción de humo debían elegirse condiciones adecuadas de enrojecimiento/secado y ahumado. El tono del color, intensidad del sabor y terneza de la tripa eran similares. Con las instalaciones de ahumado empleadas se podían elaborar para los procesos de ahumado examinados, los siguientes programas óptimos de ahumado (Tabla 1). Luego del ahumado, las

Tabla1. Programas ópticos para los procesos de ahumado examinados

	Enrojecimiento			Ahumado		
	H.R. (%)	Temp. (°C)	Tiempo	H.R. (%)	Temp. (°C)	Tiempo
Humo por ardido, sistema abierto	60	45	60	75	60	45 - 60
Humo por ardido, sistema cerrado	60	50	45	80	70	20 - 30
Humo por fricción	75	45	60	85	60	40 - 60
Humo por vapor	60	45	30	50	70	10 - 20

salchichas eran escaldadas durante 15 minutos a 78 a 80°C, siendo posteriormente sometidas a una ducha durante 10 minutos.

Efecto del proceso de ahumado sobre los contenidos de α benzopireno en salchichas

Todas las partidas de salchichas que fueron elaboradas en esta serie de ensayos, han sido examinadas también respecto del contenido α benzopireno (Tabla 2). La Tabla 2 muestra que en **ninguna** de las 232 partidas examinadas se encontró un contenido de α benzopireno de 1 ppb. Por ello todas las partidas que eran ahumadas en un sistema cerrado y que poseían en promedio una concentración algo elevada de α benzopireno respondían a los requisitos de las reglamentaciones de carne.

Varios ensayos orientativos mostraron que las condiciones de ahumado indicadas para **tripa de ovino** pueden se adoptadas en principio también para **tripas para pelado y de colágeno**. Para el caso de tripas para pelado el tiempo de ahumado debe encontrarse en el límite superior y para el caso de las tripas de colágeno en el límite inferior de los tiempos indicados. Las tripas naturales de calibre grande y por ello más gruesas, requieren en general un tiempo de enrojecimiento/secado y ahumado más prolongado, en combinación con una humedad relativa ambiente inferior en un 5 a un 15% en el caso de enrojecimiento/secado y una temperatura superior en 5 a 10°C para el caso del enrojecimiento/secado y ahumado.

Tabla 2. Contenido de α benzopireno en los procesos de ahumado examinados

Proceso de ahumado	Partidas examinadas	Número de partidas con contenido de α benzopireno de < 0,1 ppb	Número de partidas con contenido de α benzopireno de > 0,1 ppb	Concentración de α benzopireno
Humo por ardido, sistema abierto	66	63	3	0,1 - 0,3 ppb
Humo por ardido, sistema cerrado	71	-	71	0,1 - 0,7 ppb
Humo por fricción	50	49	1	0,2 ppb
Humo por vapor	45	25	20	0,1 - 0,3 ppb

Ahumado de salchichas en lata

Las condiciones de ahumado antes mencionadas no son aplicables a las salchichas escaldadas de pequeño calibre, cuando el ahumado es una etapa preparatoria en la elaboración de salchichas en lata. Aquí el ahumado tiene como objetivo sobre todo un aumento en la firmeza de la tripa (tripa de ovino, tripa de cerdo). Las tripas naturales deben adquirir en forma similar a las tripas de colágeno (tripas de colágeno reconstituido), características de firmeza elástica durante el proceso de ahumado. Cuando las tripas se endurecen demasiado pierden elasticidad, se hacen quebradizas y revientan, en la medida que el calibre de llenado se dilata demasiado durante la esterilización, el almacenamiento o el posterior calentamiento. Una firmeza demasiado escasa debido a un ahumado muy leve, disminuye también la resistencia al reventón. La influencia del proceso de ahumado y de las condiciones de ahumado sobre la resistencia al reventón de salchichas en lata ha sido subestimado hasta ahora.

Los fabricantes de tripas de colágeno de pequeño calibre recomiendan condiciones especiales de ahumado para las **salchichas en lata.** En este proceso de ahumado, las salchichas después del enrojecimiento y el secado son escaldadas, sometiéndoselas a continuación al ahumado. El objetivo es que las salchichas se dilaten más allá del calibre de llenado bajo el efecto del calor húmedo. En este estado de sobredilatación, la tripa es fijada mediante la acción de las sustancias del humo durante el ahumado con incremento de la humedad relativa. Luego, durante la esterilización, el almacenamiento y posterior calentamiento, la tripa debería poder dilatarse hasta el tamaño antes fijado sin que reviente.

En la elaboración de **salchichas sin piel**, el proceso de ahumado caliente y escaldado como también el de refrigerado y almacenamiento intermedio, deben estar condicionados a un buen procedimiento de pelado. Para elaborar las salchichas sin piel en forma racional en gran cantidad, éstas deben ser pelables en máquinas de pelado automáticas. Según EFFENBERGER (1976) el proceso de ahumado caliente es el factor de mayor influencia sobre la capacidad de pelado, dado que el mismo influye fundamentalmente sobre la formación de la piel propia como así también sobre la unión entre la masa y la superficie de la tripa. Así es que temperaturas demasiado elevadas y humedad relativa demasiado baja, pueden afectar la capacidad de pelado en máquinas que trabajan con elevado número de unidades. La tripa pelable debe mantenerse constantemente húmeda hasta el proceso de pelado. La tripa puede secarse, por ejemplo, por un insuficiente enfriado a una temperatura en el centro superior a 15°C. La conservación de la humedad de la tripa y con ello de las salchichas, no afecta a su resistencia al reventón sin piel, dado que en este tipo de salchichas no se producen reventones.

Secado de salchichas en lata

Un importante factor para mejorar la **resistencia al reventón** es un secado suficiente de las salchichas escaldadas cuando se emplean tripas naturales y de colágeno. El agua eliminada durante el secado origina una retracción de las salchichas. Esto deja un margen, durante el calentamiento por encima de los 100°C, para la dilatación por calor. Según el grado de secado, formulación y tratamiento térmico, una determinada proporción de agua es tomada nuevamente durante la esterilización, almacenamiento y posterior calentamiento. WIRTH (1973) aconseja para masas con buena fijación, un porcentaje de secado del 20 al 30%. Las salchichas no deberían secarse más allá de un 30% porque a partir de este porcentaje en todos los casos se producen modificaciones irreversibles en la capacidad de captación de agua. De acuerdo con los ensayos propios, este rango puede diferir algo para el caso de conservas tres cuartos o conservas totales. En la elaboración de conservas tres cuartos en general resulta suficiente un secado de un 15 a un 25%, mientras que para conservas totales se requiere, por lo general, un secado de un 20 a un 30%. En la práctica el secado puede realizarse tras del ahumado con disminución de la temperatura de cámara y elevado caudal de aire externo. Naturalmente que este procedimiento bloquea la instalación de ahumado durante el tiempo de secado por varias horas. Si se elabora gran cantidad de salchichas en lata, entonces éstas, por lo general, son secadas en un ambiente de secado especial, climatizado de 10 a 15°C durante 12 a 18 horas. La humedad relativa ambiente se elige para conseguir el grado de secado pretendido.

Envasado de salchichas en recipientes de conservas

Las salchichas pueden ser colocadas manual o mecánicamente en latas, frascos o recipientes de material sintético. La colocación inadecuada de salchichas en latas y frascos puede ser otra causa de la aparición de reventones. La relación entre salmuera y salchicha debe ser de 1:1. Si la proporción de salchicha es mayor éstas pueden tocarse e incluso doblarse. Se habla entonces de un llenado de los recipientes demasiado comprimido. Las salchichas demasiado largas se doblan antes de poner la tapa. En los lugares de esfuerzo mecánico por doblez aparecen entonces los reventones. Además con un llenado demasiado comprimido se ve afectada la circulación de la salmuera y con ello la homogénea difusión de la temperatura en las latas.

Bibliografía

1. AMBROSIADIS, J.: Die Bedeutung des Füllens für die Festigkeit bei Brühwurst. Mitteilungsblatt der BAFF Nr. 61 vom 01. 09. 1978, S. 3449 - 3451

2. EFFENBERGER, G.: Kunstdärme, Herstellung, Eigenschaften, Anwendung. Heft 4 der Schriftenreihe Fleischforschung und Praxis. Verlag der Rheinhessischen Druckwerkstätte, Alzey (1976)

3. FREYBE, C.: Die Technik in der Fleischwirtschaft. 2. Auflage, Brücke-Verlag Kurt Schmersow, Hannover (1966)

4. LANGE, W. G. K.: Verfahrenstabellen zum Räuchern von Fleisch und Wurstwaren. Die Fleischerei **29/4**, 66 (1978); **29/5**, 73 (1978); **29/7**, 39 (1978); **29/8**, 67 (1978); **29/9**, 60 (1978); **29/10**, 60 (1978); **29/10**, 86 (1978); **29/11**, 86 (1978); **29/12**, 66 (1978)

5. MÜLLER, W.-D.: Verfahren der Heißräucherung dünnkalibriger Brühwurst. Mitteilungsblatt der BAFF Nr. 76 vom 01. 06. 1982, S. 5006 - 5010

6. MÜLLER, W.-D.: Räucherrauchemission, Verfahren zur Verminderung. Die Fleischwirtschaft **63**, 1546 - 1557 (1983)

7. NEUHÄUSER, S.: Technik und Technologie. BBV Fleischwaren Handbuch, 1. bbv B. Behr's Verlag, Hamburg (1980)

8. N.N.: Wissenswertes über den Naturdarm. Herausgegeben vom Zentralverband der deutschen Darmimporteure e. V., Hamburg

9. TÓTH, L.: Chemie der Räucherung. Wissenschaftliche Arbeitspapiere der Senatskommission zur Prüfung von Lebensmittelzusatz- und Inhaltsstoffen. Deutsche Forschungsgemeinschaft. Verlag Chemie, Weinheim (1982)

10. WIRTH, F.: Herstellung haltbarer Dosenwürstchen. I. Fertigung hitzestabiler Würstchen. Die Fleischwirtschaft **53**, 661 - 673 (1973)

11. WIRTH, F.: Herstellung haltbarer Dosenwürstchen. II. Erhitzung der Würstchen. Die Fleischwirtschaft **53**, 839 - 846 (1973).

Capítulo 9

Tratamiento por calor - conservabilidad

A. STIEBING

El tratamiento por calor se aplica en los embutidos para consolidar la **coagulación** de la estructura proteica característica del embutido escaldado, para eliminar los microorganismos, inactivar las **enzimas** y obtener las características sensoriales deseadas (color, sabor, consistencia).

La coagulación de las proteínas miofibrilares estructurales («solubles en sal») comienza aproximadamente a los 40°C y finaliza aproximadamente a los 60°C. Por el contrario, las proteínas sarcoplasmáticas hidrosolubles a unos 50°C están en gran parte disueltas e incluso a 70°C no están totalmente desnaturalizadas. La desnaturalización térmica del pigmento muscular mioglobina comienza también a los 65°C. Con la desnaturalización de la proteína cárnica se construye una trama estable que fija en su malla partículas de grasa y agua. Por lo tanto para la formación de una estructura proteica adecuada se requiere una **temperatura de calentamiento de por lo menos 65°C** y mejor aún de 70°C. Cuando se emplea **plasma sanguíneo** se requieren temperaturas de **por lo menos 75°C** dado que por debajo de los 72°C no se alcanza a formar el gel (fijación de agua) de la proteína sanguínea. La **inactivación** de las **enzimas propias de la carne** tiene lugar, salvo algunas pocas excepciones, a temperaturas de **60 a 75°C.** El calor modifica al producto también en sus **características sensoriales y nutritivas.** El grado de estas modificaciones depende de diversos factores, por ejemplo, calidad de materia prima, tipo y formato de la tripa o envase, efecto del tratamiento calórico (temperatura, tiempo) y proceso de calentamiento. Finalmente y sobre todo, el tratamiento provoca la eliminación de los microorganismos; el efecto alcanzado en esta eliminación determina en gran medida la conservabilidad del producto.

En la práctica el tratamiento por calor se realiza, salvo en algunas excepciones, en gran medida en forma empírica. Así es que determinados valores caloríficos se consideran óptimos, si no se producen pérdidas en forma de fallos de fabricación, deterioros o abombamientos. Las pérdidas, especialmente en los meses de verano, a menudo se toman como inevitables y están dentro de los cálculos. En los embutidos las determinaciones de temperatura se aplican raramente. Existe por tanto inseguridad. Por un lado se evitarán los sobrecalentamientos que perjudican innecesariamente la calidad del producto y por el otro lado se impedirán los subcalentamientos que disminuyen la conservabilidad. Para encontrar una solución de compromiso entre valor sensorial y tratamiento térmico suficiente no son adecuados los procedimientos empíricos.

Además del efecto térmico influyen sobre la conservabilidad de los embutidos escaldados la temperatura durante el almacenamiento, el pH, la actividad agua y el potencial redox.

1. Efecto de la temperatura

La temperatura es el factor de mayor importancia que influye sobre el desarrollo de los microorganismos. En los productos cárnicos el desarrollo de microorganismos es posible entre -15 a 70°C. Las innumerables especies microbianas, no obstante, no se desarrollan en los distintos tipos de temperatura sino dentro de un sector más o menos limitado. De acuerdo con las características de crecimiento los microorganismos se dividen en:

Psicrófilos	(-15 a 20°C)
Psicrótrofos	(0 a 35°C)
Mesófilos	(10 a 45°C)
Termófilos	(40 a 70°C)

Por lo tanto cada especie microbiana posee capacidad de reproducción solamente hasta una temperatura mínima. En la Tabla 1 se especifican las temperaturas de algunos microorganismos que son importantes en embutidos escaldados porque pueden provocar deterioro o intoxicación alimenticia.

De la Tabla 1 se desprende la gran importancia que posee una refrigeración insuficiente para los embutidos escaldados como producto fresco. Con almacenamiento en refrigeración (2°C), si bien no se puede excluir una alteración (acidificación, destrucción proteica), se puede impedir el desarrollo de bacterias patógenas («generadores de toxinas en alimentos»). Excepción: los hongos formadores de micotoxinas en alimento pueden crecer a temperaturas por debajo de -5°C. La mejora de la conservabilidad mediante el almacenamiento en refrigeración se basa en que, si bien en algunos microorganismos la temperatura mínima de crecimiento se encuentra por debajo de la temperatura de refrigeración, pero aunque posean capacidad para desarrollarse su porcentaje de crecimiento es limitado.

Tabla 1. Temperaturas mínimas para el desarrollo de algunos microorganismos importantes en el deterioro o intoxicaciones alimenticias de embutidos escaldados (según HECHELMANN y LEISTNER, 1977)

Temperatura	Especie o tipo de germen	Alteración o intoxicación	
40°C	Clostridium nigrificans,	+	
	C. thermosaccarolyticum, Bacillus	+	
	stearothermophilus	+	
15°C	C. perfringens	+	+
12°C	Bacillus cereus	+	+
10°C	Bacillus, Clostridium	+	
	C. botulinum Tipo A, B		+
7°C	Escherichia	+	+
	Staphylococcus aureus		+
5°C	Micrococcus	+	
	Salmonella		+
3°C	C. botulinum, Tipo B, E (psicrótrofo)		+
0°C	Lactobacillus, Streptococcus	+	
	Brochothrix, Klebsiella	+	
	Enterobacter, Proteus, Citrobacter	+	
-5°C	Pseudomonas	+	
< -5°C	Levaduras	+	
	Hongos	+	+

2. Influencia del pH

El pH (concentración de iones de hidrógeno) es un factor importante para el crecimiento y metabolismo de los microorganismos. Distintos gérmenes toleran distintos tipos de pH, por lo cual el pH del alimento produce una selección de microorganismos. La mayor parte de los microorganismos patógenos y también algunos que destruyen la proteína, poseen un pH óptimo en la zona de pH neutro (pH 7,0). La masa del embutido escaldado sin calentar posee un pH de aproximadamente 5,8 a 6,2. Según la intensidad del tratamiento calorífico el pH se eleva en aproximadamente 0,2 a 0,5 unidades. Por lo tanto para la mayor parte de los microorganismos el medio del embutido escaldado les resulta favorable desde el punto de vista del pH.

Se diferencian tres grupos de alimentos:

a) **débilmente ácidos a neutros** con un pH > 4,5
b) alimentos **ácidos** con pH de 4,0 a 4,5
c) alimentos **marcadamente ácidos** con un pH < 4,0

Esta división es especialmente interesante para la inactivación de los microorganismos por calor. Es conocido desde hace tiempo que las conservas de fruta y las conservas ácidas con un **pH inferior a 4,5** deben ser calentadas en forma moderada (pasteurizadas) (~ 90°C) siendo a este pH microbiológicamente estables sin refrigeración. En este tipo de conservas las bacterias vegetativas y los hongos se inactivan mediante el calor y se disminuye, debido al bajo pH, la resistencia al calor de los esporos de clostridios y especies de bacilos impidiéndose así la germinación de los esporos.

3. Influencia de la actividad agua (a_w)

La conservabilidad de un alimento depende del contenido en agua del producto. No obstante, no todo el agua existente en el alimento se encuentra disponible para los microorganismos, dado que la misma puede encontrarse fijada (química o físicamente) en el alimento. Para medir el agua no fijada, la cual se encuentra disponible para los microorganismos, se introdujo el concepto de actividad agua. La actividad agua es el cociente entre la presión de vapor de agua en el alimento y la presión de vapor de agua pura a igual temperatura. La actividad agua puede adoptar un valor de 0 -1,0. El agua destilada, dado que no tiene sales u otras sustancias solubles, posee un valor a_w de 1,0; una sustancia totalmente libre de agua posee un valor a_w de 0,0. Para el embutido escaldado fresco las cifras oscilan entre 0,98 a 0,97. La carne cruda magra posee un valor a_w de 0,99. Los embutidos escaldados de conservación prolongada de pequeño calibre y secados pueden presentar valores de a_w hasta de 0,80. A partir de la composición química (contenido de agua) se deduce solo el valor del agua desde el punto de vista nutritivo puesto que la a_w además del contenido en agua está influida por la cantidad y naturaleza de las sustancias disueltas y de la forma en que el agua se encuentra ligada al alimento.

Los microorganismos requieren para sus procesos vitales, según especie y género, una mínima actividad agua. Si este agua libre no se encuentra a su disposición en el alimento, entonces los microorganismos no pueden, por ejemplo, producir ninguna alteración. Las diferentes especies microbianas poseen distinta capacidad para el crecimiento aún a determinados valores mínimos de a_w (ver Tabla 2).

Así, por ejemplo, las levaduras y hongos son bastantes más tolerantes con respecto a la a_w que las bacterias. También los requerimientos de a_w pueden variar marcadamente dentro de una misma especie bacteriana, tal como se observa en el ejemplo de

Tabla 2. Valores mínimos de actividad agua (a_w) de algunos microorganimos que resultan importantes en el deterioro o intoxicaciones alimenticias de embutidos escaldados (según RÖDEL, 1975)

a_w	
0,97	Clostridium botulinum tipo B, E (psicrótrofos), Pseudomonas
0,95	Bacillus, Citrobacter, C. perfringens, C. botulinum tipo A, B, Enterobacter, Proteus, Salmonella
0,90	Lactobacillus, Micrococcus, Staphylococcus, Streptococcus
0,86	Staphylococcus (aerobio)
< 0,85	Levaduras y hongos

Clostridium botulinum. El valor límite para el crecimiento de los clostridios tolerantes al frío (psicrótrofos) es de 0,97, mientras que los clostridios mesófilos pueden desarrollarse con una a_w de hasta 0,95.

También el potencial redox tiene influencia. El género *staphylococcus* se desarrolló en condiciones anaerobias (escaso oxígeno) solamente hasta un valor a_w de 0,90, mientras que en condiciones aerobias (concentración normal de oxígeno) ésta especie microbiana se desarrolla aún hasta una a_w de 0,86. Estos valores mínimos de a_w no obstante pueden ser considerados como valores orientativos, dado que pequeñas variaciones del medio, del pH o de la temperatura pueden afectar a dichos valores.

4. Influencia del potencial redox

Ya Pasteur reconoció la importancia del potencial redox para el desarrollo de los microorganismos, si bien en aquella época no se había logrado aún explicación teórica. No es suficiente determinar la condición de «aerobios» o «anaerobios», sino que también se debe contemplar el **grado de oxidación o reducción** de un alimento. Esto se conoce como potencial redox. El potencial se mide con un electrodo en minivoltios, depende del pH y se indica como valor Eh. Aumentos de Eh corresponden a incrementos en el efecto oxidativo y viceversa. El potencial redox es un importante factor que influye sobre el desarrollo de los microorganismos. Los microorganismos aerobios requieren un elevado potencial y los anaerobios un bajo potencial redox.

El potencial redox depende fundamentalmente de la composición química y además del contenido en oxígeno del alimento. La carne en estado fresco, sin haber sido sometida al calor, posee un potencial reductor (-50 mV); mediante el calentamiento se produce una disminución del potencial reductor. En el caso de los embutidos escaldados el potencial redox es variable (+20 a -100 mV) según las condiciones de picado (contenido de oxígeno) y las formulaciones. Mediante el empleo del vacío durante la elaboración, también por la adición de sustancias que actúan en forma reductora (ácido ascórbico, ascorbato) y así mismo por el envasado al vacío, se puede reducir sustancialmente el potencial redox. Durante el almacenamiento de conservas cárnicas microbiológicamente estables, disminuye el potencial redox. Sobre la base de una gran cantidad de determinaciones efectuadas en conservas totales calentadas, se puede admitir que con respecto al valor nutritivo, el óptimo rango de potencial redox para el embutido escaldado se encuentra entre -20 y -100 mV (WIRTH y LEISTNER, 1970).

5. Inactivación de microorganismos por calor

A una determinada temperatura, que en general se encuentra muy por encima de la óptima para su desarrollo, se producen daños, especialmente en las estructuras necesarias para la multiplicación celular. No se conoce con exactitud el mecanismo de la inactivación de microorganismos mediante el calor que, por otra parte no es importante para su aplicación práctica.

Según la especie microbiana, las formas **vegetativas** de las **bacterias** y de los hongos, incluidas las levaduras, son eliminadas dentro de un tiempo relativamente corto mediante la acción de las temperaturas de entre 60-90°C (pasteurizacion). La inactivación de las enzimas propias de la carne tiene lugar a temperaturas de entre 60 a 75°C salvo algunas pocas excepciones. La mayor resistencia al calor se encuentra en los **esporos** de las especies de *Clostridium* de crecimiento anaerobio y en las especies de bacilos aerobios, ambas pueden sobrevivir a temperaturas **superiores a 100°C** (esterilización) durante un tiempo más o menos prolongado. Mediante el calor la inactivación de una población de microorganismos no se produce en forma inmediata, sino que se rige conforme a regulaciones logarítmicas. Por cada unidad de tiempo muere solamente una cantidad determinada de microorganismos. Dicha cantidad caracteriza la sensibilidad de los microorganismos al calor y es tanto mayor cuanto más elevada es la temperatura. El siguiente ejemplo ayuda a mostrar una mayor claridad:

Tiempo de calentamiento (min)	Número de gérmenes por lata		Disminución (%)	
0	1.000	10^3	–	–
3	100	10^2	90	1D
6	10	10^1	90	2D
9	1	10^0	90	3D
12	0,1	10^{-1}	90	4D
15	0,01	10^{-2}	90	5D

A temperatura constante, el número de microorganismos disminuye por cada unidad de tiempo (en este caso 3 minutos) en un 90%, por ejemplo de 1000 a 100 gérmenes por lata. Luego de este período de 15 minutos existirían, de acuerdo con los cálculos, solamente 0,01 (10^{-2}) microorganismos por lata, es decir, que en 100 latas podría sobrevivir un microorganismo. Tal como demuestra el ejemplo no es posible la seguridad absoluta. Incluso tras de un prolongado tratamiento por calor la posibilidad de que en un número suficientemente grande de latas sobrevivan microorganismos es muy alto. Por ello se habla también de «esterilización práctica». El tiempo necesario para la disminución de una potencia de 10, es independiente del contenido de gérmenes inicial. Este tiempo es característico para cada especie microbiana y se le denomina tiempo de reducción decimal o valor D.

El valor D (tiempo de reducción decimal) indica el tiempo necesario para reducir a una población microbiana a temperatura constante, en un 90% o eventualmente en una potencia de 10. Ya que el valor D expresa solamente la mortalidad a una determinada temperatura, por ello la correspondiente temperatura se indica como index para D.

El Gráfico 1 muestra la tasa de mortalidad de un germen esporógeno (*Clostridium sporogenes*) a diferentes temperaturas. A una temperatura de calentamiento de 111°C

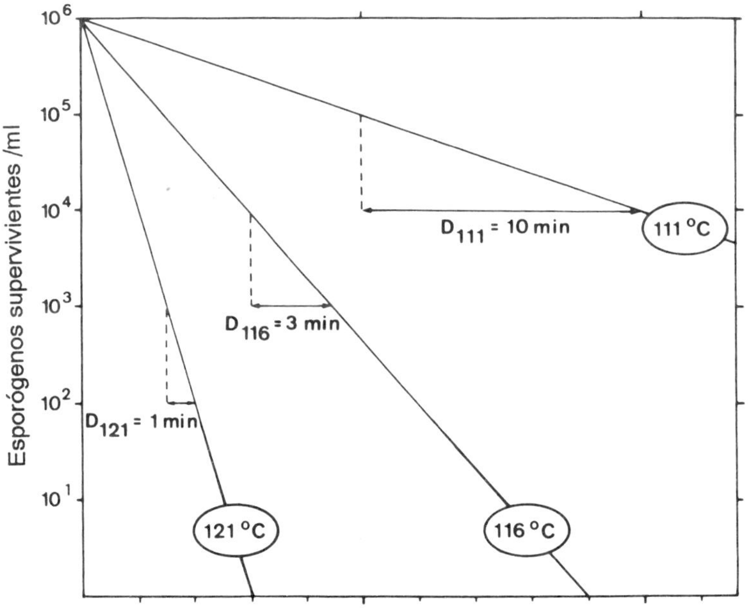

para reducir una población microbiana en un 90%, por ejemplo de 100.000 (10^5) a 10.000 (10^4). El valor D por lo tanto es de 10 minutos. Si se eleva la temperatura a 116°C, entonces el valor D es de 3 minutos, a 121°C solamente 1 minuto. Dicho de otra manera, para reducir el número de gérmenes de 10^6 a 10^0 ($\triangleq$ 6 D) se requieren 6 minutos a 121°C, 18 minutos a 116°C y hasta 60 minutos a 111°C.

Esta capacidad de resistencia al calor a diferentes temperaturas se caracteriza a través del valor z. **El valor z** indica la elevación de la temperaturas requeridas para reducir el tiempo de mortandad (valor D) a una décima parte. En el ejemplo del Gráfico 1 el valor z es de 10°C, es decir, que con una elevación de temperatura de calentamiento desde 111°C a 121°C se reduce el valor D de 10 minutos a 1 minuto para el 90%.

En la Tabla 3 se representan los valores D y z para gérmenes vegetativos y esporógenos. No obstante la **sensibilidad al calor** de los microorganismos se ve influida también por el **agua disponible y el pH.** A medida que aumenta la extracción de agua o se eleva la presión osmótica (disminución de la a_w) aumenta su resistencia al calor. La mayor resistencia al calor se encuentra, por lo general, en el rango de pH de 6,0 a 8,0, es decir, dentro de las características donde está incluido el embutido escaldado. Además del efecto del pH también desempeña un papel el tipo de ácidos; a igual pH los ácidos minerales disminuyen la resistencia al calor de manera más marcada que los ácidos orgánicos. La acción de las **sales** depende también del tipo de sal; los electrolitos que actúan favoreciendo la imbibición (por lo general cationes

Tabla 3. Resistencia al calor de bacterias que son importantes para la carne y productos cárnicos (STUMBO, 1973; TOMLINS y ORDAL, 1976; RUSSEL, 1982)

Microorganismos	Temp. °C	Valor D min	Valor z °C
Gérmenes vegetativos			
Enterobacteriaceae, Staph. aureus	60	0,1 - 4	4 - 20
Lactobacillus, Streptococcus, Micrococcus	70	0,1 - 11	3 - 20
Esporógenos psicrótrofos			
Clostridium botulinum Tipo B, E	80	0,3 - 40	7 - 11
Esporógenos mesófilos			
Bacillus lichiniformis, B. cereus, B. subtilis, C. perfringens	100	3 - 14	6 - 10
C. botulinum Tipo A, B	121	0,1 - 0,2	8 - 10
C. sporogenes	121	0,1 - 1,5	8 - 13
Esporógenos termófilos			
C. nigrificans, C. thermosaccharolyticum, B. stearothermophilus	121	2 - 6	9 - 12

monovalentes) disminuyen la resistencia al calor, mientras que aquellos que perjudican la imbibición (cationes bivalentes, especialmente magnesio y calcio) elevan la resistencia al calor. La disminución de la resistencia al calor provocada por los fosfatos se aclara precisamente debido al efecto de imbibición de estas sustancias. Una gran influencia en los productos cárnicos curados la posee también el **agregado de nitrito,** porque su acción es bactericida o bacteriostática. Finalmente la resistencia al calor depende también de la edad y estado de las células: las células jóvenes son más sensibles al calor que las viejas.

En los últimos años la afirmación de que la muerte de los microorganismos tiene lugar de acuerdo con la reducción logarítmica estricta, ha sido reiteradamente puesta en tela de juicio, discutiéndose las más diversas hipótesis para su interpretación de las desviaciones de la Ley Logarítmica. No obstante, por el momento estas hipótesis solamente son interesantes desde el punto de vista teórico. En la práctica se ha impuesto, que la inactivación por calor de los microorganismos ocurre de acuerdo con la reducción logarítmica y no hay ningún motivo para la corrección.

6. Determinación del efecto de calentamiento (valor F)

Por qué el **Clostridium botulinum** es un peligroso formador de toxinas (provoca intoxicaciones alimenticias que frecuentemente terminan en la muerte), se le ha elegido como el microorganismo orientativo para determinar el efecto del tratamiento calorífico en la esterilización de conservas. Para garantizar una suficiente seguridad se toma como base el **concepto 12-D** para la destrucción de los*Clostridium botulinum*. El calentamiento debe ser tan intenso que una espora de *C.botulinum* por envase debe ser reducida a 10^{-12}, o sea que en un billón de latas debería sobrevivir solamente una espora. Se supone que la seguridad es excesiva, sin embargo, se debe tener en cuenta que el supuesto contenido inicial de esporas puede ser mayor. Además deben eliminarse simultáneamente también aquellos esporógenos que son capaces de deteriorar la conserva y que presentan una mayor capacidad de resistencia al calor. Respecto del deterioro el *C. sporogenes* es el que posee mayor capacidad de resistencia al calor. Los esporógenos termófilos resistentes al calor deben tenerse en cuenta solamente cuando las temperaturas de almacenamiento son elevadas, porque por debajo de los 40°C no crecen.

El efecto del tratamiento calórico requerido para la destrucción de las esporas se calcula de acuerdo con la siguiente ecuación, en donde el tratamiento térmico (F_s) se expresa en minutos a 121,1°C:

$$F_s = D\ (\log a - \log b)$$

Aquí *a* es el contenido de esporas antes y *b* el contenido de esporas (seguridad) después del calentamiento. Para *C. botulinum* se trabaja con un valor $D_{121,1°C} = 0{,}21$ min y con z = 10°C. Para reducir un supuesto número de gérmenes en 12 potencias de 10, debe calentarse 12 veces 0,21 min = 2,52 min a 121,1°C. Esto se designa también como un **«botulinum-cook»**. Pero dado que la muerte de las esporas comienza a temperaturas más bajas y que en condiciones prácticas no es posible alcanzar los 121,1°C inmediatamente en todos los puntos del autoclave, en el envase se incluyó el **valor F** como valor de comparación. Como unidad de referencia para el cálculo del valor F en productos levemente ácidos, dentro de los cuales se encuentran también los embutidos escaldados, se eligió el efecto de mortandad (valor de letalidad) de 1 minuto a *121,1°C (≙ 250°C Fahrenheit) estableciéndose como F= 1.*

El F se indica frecuentemente con diferentes índices; así tenemos por ejemplo:

F_c = valor F respecto de la medida geométrica del recipiente
F_s = suma de los efectos de mortandad en todos los puntos del recipiente

Sobre la base de la temperatura de referencia determinada y el valor z, pueden determinarse los valores de letalidad (valores L) correspondientes a cada temperatura de acuerdo con la siguiente ecuación:

$$L = 10^{\frac{T - 121,1°C}{Z}}$$

Donde T es la correspondiente temperatura (temperatura en el núcleo), 121,1°C la temperatura de referencia y z = 10°C para *Clostridium botulinum.* Con ello se puede calcular el tiempo para cualquier otra temperatura, equiparable al efecto de esterilización de 1 minuto a 121,1°C. Por ejemplo para 110°C se da un valor L de 0,077. Para

Tabla 4. Valores L para el rango de temperatura de 90°C a 129°C

°C	Valor L	°C	Valor L	°C	Valor L	°C	Valor L
90	0,001	100	0,008	110	0,077	120	0,774
91	0,001	101	0,010	111	0,097	121	0,975
92	0,001	102	0,012	112	0,123	122	1,227
93	0,002	103	0,015	113	0,154	123	1,545
94	0,002	104	0,019	114	0,194	124	1,945
95	0,002	105	0,024	115	0,245	125	2,448
96	0,003	106	0,031	116	0,308	126	3,082
97	0,004	107	0,039	117	0,388	127	3,881
98	0,005	108	0,049	118	0,489	128	4,885
99	0,006	109	0,062	119	0,615	129	6,150

lograr el mismo efecto de mortandad como en el caso de 1 minuto a 121,1°C, se necesitaría a 110°C, 13 minutos (1:0,077).

En la Tabla 4 se representa para cada temperatura los correspondientes valores letales («valores F parciales»). En los valores de la Tabla 4 se puede reconocer que con elevaciones de temperatura de 10°C aumenta en 10 veces el efecto letal. Así para 1 minuto a 100°C corresponde un valor de 0,008, para un minuto a 110°C de 0,077 y un minuto a 120°C un valor F de 0,774.

Un método sencillo y suficiente preciso para determinar el efecto de calentamiento (valor F) alcanzado en el producto durante la fase de calentamiento y enfriado, se basa en medir la temperatura por encima de los 90°C termoeléctricamente en intervalos de un minuto en el punto de enfriamiento del contenido y los valores L de la Tabla 4 (valores F parciales) sumarlos al valor F (ver Gráfico 2).

Para la determinación del efecto del calor en un tratamiento térmico, existen también métodos matemáticos a disposición (método de Ball, adaptado por TAKACS, WIRTH y LEISTNER, 1969). Pero, no obstante, debido a su interpretación más sencilla se ha impuesto hasta ahora solamente el método de adición. El método matemático va a adquirir en el futuro seguramente mayor importancia debido a la introducción de microprocesadores para la regulación y manejo de procesos de

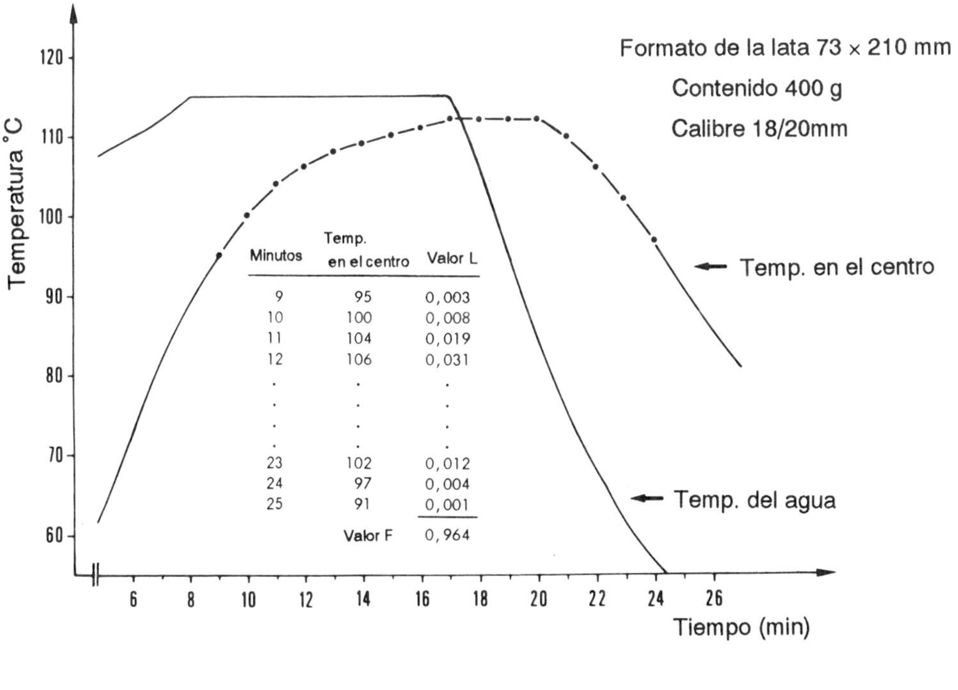

Gráfico 2. Determinación del valor F tomando como ejemplo la evolución de la temperatura en el centro de salchichas

calentamiento. Este método posibilita, conociendo determinados factores específicos, de transferencia de calor en el producto, calcular por anticipado los valores de esterilización. Con este método es posible, frente a una modificación en el formato de lata, o de la temperatura inicial del contenido o de la temperatura de calentamiento, estimar el tiempo necesario para el tratamiento por calor o el efecto de tratamiento calorífico resultante.

En la elaboración de **productos calentados a elevada temperatura** (conservas totales), en el ámbito industrial se impuso en general el cálculo del efecto del tratamiento calorífico mediante el valor F. En cambio en los establecimientos más pequeños predomina la elaboración sobre la base de datos determinados empíricamente (temperatura del agua y tiempo de permanencia). La producción de **productos frescos** cuyo tratamiento por calor tiene lugar a temperaturas por debajo de los 100°C, se regula el tratamiento solamente sobre la base de la obtención de una determinada temperatura interna, mientras que para otros alimentos se calcula también en estos márgenes de temperatura (pasteurización) con valor F o P. Sin embargo, debido a que la resistencia al calor de los microorganismos vegetativos que deben ser eliminados, se encuentra marcadamente influida por la composición del alimento, existen en la bibliografía para las mismas especies microbianas, datos muy diferentes para los valores D y z, siendo que tampoco se presentan valores uniformes de pasteurización. También es problemático la fijación de un microorganismo tipo de orientación. Para productos cárnicos ya se han propuesto valores F para las temperaturas de pasteurización (REICHERT *et al.* 1979; WOJCIECHOWSKI, 1980, 1981), en donde se trabajó con estreptococos resistentes al calor. Sin embargo, los valores presentados difieren marcadamente. Antes de usar tales cálculos del valor F con alimentos se requieren más investigaciones. Finalmente, en los productos frescos debería hacerse un cálculo para las temperaturas de pasterización, pues solamente la indicación de la temperatura en el centro del producto no permite ninguna afirmación exacta sobre el efecto de calentamiento total. Si, por ejemplo, se calientan embutidos de diferente calibre hasta conseguir una temperatura igual en el centro del producto entonces forzosamente el de mayor calibre ha sufrido un efecto de calentamiento más elevado debido al aumento más lento de la temperatura. Esta diferencia se incrementa conforme va aumentando el calibre.

7. Determinación de la temperatura en el centro del producto

Para la determinación de la temperatura en el centro del embutido se ofrecen en el comercio los aparatos más variados, desde simples aparatos de medición de temperatura con sensor de punción hasta equipos completos con registro automático de temperatura y suma del valor F. Como elementos sensores automáticos se emplean principalmente, debido a su pequeño tamaño, los pares termoeléctricos. Se recomienda un control y eventualmente un ajuste de los aparatos a intervalos regulares; para ello es apropiado el control en agua en ebullición (tener en cuenta la altura sobre el nivel del mar de la localidad) y en agua helada (0°C).

Antes de medirse la evolución de la temperatura en el producto cárnico es necesario tener un conocimiento de la distribución de la temperatura en la instalación donde se efectúa el tratamiento calorífico. Sobre todo en el autoclave puede haber, de acuerdo con la antigüedad y el tipo de construcción, diferencias de temperatura en mayor o menor medida. Generalmente se encuentra el punto más frío en el punto medio geométrico del autoclave. Para autoclaves estáticos este punto puede encontrarse también en otros lugares debido a la estratificación de la temperatura. Para mejorar la distribución de la temperatura en el autoclave, para recipientes muy pequeños o rectangulares, se deben colocar separadores en las jaulas con los que se consigue una mejor mezcla del agua en el autoclave.

Para determinar el efecto de calentamiento se debe colocar el sensor de temperatura en la zona térmica desfavorable (cold point) del recipiente. En la esterilización de productos líquidos, viscosos, o consistentes en el autoclave de rotación, donde los recipientes rotan en la jaula del autoclave «cabeza con cabeza», la zona antes mencionada se encuentra en la cercanía del centro geométrico de los recipientes. No obstante para el caso de la masa (por ejemplo Lyoner, Jagdwurst, etc.) la cocción por rotación no acelera el calentamiento. Para la cocción estática de productos líquidos o productos sólidos rellenados de líquidos (salchichas en salmuera) en donde la transferencia de calor tiene lugar por convección, dicha zona se encuentra en el tercio inferior del recipiente y para contenidos consistentes o viscosos (masa) en el punto geométrico medio del recipiente (Gráfico 3). Para garantizar una suficiente seguridad debería medirse siempre la evolución de la temperatura en por lo menos tres recipientes y la cocción debe repetirse varias veces en condiciones de producción.

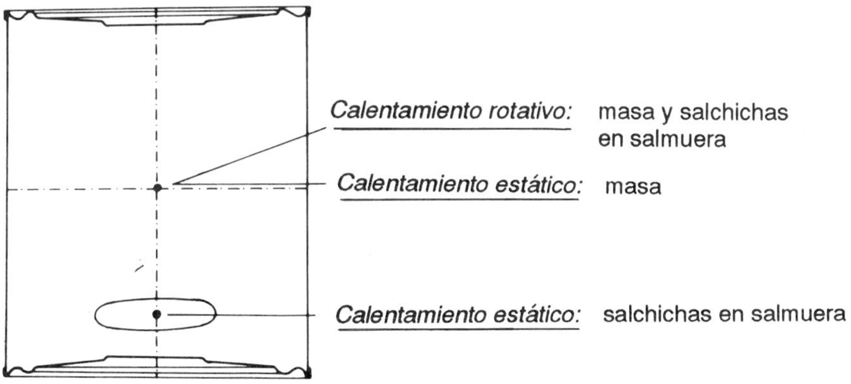

Gráfico 3. Influencia del contenido y del proceso de esterilización sobre la ubicación de la zona térmica desfavorable (cold point)

8. Fijación del efecto de calentamiento

Los factores antes mencionados que influyen sobre la conservabilidad con o sin temperatura, pH, a_w potencial redox, no deben ser considerados en el alimento de manera aislada sino que existe un efecto conjunto de los distintos factores. Esta relación ya conocida desde hace tiempo, de que la estabilidad microbiológica del alimento se basa no sobre el efecto de factores individuales sino en la combinación de los mismos, es denominada por LEISTNER y RÖDEL (1976) como «efecto de obstáculos».

Para embutidos escaldados son importantes los obstáculos t (baja temperatura), F (elevada temperatura), Eh (disponibilidad de oxígeno disminuida) y sustancias conservadoras (por ejemplo en el curado y ahumado) y con ciertas limitaciones también pH (acidificación). Sin embargo, en las décadas pasadas se prestó especial atención solamente al tratamiento por calor y a la conservación en refrigeración. En los últimos años se ha llegado al conocimiento de que pequeñas variaciones de los distintos «obstáculos» poseen un gran efecto en la suma de las mismas, pudiendo por lo tanto modificar sustancialmente la estabilidad de un producto cárnico tanto en el aspecto positivo como en el negativo. LEISTNER, (1984) ilustra ésto con el ejemplo de una balanza (Figura).

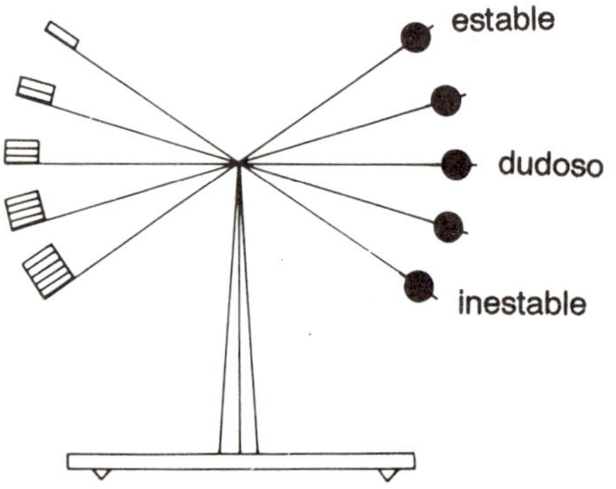

Figura 1.
«Balanza» para representar el concepto de obstáculos

Por ejemplo para la estabilidad de un embutido escaldado es importante si el pH se encuentra en 6,4 ó 6,0, la a_w en 0,975 ó 0,970, el valor F en 0,4 ó 0,6 o eventualmente si el producto se encuentra durante el almacenamiento refrigerado a 10°C o sin refrigeración. El efecto de los distintos «obstáculos» se puede comparar con aquel de las pesas. Cada aumento de los «obstáculos» (pesas) de forma individual o en grupo afecta a la estabilidad de manera positiva, siendo que la suma define al respecto si el producto se encuentra inestable, estable o en un estado no definido. Esto se tendrá en cuenta para la determinación del efecto de calentamiento.

Para fijar el óptimo efecto del tratamiento por calor requerido en el producto correspondiente, debería determinarse la resistencia al calor de los microorganismos en el contenido del producto respectivo. Dado que en condiciones prácticas esto sólo es posible con ciertas limitaciones, se puede efectuar la determinación sobre la base de valores orientativos. Así es que en 1970 el Departamento Federal de Investigación en Carnes sugirió clasificar las conservas cárnicas en base al tratamiento térmico recibido y se clasificaron en semiconservas, conservas tres cuarto, conservas totales y conservas para el trópico. En la Tabla 5 se consideran los nuevos trabajos sobre embutido escaldado.

Tabla 5. Clasificación microbiológica de embutidos escaldados (según LEISTNER, WIRTH y TAKACS 1970; LEISTNER, HECHELMANN y LÜCKE, 1981; LEISTNER, 1979, 1984; HECHELMANN y LEISTNER, 1984; LÜCKE, 1984)

	Temperatura en el centro Denominación y tiempo de almacenamiento	Efecto de calentamiento (F_c) - a_w/ pH	Mediante el calentamiento se eliminan:
I	**Producto fresco** 6 semanas a < 5°C	65°C a 75°C	microorganismos vegetativos
II	**Conservas calentadas en recipientes abiertos*** 1 año a < 10°C	1 hora > 98°C (F_c > 0,4)	ídem I y esporógenos psicrótrofos
III	**Conservas tres cuarto*** 1 año a < 10°C	F_c = 0,6 a 0,8	ídem II y esporas de especies de bacilos mesófilos
IV	**Conservas totales** 4 años a 25°C	F_c = 4,0 a 5,5	ídem III y esporas de especies de clostridium mesófilos
V	**Conservas para trópico** -1 año a 40°C	F_c = 12,0 a 15,0	ídem IV y esporas de especies de bacilos y Clostridium termófilos
VI	**Productos estables en estanterías de autoservicio** a_w-SSP 1 año a 20°C	75°C a 80°C a_w< 0,95	microorganismos vegetativos; los esporógenos sobrevivientes son inhibidos
	F-SSP algunos meses a 25°C	F_c > 0,4 pH < 6,5 con Nitrito a_w< 0,97 sin Nitrito a_w< 0,96	ídem II; los esporógenos supervivientes son inhibidos

*en tanto no sean F-SSP

El **producto fresco** se calienta solamente a una temperatura central de 65 a 75°C. Con este calentamiento se consigue en general la inactivación de los microorganismos vegetativos. Dado que no es imposible que en este tipo de productos sobrevivan cepas psicrótrofas de *Clostridium botulinum* tipo B y E, que poseen capacidad de reproducción también por debajo de los 10°C, se hace necesario un **almacenamiento por debajo de los 5°C** durante un tiempo limitado. Sin embargo con un contenido inicial más elevado de gérmenes sobreviven también frecuentemente estreptococos resistentes al calor, los que con una elevada reproducción originan una acidificación de los productos. Además del tipo de envase o de la tripa o la contaminación provocada durante el cortado (preenvasado) influye considerablemente sobre la conservabilidad del producto fresco. Esto se estudia en el capítulo «El producto fresco y el preenvasado».

Sobre todo en el ámbito artesanal, ya sea debido a la falta de autoclaves, en parte también debido a las diferencias sensoriales que aparecen por tratamiento calorífico más elevado el embutido escaldado es calentado en **recipientes abiertos** por ebullición o en la cámara de cocción. En estas se consiguen solamente temperaturas internas de 97 a 100°C según la presión atmosférica existente. Mediante este tratamiento térmico se inactivan solamente los microorganismos vegetativos y las esporas de las cepas psicrótrofas de *Clostridium botulinum*, siendo necesario, por lo tanto, almacenar estas conservas tratadas por calor en recipientes abiertos a **temperaturas por debajo de los 10°C**. De esta manera la conservabilidad mínima tiene una duración de hasta 12 meses. La temperatura de almacenamiento de 10°C no debe ser superada porque sino pueden crecer microorganismos mesófilos formadores de esporos que no han sido eliminados por el tratamiento térmico. En las F-SSP se describen las condiciones que deben ser exigidas para la elaboración de conservas calentadas en recipientes abiertos que no requieren refrigeración.

En la práctica se emplea también a menudo **«la esterilización fraccionada»** (tindalización). Por esta denominación se entiende un tratamiento térmico interrumpido. Las conservas se calientan en recipiente abierto almacenándolas posteriormente 1 a 2 días a temperatura ambiente (20 a 25°C). En este tiempo crecerían las esporas resistentes al calor que no fueron destruidas. Luego tiene lugar un segundo calentamiento por el cual las esporas germinadas y que se encuentran ahora como microorganismos vegetativos, son inactivadas. Sin embargo, este procedimiento no debería sugerirse desde el punto de vista microbiológico porque no es seguro que realmente se hayan desarrollado todos los microorganismos esporulados en el tiempo entre dos calentamientos. Las conservas obtenidas de esta manera requieren también por tanto un almacenamiento a temperaturas inferiores a los 10°C.

Para evitar las modificaciones sensoriales que se producen con tratamientos caloríficos más elevados en el embutido escaldado (socarrado, deficiencias en la consistencia, etc.), se someten a estos a un calentamiento de **conservas tres cuartos** a 110 a 115°C y a valores F de 0,6 a 0,8. Mediante este tratamiento se destruyen los microorganismos vegetativos, los esporógenos psicrótrofos (*Clostridium botulinum* tipo B, E) y esporas de bacilos mesófilos, pero no las cepas proteolíticas resistentes al calor de *Clostridium botulinum* tipo A y B para lo cual se requiere un valor F de 2,5. A fin de evitar la multiplicación de estos esporógenos es necesario almacenar el producto a **temperaturas inferiores de 10°C**. El almacenamiento puede ser superior a un año. Sin embargo en la práctica este tipo de conservas tres cuartos, sobre todo en el caso de salchichas, se almacenan sin mayor refrigeración a temperatura ambiente. Las indicaciones de conservación mínima superan a menudo el año. La razón por la cual por lo general no se producen mayores pérdidas teniendo en cuenta el riesgo de crecimiento del *Clostridium botulinum* y también el de *Clostridium sporogenes*, se podría deber a que el inicial contenido en esporas es bajo antes del tratamiento por calor o a la acción de diversos **«obstáculos» (F-SSP).**

Para **conservas totales** no es suficiente el «botulinum cook» (F = 2,5) sino que se calienta a valores F de 4,0 a 5,5 para asegurar de esta manera también la destrucción de *Clostridium sporogenes* resistente al calor (concepto 5-D). **A temperatura ambiente (25°C)** pueden conservarse hasta cuatro años. En éstas la conservación se ve limitada no por el factor microbiológico sino por un deterioro abiótico, es decir que en conservas totales un almacenamiento prolongado a temperaturas elevadas produce modificaciones químicas. No se conservarán a temperaturas de 40°C.

Para la obtención de **conservas para zonas tropicales** se requieren valores F de 12,0 a 15,0, con éstos se inactivan todas las especies microbianas. Entre los embutidos escaldados se pueden elaborar solamente salchichas de una calidad aceptable teniendo en cuenta las correspondientes tecnologías (calentamiento elevado durante corto tiempo). Dado que con **temperaturas de almacenamiento de 40°C** se produce una rápida degradación química (abiótica) del contenido, el tiempo de almacenamiento no debería superar el año.

Los **SSP (Shelf Stable Products)** son productos calentados moderadamente en recipientes que impiden la penetración de microorganismos (latas, frascos, plásticos, tripas, etc.). Se conservan **sin refrigeración.** En los SSP se diferencia entre a_w-SSP, F-SSP y pH-SSP según el obstáculo que resulta en principio más importante para la estabilidad microbiológica del producto (LEISTNER, 1983). Los pH SSP no se encuentran en la Tabla 5 dado que por ahora no desempeñan ningún papel en nuestros productos como embutidos escaldados.

Dentro de los a_w-SSP contamos con la mortadela italiana y el embutido escaldado de conservación prolongada. Para crear la estabilidad microbiológica es requisito indispensable que mediante el tratamiento del producto a aproximadamente 75°C se destruyan los microorganismos vegetativos. Mediante la disminución de la **a_w por debajo de 0,95** a través de la regulación de la formulación o en el secado, se impide que los microorganismos esporógenos sobrevivientes al calentamiento se puedan reproducir. Incluso durante el almacenamiento disminuye el número de esporas porque las esporas de las especies de bacilos, si bien germinan a valores de a_w inferiores a los citados, no pueden crecer dentro de ellos. Un reducido potencial redox favorece a su estabilidad dado que inhibe a los bacilos tolerantes a la a_w. Los a_w-SSP pueden almacenarse en tripas permeables **a 20°C hasta un año** y en recipientes impermeables es posible un almacenamiento más largo. El deterioro abiótico limita la conservabilidad.

En los **F-SSP** (por ejemplo, productos en tripa tratados en autoclave, conservas calentadas en recipientes abiertos con valor a_w regulado) son destruidos mediante el calor los microorganismos vegetativos y los esporógenos psicrótrofos. Los restantes esporogenos sobrevivientes son lesionados subletalmente debido a este tratamiento por calor en combinación con la disminución de la a_w y a otros «obstáculos» de tal forma que tampoco puedan crecer incluso durante el almacenamiento sin refrigeración. Para los embutidos escaldados con adición del nitrito, es suficiente una disminución de la **a_w por debajo de 0,97**, mientras que en los**«productos blancos»** (sin nitrito), **la a_w debe ser inferior a 0,96**. Si a su vez se mantiene un **pH inferior a 6,5** entonces estos se **conservan sin refrigeración durante algunos meses**. Cuanto más elevado es el tratamiento por calor, tanto mayor es la seguridad que ofrece su conservación.

En la elaboración de productos SSP, es fundamental que no exista la posibilidad de una recontaminación debido, por ejemplo, a una permeabilidad de los envases. Esto es válido especialmente para los productos envasados en tripa, tratados en autoclave, en los que se ha podido comprobar altos porcentajes de permeabilidad usando grapas.

9. Optimización de las condiciones de calentamiento

El efecto del tratamiento calórico (valor F) no actúa solamente sobre la inactivación de microorganismos y enzimas sino que modifica también al producto en sus características sensoriales y nutritivas. Un efecto positivo, por ejemplo, es lograr el deseado grado de cocción. La medida de estas modificaciones dependen de diversos factores como calidad del producto, tipo de envase o formato del mismo, temperatura y tiempo de tratamiento calorífico y naturaleza del proceso del calentamiento del mismo. Al igual que en la inactivación térmica de los microorganismos por calor, acontecen modificaciones químicas, físicas y sensoriales que siguen en parte un proceso logarítmico. Para la representación de estas modificaciones se aconseja el **valor c** (cook value) empleándose en parte en la elaboración de conservas de hortalizas. El valor c se define como la acción de una temperatura de 100°C durante el tiempo de un minuto. El cálculo del valor c se realiza en forma análoga al del valor F pero con otra temperatura de referencia y otro valor z.

Lamentablemente en el marco de los daños por cocción y el deseado hervido para productos cárnicos, especialmente en la correlación temperatura/tiempo, existen muy pocas investigaciones y además con datos muy diferentes entre sí. Antes de poderse implantar un cálculo de valor c en el ámbito de los productos cárnicos, se requieren más investigaciones, pues las modificaciones químicas (degradación de sustancias, vitaminas), físicas (color, separación de gelatina, producto consistente) y sensoriales (aspecto, consistencia, aroma y sabor) debidas al calentamiento serían muy diferentes y dependerian fundamentalmente de la composición del alimento. Si se conocieran los valores z específicos de los productos, se podrían entonces seleccionar una o varias modificaciones como «criterio» pudiéndose optimizar las condiciones del calor mediante la determinación del valor c (mínimo daño posible del producto) teniendo en cuenta la seguridad microbiológica.

El objetivo de la optimización debería ser, por lo tanto, hallar las condiciones de calentamiento, a través de métodos gráficos o de cálculos, que presenten mediante una suficiente seguridad microbiológica un escaso valor c y en el que la diferencia de valor c entre el punto medio térmico y la zona periférica del contenido de la conserva sea muy escasa (REICHERT, 1977, 1980).

Bibliografía

1. HECHELMANN, H.; L. LEISTNER: Mikrobiologische Vorgänge beim Kühlen und Gefrieren von Fleisch und Fleischerzeugnissen. Mitteilungsblatt der BAFF Nr. 56 vom 01. 06. 1977, 3088 - 3093

2. HECHELMANN, H.; L. LEISTNER: Mikrobiologische Stabilität autoklavierter Darmware. Mitteilungsblatt der BAFF Nr. 84 vom 01. 06. 1984, S. 5894 - 5899

3. LEISTNER, L.: Mikrobiologische Einteilung von Fleischkonserven. Die Fleischwirtschaft **59**, 1452 - 1458 (1979)

4. LEISTNER, L.: Hürden-Technologie für die Herstellung stabiler Fleischerzeugnisse. Mitteilungsblatt der BAFF Nr. 84 vom 01. 06. 1984, S. 5882 - 5889

5. LEISTNER, L.; H. HECHELMANN; F.-K. LÜCKE: Clostridium botulinum in Brühwurst. Mitteilungsblatt der BAFF Nr. 72 vom 01. 06. 1981, S. 4591 - 4596

6. LEISTNER, L.; W. RÖDEL: In: Intermediate Moisture Foods (R. Davies, G. G. Birch and K. J. Parker), p. 120, Applied Science Publ. London (1976)

7. LEISTNER, L.; F. WIRTH; J. TAKÁCS: Einteilung von Fleischkonserven nach der Hitzebehandlung. Die Fleischwirtschaft **50**, 216 - 217 (1970)

8. LÜCKE, F.-K.: Mikrobiologische Stabilität im offenen Kessel erhitzter Wurstkonserven. Mitteilungsblatt der BAFF Nr. 84 vom 01. 06. 1984, S. 5900 - 5905

9. REICHERT, J. E.: Der c-Wert als Mittel zur Prozeßoptimierung. Zeitschrift für Lebensmittel-Technologie und -Verfahrenstechnik **28**, 1 - 7 (1977)

10. REICHERT, J. E.: Optimierung der Kochbedingungen für Brüh- und Kochwürste. Die Fleischerei **31**, 1173 - 1176 (1980)

11. REICHERT, J. E.; H. BREMKE; J. BAUMGART: Zur Ermittlung des Erhitzungseffektes für Kochschinken (F-Wert). Die Fleischerei **30**, 624 - 633 (1979)

12. RÖDEL, W.: Einstufung von Fleischerzeugnissen in leicht verderbliche und lagerfähige Produkte aufgrund des pH-Wertes und des a_w-Wertes. Dissertation, Berlin (1975)

13. RUSSEL, A. D.: The Destruction of Bacterial Spores. Academic Press, London (1982)

14. STUMBO, C. R.: Thermobacteriology in Food Processing. Academic Press, New York (1973)

15. TAKÁCS, J.; F. WIRTH; L. LEISTNER: Berechnung der Erhitzungswerte (F-Werte) für Fleischkonserven. I. Mitt.: Theoretische Grundlagen. Die Fleischwirtschaft **49**, 877 - 883 (1969); II. Mitt.: Graphische Methode und Additionsmethode. Die Fleischwirtschaft **49**, 1042 - 1047 (1969); III. Mitt.: Mathematische Methode. Die Fleischwirtschaft **49**, 1166 - 1172 (1969)

16. TOMLINS, R. I.; Z. J. ORDAL: Thermal Injury and Inactivation in vegetative Bacteria. In: Inhibition of vegetative Microbes . Academic Press, London (1976)

17. WIRTH, F.; L. LEISTNER: Redoxpotentiale in Fleischkonserven. Die Fleischwirtschaft **50**, 491 - 492 (1970)

18. WOJCIECHOWSKI, J.: Charakteristik und Bewertung der technologischen Verwendbarkeit thermobakteriologischer Pasteurisationstests von Fleischkonserven. I. Mitt.: Dezimale Reduktionszeiten und Koeffizienten der Pasteurisationseffekte. Die Fleischwirtschaft **60**, 1726 - 1731 (1980); II. Mitt.: Charakteristik der Hitzewiderstandsfähigkeit der Aerobier, Pasteurisierungswert und kritische Punkte von Halbkonserven. Die Fleischwirtschaft **61**, 437 - 442 (1981).

Capítulo 10

Productos frescos y preenvasado

K. TÄNDLER

Los embutidos escaldados como **productos frescos** son habitualmente almacenados en refrigeración, a veces en congelación y a su vez, en algunos casos, envasados y otros sin envasar. Los **factores** que limitan las posibilidades de almacenamiento y que determinan el mantenimiento de las buenas cualidades para el consumo son siempre los mismos: el oxígeno, la luz, los microorganismos, la temperatura y la desecación. El pH, la a_w y el potencial redox influyen también sobre la conservabilidad de los productos cárnicos almacenados. Los detalles indicados aquí son aplicables tanto para **los embutidos escaldados frescos** envasados, como también para los sin envasar. Como producto fresco entendemos aquel que fue sometido a un tratamiento por calor de baja temperatura (temperatura en el centro de 65-75°C aproximadamente). Los embutidos escaldados sometidos a un calentamiento más intenso y a un posterior secado, son tratados en el capítulo «Productos de conservación prolongada». Con respecto a la nueva reglamentación sobre indicaciones en los alimentos (1), las declaraciones exigidas en el artículo 7 sobre fecha en conservación mínima ocasionan problemas especialmente en los productos frescos (semiconservas) porque presentan una reducida conservabilidad.

1. Conservación en refrigeración

Influencia del oxígeno sobre la conservabilidad

En general se sabe que los microorganismos disminuyen la conservación de la calidad. También se conoce en gran medida el efecto que sobre la conservabilidad poseen el pH y la a_w. Por el contrario los fabricantes frecuentemente desconocen el efecto perjudicial que posee el oxígeno sobre la calidad.

En el aire se encuentra aproximadamente un 21% de **oxígeno.** También éste se encuentra disuelto en el agua potable. En los productos cárnicos ésta se adiciona sobre todo durante el picado. Así es que durante el picado y el procesado con la cúter las partículas de carne y grasa entran en un contacto estrecho con el oxígeno del aire. Esto se reconoce muy bien, por ejemplo si se introduce carne de color rojo oscuro en la picadora, las partículas de carne que salen de la misma presentan, no obstante, un color rojo claro. El oxígeno se ha unido a la mioglobina de la carne (oximioglobina). En una masa más compacta, como en el caso de los embutidos escaldados existen pequeñísimas burbujas de aire. Además, a través de agua añadida, se agrega el oxígeno disuelto en ella al producto. Debido a esta circunstancia se considera que en un embutido escaldado se produce una marcada influencia del oxígeno añadido.

En los productos cárnicos el oxígeno oxida el **color.** En este caso la mioglobina de color rojo evoluciona desde un color gris a rojo amarronado (metmioglobina). Pero el oxígeno oxida también las **grasas.** En las grasas de la carne las reacciones son originadas por contacto con el oxígeno. En el caso de emplearse tejidos grasos frescos sólo se detectan anormalidades en el sabor de los embutidos escaldados (productos de conservación prolongada o conservas), después de un almacenamiento prolongado. En cambio, cuando se agregan grasas más viejas, estas anormalidades se presentan después de unos pocos días. También después de un corto período de almacenamiento se detectan sensorialmente las modificaciones oxidativas que tienen lugar en los **extractos etéreos de las especias (aceites)**. Así es que, por lo general, los embutidos escaldados tras una o dos semanas de almacenamiento en refrigeración no presentan un sabor tan aromático como el de aquellos elaborados inmediatamente.

Se consigue un tiempo más largo en almacenamiento de los embutidos escaldados cuando la masa se elaboró mediante una **cúter de vacío**, lográndose con ella una marcada limitación en la penetración de oxígeno. La extracción del aire aumenta la conservación del color y mejora la conservación del sabor. El nitrógeno purificado que se introduce en la cúter de vacío para disminuir el aumento de la consistencia que aparece como consecuencia de la extracción de aire, actúa en forma inerte en la masa.

La disminución de la calidad por acción del oxígeno se detecta más rápidamente en los productos cárnicos almacenados **sin envasar**, como por ejemplo en los embutidos escaldados cortados en rodajas. Por el contrario, mediante el envasado de éstos con películas (preenvasado) se reduce dicha pérdida de calidad, porque el nivel de permeabilidad al gas (permeabilidad al oxígeno) de la película determina en gran medida el grado de conservabilidad.

Para embutidos escaldados se emplean preferentemente **laminados mixtos** para envasado al vacío. La permeabilidad se encuentra entre valores de 50 y 0,1 cm^3 de O_2

(oxígeno) por m^2 y día con graduaciones a aproximadamente 40, 30, 15,8 cm^3 de O_2. Estos datos indican que toda película transparente usada como envase deja pasar **oxígeno** durante el almacenamiento, pero también que las diferencias entre distintas películas son muy grandes. También esta acción del oxígeno provoca una pérdida continua de la calidad, porque por la acción del oxígeno no sólo se ve afectada la conservación del color y el sabor. Diferentes especies microbianas se desarrollan mejor cuando existe un aumento en el contenido de O_2 a través del envase.

En forma similar a lo que ocurre con los diferentes materiales para el envasado existen diferencias en la permeabilidad al oxígeno de las distintas **tripas naturales y artificiales** empleadas para envasar embutidos escaldados; estas diferencias darán origen a diferentes tiempos de conservación del color y del sabor en la superficie del embutido.

Efectos de la iluminación sobre la conservabilidad

La luz se usa en la presentación y venta del producto, pero su uso durante un tiempo prolongado origina una pérdida de la calidad del producto cárnico. Aquí la luz actúa como «proveedor de energía» para los procesos oxidativos debidos al oxígeno del aire. Dado que los productos cárnicos en sí, como también en los envases de material sintético que contienen productos cárnicos, siempre se encuentra oxígeno presente, se debe calcular con una pérdida de la calidad debido a la iluminación. Aquí la luz solar y diurna directa actúan disminuyendo la calidad de manera especial. Entre los diferentes **tipos de lámparas** de uso habitual (tubos fluorescentes) de iluminación artificial, en cambio, no existen diferencias en su efecto sobre la conservación del color (5). Por lo tanto la promoción que de ellas se hace opinando lo contrario, no es válida. Lo que es importante en la alteración de la calidad debido a la luz, es la acción de las horas lux, las que están en relación con la intensidad de la luz y el tiempo de iluminación.

Básicamente todo lo vinculado a la elaboración, almacenamiento y venta de productos cárnicos y carne, debería adaptase a la exigencia de **reducir la iluminación al mínimo necesario.** Es de una gran ayuda para la conservación de la calidad y además, una «medida de ahorro de energía». Así es que todos aquellos productos envasados deberían ser embalados inmediatamente en cartón. En las cámaras de refrigeración y congelación debería limitarse la iluminación en lo esencial y solamente usarla por un breve tiempo frente a las necesidades del momento. En los ambientes de madurado y almacenado, ya es conocido desde generaciones la ventaja de las ventanas pintada de azul para protegerse de la luz. Se deberían eliminar los tubos fluorescentes en las zonas de refrigeración y sobre todo de los armarios refrigerados y reemplazarlos por una iluminación apropiada. En los locales de autoservicio que se encuentran iluminados durante la noche en forma parcial o total, se debe procurar una protección contra la luz del local **tapando los mostradores refrigerados;** esto produce adicionalmente una disminución de las necesidades para mantener la temperatura de refrigeración y congelación y un ahorro de energía.

Influencia del número de microorganismos sobre la conservabilidad

Los microorganismos que influyen de manera decisiva sobre la conservabilidad de la carne y productos cárnicos, llegan a la superficie de la canal, desde el animal a través del proceso de matanza. En la canal multiplican en mayor o menor medida, dependiendo de las condiciones de refrigeración, luego durante el despiece y picado de la carne se redistribuyen por las nuevas superficies generadas por el corte. A través de las canales se introducen un gran número de especies de bacterias, levaduras y hongos en el establecimiento elaborador. El contenido de gérmenes superficiales en la canal

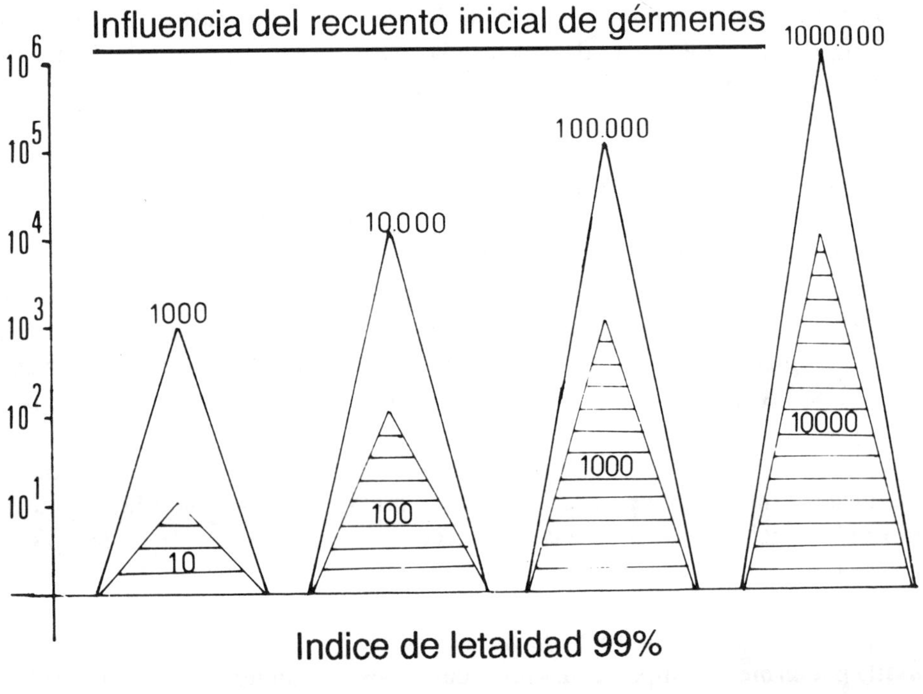

Gráfico 1. Indice de supervivencia de microorganismos en el tratamiento térmico de productos cárnicos, en relación a la cantidad inicial de gérmenes

puede ser muy variable, dependiendo de la higiene en la matanza y del transporte. El nivel de contaminación puede encontrarse entre pobremente contaminado (10^3 = 1.000 gérmenes por cm^2) y marcadamente contaminado (10^6 = 1.000.000 a 10^7 = 10.000.000 de gérmenes). La conservabilidad de los productos cárnicos se ve afectada fundamentalmente por el contenido inicial de gérmenes. Las experiencias de conservabilidad en la práctica, obtenidas por calentamiento y refrigeración habituales en la industria, se basan en un número inicial de gérmenes promedio. No obstante, si el número inicial de gérmenes es muy alto, se debe calcular entonces que habrá un considerable acortamiento en el tiempo de la conservabilidad.

El Gráfico 1 muestra como a igual acción térmica (por ejemplo tratamiento calórico de un embutido escaldado a 68°C en el centro de la pieza) y un supuesto índice de letalidad del 99%, el número de los microorganismos supervivientes que afecta a la conservabilidad, depende de la cantidad de los gérmenes existentes. Mientras que con un contenido microbiano en la masa cruda de 1.000 por gramos, solamente 10 gérmenes sobreviven el calentamiento, para el material muy contaminado como de 1.000.000 de gérmenes por gramo, sobreviven 10.000 microorganismos.

Esta relación microbiana se debe calcular para todos los productos frescos envasados. En realidad debido al calentamiento inicial, las superficies del embutido y las superficies de corte frescas son pobres en gérmenes y es posible envasar los productos con este bajo contenido inicial de gérmenes. Pero durante el proceso de envasado habitual estas superficies pobres en gérmenes es posible sean **nuevamente contaminadas** a través de las manos (guantes de plástico), instrumentos para el cortado y la cinta de envasado. Existen por lo tanto, en general, contaminaciones secundarias con microorganismos que originan una disminución de la conservabilidad de los productos cárnicos envasados. La Figura 1 demuestra el pequeño espacio de tiempo en el que los microorganismos se pueden multiplicar. Cada 20 minutos, bajo óptimas condiciones de crecimiento, puede tener lugar una división celular, con lo cual se duplica en cada caso el número de la población.

Entre los microorganismos que llegan al establecimiento elaborador se encuentran también gérmenes **patógenos** (por ejemplo salmonellas). Sin embargo, este estudio va a tratar fundamentalmente sobre los **microorganismos causantes de alteraciones** que afectan a la conservabilidad, a la degradación de las grasas, etc. Estos a través de la liberación de los productos del metabolismo provocan alteraciones desagradables en aroma y sabor.

Influencias de la temperatura sobre la conservabilidad

La temperatura desempeña un papel decisivo en el almacenamiento del embutido escaldado. Muchas de las reacciones bioquímicas y químicas que provocan la pérdida

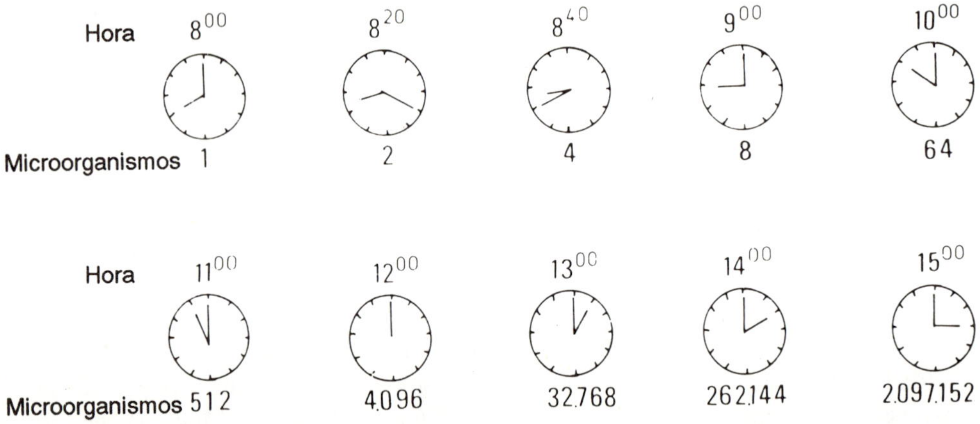

Figura 1. Desarrollo microbiano en 7 horas

de la calidad, dependen de la temperatura. De acuerdo con la Ley de Vant't Hoff, conocida también como regla R.G.T., la velocidad de reacción se ve afectada por la temperatura ambiente. Una elevación de la temperatura en 10°C acelera estos procesos en 2 a 3 veces; un descenso de la temperarura en 10°C disminuye estos procesos de la misma manera. Esto es válido, por ejemplo, para los procesos de degradación enzimática, oxidaciones y otras degradaciones de calidad de tipo abiótico.

Pero también la pérdida de vapor de agua y la consiguiente desecación que de ello resulta, se desarrolla más rápidamente cuanto más alta es la temperatura. También la actividad metabólica y el desarrollo de los microorganismos depende en gran medida de la temperatura, siendo así que cada especie microbiana se comporta de modo diferente y específico.

El almacenamiento de los productos frescos, como son los embutidos escaldados solamente, es posible **en refrigeración.** Mediante el calentamiento de 65 a 75°C se destruyen o inactivan la mayoría de los microorganismos vegetativos (capacidad inmediata de multiplicación), sin embargo las esporas de los esporógenos sobreviven, como también algún microorganismo vegetativo, entre ellos también patógenos, pueden resistir estas temperaturas. Así es que a un elevado contenido inicial de gérmenes sobreviven diferentes estreptococos resistentes al calor, los que en un embutido escaldado que fue almacenado con insuficiente refrigeración provocan una rápida acidificación.

Tal como ya se ha mencionado tras el calentamiento los embutidos escaldados se encuentran libres de gérmenes vegetativos. No obstante, **posteriormente** gérmenes de todas las especies contaminan las partes superficiales y superficies de corte. Por tanto un almacenamiento en refrigeración no debe proteger solamente contra la germinación de las esporas sobrevivientes. También los **gérmenes secundarios que contaminan** tras el tratamiento calorífico, como son lactobacilos, estreptococos, esfafilococos, pseudomonas, levaduras, hongos y otros, deben ser anulados en su desarrollo y en su actividad metabólica.

Muchos microorganimos deteriorantes son tolerantes al frío y se desarrollan incluso a 0°C y en algunos casos individuales también a temperaturas más bajas aún (6). Por lo cual se aconseja almacenar siempre los productos frescos delicados, **como son embutidos escaldados cortados en rodajas, embutidos blancos y embutidos para asar, a temperaturas desde 0 a 2°C**, como máximo a 4°C. Temperaturas próximas a 0°C prolongan la conservabilidad **en varios días.**

Al reglamentar la Comunidad Europea la temperarura de 7°C para la carne fresca, hizo que los supermercados consideraran esta temperatura también como suficiente para conservar los productos cárnicos en envases para autoservicio. La práctica del envasado demostró que esta temperatura es demasiado elevada. Para este tipo de productos se requiere una temperatura para el ofrecimiento y almacenamiento de 4°C (8). Esta temperatura debe recomendarse desde el punto de vista de la salud puesto que las **salmonellas** se multiplican a temperaturas **superiores a los 5°C.** En este sentido deben contemplarse también las disposiciones suizas, en las que la temperatura para la exposición del embutido escaldado cortado en rodajas y envasado, se limita a 5°C y durante un tiempo de 6 días (2).

Por la obligación de dar a conocer la temperatura de conservación mínima se llegó en la República Federal de Alemania a una solución de compromiso de una indicación de temperaturas de «4° a 7°C» (3). Esto en principio pareció ser un adelanto de una posterior disminución de la temperatura de almacenamiento por debajo de los 7°C. Sin embargo, mientras tanto, una gran parte de los mercados emplea el límite superior de la temperatura para conservación. Sería ventajoso establecer diferencias entre las temperaturas según el tipo de productos ofertados. Mientras que los productos secos y de conservación prolongada pueden almacenarse de 7 - 10°C e incluso los embutidos escaldados en tripas artificiales impermeables no cortados soportan los 7°C durante un tiempo de conservación no demasiado prolongado sin que se produzcan pérdidas importantes de calidad, para productos frescos fácilmente alterables, como las lonchas de embutidos escaldados, jamón cocido cortado en rodajas y productos blancos, se conservarán solamente 4°C, (sin indicar 7°C como límite superior) (15). También los tiempos de conservación deberían reducirse (10, 12, 15).

Los fabricantes de productos cárnicos que proveen de embutidos frescos, con el nombre de su establecimiento, al comercio de autoservicio, deberían efectuar verdaderos controles y brindar consejos a dichos comercios. Frecuentemente los vendedores no poseen conocimientos sobre la temperatura de almacenamiento para conservar la frescura del embutido escaldado cortado en rodajas y envasado. Muchas veces ignoran que los productos frescos a bajas temperaturas (0 a 4°C) mantienen una mayor conservación de la calidad dentro de los períodos de tiempo indicados, que a 7°C, siendo porque en los niveles superiores de los estantes refrigerados, las temperaturas frecuentemente llegan a los 10°C (9).

A menudo también se ofrecen los productos escaldados en mostradores refrigerados inadecuados. En los mostradores refrigerados modernos que conservan una temperatura de 0 a 2°C sin dificultades, frecuentemente se encuentran productos crudos curados embutidos. En cambio los embutidos escaldados y el jamón cocido cortado en rodajas así como también los productos blancos, se almacenan en mostradores más anticuados que alcanzan con gran esfuerzo los 7°C a 8°C y que serían adecuados sólo para los productos crudos. Para lograr una óptima exposición y almacenamiento, en muchos casos no es necesario la adquisición de un mostrador refrigerado. Por lo general, es suficiente controlar el rendimiento del ya existente y de organizar la refrigeración dc los productos de manera adecuada.

Pérdida de calidad por secado

Los alimentos con un alto contenido en agua como son los embutidos escaldados, tienden rápidamente a una marcada pérdida de peso por liberación de vapor de agua (evaporación). Debido a una pronunciada desecación se presentan pérdidas de la calidad que incluso originan la anulación de la venta del producto.

Habitualmente los embutidos escaldados se encuentran recubiertos por una envoltura empleándose preferentemente **tripas**. Entre las diferentes tripas naturales, como son tripa fina de ovino, tripa fina de cerdo,tripa ancha (colon) de bovino, etc., existen diferencias respecto del espesor de la pared de la tripa y también en la permeabilidad al vapor de agua. Esta permeabilidad está en relación no solamente en las mermas provocadas durante el almacenamiento durante varios días en las cámaras de refrigeración del comercio, sino en las mermas ya existentes durante el ahumado en caliente.

Las tripas finas de colágeno elaboradas a partir de material natural (piel de vacuno) son similares a las tripas finas de ovino en relación a su permeabilidad al vapor de agua. Las tripas para pelado elaboradas a partir de celulosa, se utilizan solamente para la coagulación por calor (formación de la propia piel) de la masa, siendo luego peladas. Las salchichas con piel propia y sin tripa presentan las pérdidas por evaporación más elevadas.

Las tripas sintéticas son sensiblemente menos permeables al vapor de agua que las tripas naturales y de colágeno. Si bien ninguno de los materiales empleados para fabricación de las tripas sintéticas es totalmente impermeable al vapor de agua, no obstante en todos los materiales, como son poliamida, poliéster, celulosa con impregnación de PVDC y PVDC, los valores de permeabilidad al vapor de agua se encuentra muy bajos de tal manera que incluso con un almacenamiento prolongado sin envasado adicional, se producen escasas pérdidas de peso y ninguna diferencia notoria en la calidad debido a la desecación.

También en la exposición para la venta del producto fresco envasado, la desecación no tiene importancia. En todas las combinaciones de laminados mixtos, independientemente de su distinta permeabilidad al oxígeno, los valores de permeación para el caso de vapor de agua, son muy bajos; esto se basa en las propiedades del polietileno utilizado como lámina de envoltura interna.

Influencia de pH sobre la conservabilidad

Además de los factores externos como son cantidad de microorganismos, temperatura, oxígeno y luz, existen características específicas del producto que determinan la conservabilidad (capacidad de almacenamiento) de los productos cárnicos, como por ejemplo: el pH, la a_w y el potencial redox.

El pH es la medida que indica el grado de acidez de un alimento. Cuanto más ácido es un alimento (pH más bajo), con más dificultad se reproducen los microorganismos en él y sobre él. En cambio los medios con un pH más elevado (> 6,0) ofrecen condiciones más favorables para el desarrollo de la mayoría de las especies microbianas. Los embutidos escaldados, con y sin sal de nitrito para curado, debido a su elevado pH (pH 6,0 a 6,3) se conservan solamente en forma limitada (Tabla 1).

Tal como lo demuestra la Tabla 1, los embutidos escaldados se encuentran con el pH más elevado dentro de los productos cárnicos.

Influencia de la a_w sobre la conservabilidad

La conservabilidad de un alimento depende también de la **cantidad de agua que se encuentra libre a disposición de los microorganismos** (es decir, que no se encuentra químicamente ligada). La misma es medida como actividad de agua (valor a_w) (ver Tabla 1). La a_w del agua destilada es igual a 1,0 y la a_w de una sustancia libre de agua es igual a 0,0. La Tabla 1 muestra la influencia de la a_w sobre la conservabilidad: por ejemplo la carne fresca posee un elevado valor de a_w (0,99), es decir, que posee gran cantidad de agua libre. Esto explica por qué, por ejemplo, una carne bien madurada a pesar de su bajo pH de 5,4, se deteriora con relativa facilidad, mientras que un embutido seco madurado, con igual pH pero después de la pérdida de agua (secado

Tabla 1. Valores promedio de pH y a_w de carne y productos cárnicos

Producto	pH	a_w
Carne fresca, caliente	7,2	0,99
Carne vacuna, madurada	5,4 - 5,8	0,98
Carne porcina, madurada	5,6 - 6,0	0,98
Embutido escaldado, fresco	6,0 - 6,4	~ 0,97 - 0,98
Embutido escaldado de conservación prolongada	6,0 - 6,4	~ 0,91 - 0,95
Jamón cocido	6,0 - 6,4	~ 0,98
Embutido crudo, seco	4,9 - 5,2	~ 0,85 - 0,93
Embutido crudo, untable	5,0 - 5,8	~ 0,93 - 0,95
Jamón crudo	5,3 - 5,8	~ 0,90 - 0,93
Morcilla	6,2 - 7,0	~ 0,96 - 0,98
Morcilla de hígado	6,0 - 6,5	~ 0,95 - 0,97
Embutido con gelatina	4,5 - 5,7	~ 0,97 - 0,98

y por lo tanto un relativamente bajo valor a_w), se conserva durante un tiempo prolongado. En los embutidos escaldados y jamones cocidos a los que se les agrega agua, el pH y la a_w se encuentran elevados, lo cual explica la reducción de su conservabilidad y también la necesidad de la refrigeración.

En principio resulta inexplicable el hecho de que los productos frescos, a pesar de la elevada destrucción de microorganismos mediante el tratamiento por calor, presenten mucho menor conservabilidad que los productos crudos no calentados (embutidos secos, jamón crudo). Después del picado de las materias primas en la cúter y posteriormente en la masa, se presentan en embutidos secos y escaldados las mismas condiciones, es decir, que su masa posee innumerables microorganismos. Si a pesar de la posterior destrucción de estos por calor, los embutidos escaldados se deterioran más rápidamente que los productos crudos, ello se debe a las diferentes condiciones de pH y a_w. Los productos crudos se conservan mejor, debido a que mediante las medidas tecnológicas, se disminuye en forma continua el pH y la a_w. En cambio los productos escaldados sufren un aumento de la a_w a través del agua agregada (añadido en forma de hielo); el pH y la a_w se mantienen en niveles elevados.

Además de la a_w también la adición de **sales** actúa aumentando la conservación de los productos cárnicos, prolongando por lo tanto el tiempo de almacenamiento. Pero los embutidos escaldados con un agregado de sal del 2,0%, se encuentran en el nivel más bajo dentro de los productos cárnicos. Estas pequeñas cantidades actúan, tal como lo demuestra la elevada a_w de los embutidos escaldados, disminuyendo muy levemente dicha a_w, teniendo además una escasa acción sobre la inhibición de los microorganismos. El nitrito, componente de la sal para curado, posee un cierto efecto bactericida. Sin embargo, cantidades inferiores a 2% ~ 80 ppm (mg/kg) de nitrito no deben ser sobrevaloradas.

Influencia del potencial redox sobre la conservabilidad

El potencial redox, medido como **valor Rh**, se ve afectado en el embutido escaldado sobre todo por el contenido de oxígeno en la masa y en el envase. Desempeña un papel en la conservación de la calidad de los productos en lata, pero también en el caso de productos frescos. Los efectos mejoradores del sabor y del color consecuencia del procesado con la cúter de vacío y de adición de sustancias coadyuvantes del curado actuando como reductores (ácido ascórbico, ascorbato), influyen sobre el potencial redox. También el envasado al vacío o la introducción de un gas inerte posterior a la finalización del vacío produce una disminución del potencial redox y como consecuencia un aumento en la conservabilidad.

2. Almacenamiento en congelación

Los embutidos escaldados, al igual que todos los productos cárnicos que poseen elevada cantidad de agua, pueden ser almacenados en congelación sólo en forma limitada. Debido a la cristalización de una cantidad relativamente grande de agua que posee el embutido escaldado, se producen **modificaciones** en la estructura de éste que parcialmente se mantienen después de la descongelación. Después de descongelar los embutidos escaldados congelados presentan mayores mermas de peso debido a la pérdida de jugo y evaporación que en los almacenados en refrigeración. El jugo exudado contiene por esta circunstancia proteínas, minerales y sustancias saborizantes. Los embutidos escaldados después de descongelados muestran también, en parte, deficiencias sensoriales como son disminución del sabor y pérdidas de la consistencia. Estas deficiencias tampoco se pueden evitar con la aplicación de técnicas de congelación, como la congelación rápida; dichos defectos aparecen tanto en la congelación a -40°C como a -10°C. En cambio los embutidos escaldados de conservación prolongado, que ostentan menor adición de agua, es posible el almacenamiento en congelación sin que la calidad esté afectada.

En el almacenamiento en congelación es importante evitar **las mermas por evaporación**. Esto ocurre cuando los productos congelados que contienen agua son almacenados en congelación sin envase o con un envase que no está bien adherido al producto. En el envase se condensa la evaporación del agua del alimento **condensándose como nieve** en el espacio de separación entre la película del envase y el producto. Si el envase no cierra herméticamente o si el producto no fue envasado, el agua pasa directamente al ambiente y origina frecuentemente **quemaduras por congelación**. Para evitar estas alteraciones los productos escaldados deberían ser almacenados bajo congelación con envases impermeables al vapor de agua y bien adheridos al producto. Para ello se adecuan por ejemplo las películas tipo skin. Cuando el tiempo de congelación es más prolongado se deberían emplear películas de hojas combinadas con baja permeabilidad al oxígeno, dado que el efecto de disminución de calidad por la presencia de oxígeno se presenta también a temperaturas de -20°C; no obstante este efecto es mucho más lento que el que se presenta en el almacenamiento bajo refrigeración (regla R.G.T.).

Debido al efecto del frío la mayoría de los materiales de envase tienden al **resquebrajamiento como consecuencia de la congelación** en los dobleces que se producen al envasar al vacío. Cada punto que presenta una permeabiliad ocasiona una disminución de la calidad por la quemadura por frío. Demostraron ser relativamente estables al frío los laminados flexibles, como son, las bolsas termocontráctiles en agua caliente, las que últimamente es posible contraer también por aire caliente. Mediante la correspondiente elección del tamaño de la bolsa es posible obtener envases contráctiles de gran adhesión.

3. Preenvasado de embutidos escaldados

Envasado al vacío

Tanto para el preenvasado (envases para autoservicio) como también en el caso de envases para el almacenamiento se emplean preferentemente envases al vacío. Para ello se utilizan en parte bolsas de borde soldable, y en parte envases estirados en profundidad. Como material de envase se utilizan los **laminados mixtos**, es decir, combinaciones de diferentes películas individuales, las que se unen mediante adhesión de diferentes películas individuales, las que se sueldan mediante adhesión o de otra manera. Como película interna se utiliza, debido a su buena capacidad de soldado por calor, preferentemente el polietileno. Como película de soporte exterior se emplean poliamida, poliester, celulosa, aluminio y otros materiales. Mientras que el polietileno permite una muy pequeña permeabilidad al vapor de agua en el laminado, la película de soporte determina el grado de permeabilidad del oxígeno. Los valores de permeabilidad del poliéster, la celulosa y en ciertos casos también la poliamida, disminuyen por el recubrimiento con PVDC el cual es muy impermeable al gas.

Dado que el oxígeno del aire (O_2) es uno de los factores que disminuye la calidad de los productos cárnicos, se valoran los laminados mixtos de acuerdo con su permeabilidad al oxígeno, siendo, por lo general, los laminados con mayor impermeabilidad al gas los que son más caros que los menos permeables.

Hoy al envasador se le ofrecen un gran número de laminados de diferente permeabilidad al O_2 (Tabla 2); estos valores de permeabilidad pueden ser mejorados aún, mediante el empleo de películas de soporte más fuerte.

Tabla 2. Valores de permeabilidad al O_2 de laminados mixtos

Composición	Perm. O_2: cm^3/m^2 día
Poliamida/polietileno	30 - 50
Poliéster/X/ polietileno	10 - 20
Celulosa /XX/ polietileno	5 - 10
Alcohol polivinílico/XX/polietileno	0,1
Poliéster/ metalizado/ polietileno	0,6 - 10
Poliamida/ metalizado/ polietileno	2,0 - 10
Aluminio/polietileno	–
PE/PVDC/PE encogido	10

Se seleccionará el envase de acuerdo con la delicadeza del producto escaldado a envasar, de acuerdo con el tiempo mínimo de conservación y según las acciones que de temperatura e iluminación cabe esperar. Para el envasado de embutidos escaldados no cortados y en tripas artificiales muy impermeables, transportados durante un corto tiempo, es suficiente el envase de laminados mixtos no tan impermeable al O_2. En cambio las salchichas que son ofertadas durante un tiempo más prolongado, presentan mayores exigencias y son más susceptibles frente a la luz. Los embutidos escaldados cortados en rodajas presentadas en forma de abanico son las más susceptibles y por esta circunstancia tienden a desaparecer cada vez más de la oferta.

Especificaciones del material: EVA= acetato etilenvinílico; EVAL= alcohol etilenvinílico; PA= poliamida; PE= polietileno; PETP= poliéster; PP=polipropileno; PVAL=alcohol polivinílico; PVC=cloruro de polivinilo; PVDC= cloruro de polivinilideno ; X= impregnado de un lado con PVDC; XX=impregnado de ambos lados con PVDC; ZG= celulosa

Hoy día el fiambre se presenta en rodajas apiladas, en el cual solamente la rodaja superior se encuentra expuesta al oxígeno y a la luz. Sin embargo, para los embutidos escaldados cortados en porciones, para el consumidor la rebanada superior se toma como criterio para la valoración (frescura). También el Fleischkäse y Leberkäse, productos escaldados en molde y en trozos, son relativamente susceptibles y deben tratarse con mucho cuidado. Para todos los productos escaldados con superficie de corte en rodajas, para su exposición durante un tiempo prolongado (~ 21 días), se requieren laminados mixtos con elevada impermeabilidad al gas (impermeabilidad al oxígeno).

Límites del estirado en profundidad

La tecnología del estirado en profundidad de laminados mixtos más fuertes ha avanzado en gran medida en las últimas décadas. Hoy en día se dispone de películas moldeables (poliamida/polietileno), las que se pueden moldear hasta 20 cm de profundidad y utilizar por ejemplo para Fleischkäse y Leberkäse o paté de embutido escaldado en forma de caja. Mejoras en las formas de los moldes como son el redondeado de los ángulos y bordes y la adaptación de las relaciones de la mayor longitud respecto de la profundidad, actúan manteniendo los espesores de las películas para moldeado, las que garantizan todavía una suficiente impermeabilidad al 0_2. Pero para el caso de productos escaldados enrojecidos en moldes muy profundos (16 a 20 cm), se encontró, en forma variable, una prematura coloración grisácea de las superficies en los ángulos y bordes de la película moldeable. Como alternativa se presentan las bolsas de tres capas combinadas formadas mediante tres toberas anulares, las que se pueden fabricar con igual espesor, con un diámetro de hasta 50 cm o más y que además poseen una elevada impermeabilidad al gas (contraído, permeabilidad al O_2 ~ 10 cm^3/m^2 por día). Estas, luego del vacío, se contraen sobre el producto mediante agua caliente o aire caliente.

Existen también límites físicos del estirado en profundidad para el caso de menores profundidades de moldeado. Para el caso de combinaciones de poliamida /PE se presenta como efecto positivo, una mejora en la impermeabilidad al oxígeno en el rango del moldeado en profundidad de hasta 3 cm debido al estirado (orientación de las moléculas de PA), mientras que el estirado a mayores profundidades provoca una elevación de la permeabilidad requiriendo el empleo de películas moldeables más fuertes. En los denominados **laminados mejorados**, estas son películas con mejor impermeabilidad al oxígeno debido a la impregnación con PVDC (X o XX), se debe contar con que con 3 cm a lo máximo de moldeado en profundidad, se presenta un «desgarramiento» de la impregnación impermeabilizante en las esquinas y bordes del molde y por ende una elevación de la permeabilidad al 0_2. Lo mismo ocurre también para el caso del efecto de barrera en películas metalizadas, las que han sido vaporizadas bajo vacío con aluminio (Tabla 2). Para todos estos laminados con barrera son válidos todos los valores de baja permeabilidad al O_2 indicados para materiales planos, solamente para profundidades de molde de un máximo de 3 cm.

Incluso en aquellos productos cárnicos poco sensibles a la luz, como es el caso de salchichas escaldadas de conservación prolongada, las cuales fueron almacenadas durante nueve meses sin refrigeración envasadas en laminados mixtos de aluminio impermeables, era notorio el efecto del oxígeno (y de la luz). Nosotros envasamos en hojas combinadas transparentes de diferente permeabilidad al O_2 y almacenados a una temperatura de 20°C (iluminado y sin iluminación). La permeabilidad al oxígeno iba desde 0 (laminados mixtos de aluminio) a 0,1 (PVAL/ XX/ PE) y cuatro diferentes grados hasta 40 cm^3 (PA/PE). Todos los envases fueron sometidos a un correcto vacío. Las primeras modificaciones de color en la superficie de las salchichas se pudieron comprobar ya a las 2 semanas en los laminados mixtos de mayor permeabilidad. Conjuntamente con la formación de un color grisáceo aparecían también modificaciones en el sabor. En cambio en aquellos envasados en laminados mixtos con aluminio se podía comprobar una pérdida del sabor tras 8 a 9 meses. Aquí, fundamentalmente en los envases **sometidos a iluminación,** se producía una pérdida de la calidad algunas semanas antes que en aquellos otros almacenados a la misma temperatura pero a oscuras.

Fue sorprendente la comprobación de que en los laminados mixtos de **PVAL/XX/ PE** transparentes y muy impermeables al gas, la capacidad de almacenamiento era inferior solamente en un mes con respecto de los laminados mixtos con aluminio. En este caso durante seis meses no se presentaron diferencias en la conservación del color y sabor de salchichas de conservación prolongada almacenadas con y sin iluminación. Esto es una clara demostración de que la luz actúa como proveedor de energía en presencia del oxígeno.

Debido al envasado con **extracción de aire** (envasado al vacío) se produce, respecto de los embutidos escaldados almacenados sin envasar, **una variación de las especies microbianas**. En el embutido escaldado cortado en rodajas, envasado al vacío, se reproducen sobre todo los lactobacilos, determinados estreptococos y gérmenes Brochothrix. Estos microorgamismos contribuyen en cierto grado a la estabilidad del producto, porque la **formación de ácido** disminuye el pH inhibiendo las especies microbianas que degradan las proteínas. También debido a la acidificación se mejora la conservación del color sobre la superficie del embutido. Por otro lado, sin embargo, el excesivo desarrollo y la acción prolongada de los lactobacilos y estreptococos sobre los productos escaldados origina una excesiva acidificación y por tanto deterioro.

Según HECHELMANN *et al.* (4) además de los lactobacilos y estreptococos, desempeñan también un papel en el deterioro del embutido escaldado cortado en rodajas envasado al vacío, las bacterias gram negativas psicrófilas y especialmente los microorganimos del grupo Klebsiella-Enterobacter. Estos microorganismos aparecen habitualmente en los establecimientos procesadores de carne los que contaminan, tal como lo muestran los controles graduales, sobre todo durante el cortado y envasado del embutido escaldado. Estos microorganismos no se pudieron detectar en los embutidos después de la elaboración, pero pudieron determinarse ya después de la separación manual de la envoltura del embutido, sobre la superficie de lo mismos y se encontraban además en las máquinas cortadoras, balanzas, cintas transportadoras y manos del personal. La contaminación con estos microorganismos del embutido escaldado cortado en rodajas durante el envasado puede disminuirse si se presta atención a la higiene en el envasado y a una limpieza frecuente de las máquinas envasadoras. A pesar de todo es difícil desarrollar una limpieza efectiva y desinfección por lo cual se requiere una posterior mejora de la construcción (4). En el caso de máquinas cortadoras se consideran desarrollos positivos aquellos en los que las partes de contacto, como son cuchillas, superficies de apoyo, etc. sean intercambiables y posibiliten una limpieza rápida fuera del lugar de envasado.

Respecto a esto cabe destacar que en el caso del envasado de fiambre se deben cortar y envasar fundamentalmente los **productos frescos antes que los productos crudos** pues de lo contrario, sino se efectúa una limpieza a fondo, se produce un traspaso de gérmenes hacia los embutidos escaldados dado que los embutidos crudos contienen, como flora normal, lactobacilos que pueden originar un enverdecimiento de los productos frescos.

Reducción del exudado

En productos frescos envasados al vacío, como en el embutido escaldado cortado en rodajas, jamón cocido, salchichas y embutidos blancos se manifiesta a veces un exudado de líquido que se localiza en el envase. Se presenta especialmente en el caso de salchichas con deficiente ligazón o con elevado contenido de agua agregada, pero aparece también de manera más limitada en productos de calidad normal. En este líquido que contiene proteínas, se multiplican los microorganismos más rápidamente que en la superficie del producto. A temperaturas de almacenamiento hasta de 5°C se desarrollan fundamentalmente los acidificantes, sin embargo a temperaturas más elevadas crecen microorganismos que degradan las proteínas los que además de producir aromas de producto alterado provocan un enturbiamiento lechoso del líquido.

Para prevenir la exudación de líquido demostraron ser muy efectivos los envases ajustados que no dejan ningún espacio y que en lo posible ejercen una presión. La oferta actual de envases presenta una serie de métodos, como son envases contráctiles, cerrados en superficie, envases skin y laminados de poliamida contráctiles. Ya se informó respecto del envasado en **bolsas contráctiles** que desde hace años se fabrican en laminados de tres capas relativamente impermeables al gas y que son cerrados mediante grapa o con termosellado y hechos contráctiles mediante agua o aire caliente. Estos disminuyen el exudado de líquido cuando sus dimensiones (considerando el efecto de contracción) se adecuan perfectamente al tamaño del contenido.

En los otros tres métodos no se requiere esta precaución. Aquí se logra forzosamente un recubrimiento que se adhiere sobre el contenido. Para el cerrado **en superficie** los laminados mixtos, en vez de contar con polietileno como hoja interna, se recubren internamente de un material que se torna termoplástico a una temperatura de 80°C, produciendo un cerrado, como por ejemplo con el surlyn ionómero o el copolímerizado EVA/PE. Estas películas presentan también una buena impermeabilidad al vapor de agua. Los productos cárnicos envasados son sometidos al vacío normal y cerrados, pasando luego por un túnel de aire caliente. El calor calienta la película interna tornándose ésta termoplástica (punto de ablandamiento) y toda la superficie de la película alrededor del producto se adhiere en la medida en que tenga contacto con éste, tornándose inseparable. Mediante la provisión de este tipo de películas internas a las láminas moldeables, se puede efectuar también un cerrado en superficie en los envases moldeados en profundidad, mediante placas metálicas calentadas, agua caliente o vapor de agua. Sin embargo, los envases pequeños para autoservicio, de superficie soldada, poseen una deficiencia y es que no cuentan con la posibilidad de una apertura sencilla fácil para el consumidor. Sólo se debería considerar en el envasado skin (al contrario que el proceso del estirado en profundidad) aquellos procesos en los que se trabaja con una cubierta externa más fuerte. Estos laminados son calentados mediante radiaciones infrarrojas hasta la formación termoplástica, colocándose sobre el contenido exactamente de acuerdo con el contorno y pasan luego por la envasadora automática sobre un laminado normal. También los **envases contráctiles** se ajustan estrechamente, existiendo en este caso en el pegado una poliamida preextendida de manera especial. El calentamiento tiene lugar luego del vacío normal en el túnel de aire caliente o también en el equipo de moldeado en profundidad.

Envasado con técnicas de alto vacío

Una forma de envasado relativamente nueva la presenta el envasado denominado también High-Vac donde hay una extracción enérgica del aire. Para ello a la bomba de vacío normal del equipo de estirado en profundidad se le conecta una bomba Roots-Booster, la cual extrae el aire de los envases de laminados mixtos de manera más rápida que lo habitual. Mientras que normalmente los envases de embutidos escaldados son sometidos al vacío a 6 a 8 torr (8,0 a 10,7 mbar o hPa), para el caso del High-Vac se produce un vacío de 1 torr (1,33 mbar o hPa), de tal forma que en estos envases no queda prácticamente oxígeno. Sin embargo, esta elevada extracción de aire tiene sentido para almacenamiento de varias semanas, solamente cuando se emplean laminados mixtos con alta impermeabilidad al gas para que el elevado vacío posea un efecto prolongado. Nosotros observamos, comparando envases con productos escaldados (salchichas, porciones cortadas, etc.), una mayor conservación del color y de la frescura en los envases sometidos al vacío. Con esta técnica el contenido de gérmenes superficiales es similar al de envasado al vacío normal, siendo inhibidos sobre todo pseudomonas. Sin embargo, el empleo del elevado vacío no es suficiente para conservar durante un tiempo prolongado, sin que se produzcan pérdidas de calidad, aquellos productos frescos con un elevado contenido inicial de gérmenes inicial o con una deficiente refrigeración.

Envasado mediante aplicación de anhídrido carbónico (CO_2)

La comprobación de que el crecimiento de determinados microorganismos era inhibido por acción del CO_2 en forma de gas, fue utilizado después de la primera guerra mundial en el transporte por barco de Australia a Gran Bretaña. En esa época barcos frigoríficos conservaban frescos durante 50 días los cuartos de vacuno a -1°C con un 10 a un 20% de CO_2. Se comprobó también, que si bien las elevadas concentraciones de CO_2 actuaban inhibiendo determinados microorganimos, a concentraciones por encima del 30% se producían coloraciones amarronadas (metmioglobina) sobre la superficie de la carne. Estas variaciones de color debido a la elevadas concentraciones el gas CO_2 no fueron detectadas en el embutido escaldado.

En productos escaldados la introducción de gas (100% de CO_2) en envases previamente sometidos a un vacío total, pudimos lograr una prolongación de la conservación por varios días. La cual evidentemente se debe a una reducción de determinadas especies microbianas especialmente pseudomonas que alteran las proteínas, los cuales eran inhibidos por el gas CO_2.

En general el efecto bactericida (inhibidor de las bacterias) del CO_2, se incrementa a una mayor concentración de éste unido a la disminución de la temperatura. Para productos frescos, los más beneficiosos efectos se logran con temperaturas de -1 a 2°C, con un máximo de 4°C. La inhibición de los gérmenes superficiales se debe también a que una parte del CO_2 forma en las superficies húmedas una solución de ácido carbónico, provocando un descenso del pH. Sin embargo, esta disminución del pH, para el caso de productos frescos con deficiente ligazón, puede originar un exudado líquido adicional en el envase.

Envasado con mezclas de gases nitrógeno (N_2) / anhídrido carbónico (CO_2)

En los últimos tiempos se introdujeron en la República Federal de Alemania nuevos envases para autoservicio, que en EEUU y Japón mostraron ser efectivos. Se trata de moldes semirrígidos moldeados en profundidad de PVC/PE duro, los que después del envasado con productos en rodajas eran sometidos a un vacío. Posteriormente se le introducía una mezcla de nitrógeno purificado y anhidrido carbónico, siendo cerrados superiormente mediante una tapa de laminado mixto normal. El nitrógeno impide la adhesión de las rodajas de fiambre entre sí, lo que sucede frecuentemente en los envases al vacío. El CO_2 actúa durante el almacenamiento en refrigeración inhibiendo los microorganismos. Mientras que para los envases con embutido en rodajas, la mezcla es de aproximadamente 50/50%, para los productos en porciones es conveniente elevar la cantidad de CO_2. Dado que el CO_2 se difunde rápidamente a través de las películas, debido a su elevada caída de presión parcial respecto del aire exterior (el cual posee solamente un 0,03% de CO_2), se aconseja el empleo de por lo menos un 20 a un 30% de N_2 como gas protector. Cuando se utiliza

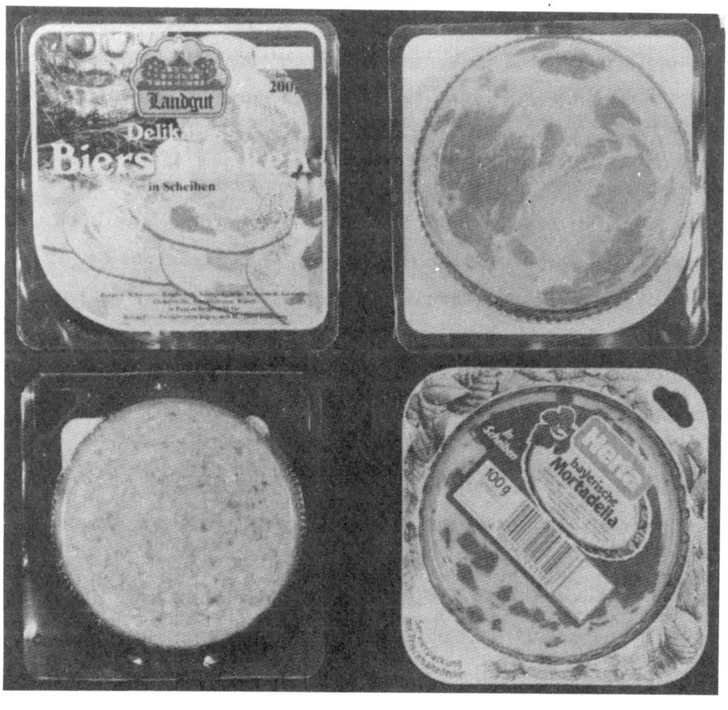

Figura 2.

el CO_2 se deben emplear laminados mixtos de mayor impermeabilidad si se desea que la concentración del CO_2 se mantenga durante varias semanas.

Los envases provistos de orificio en el borde pueden ser ofrecidos colgados en los expendedores refrigerados especiales. Las varillas extraíbles para el colgado posibilitan el colgado de envases por la parte posterior, de tal manera que siempre los envases con fecha de envasado antigua, son los que se encuentran en primer lugar. De esta manera se evita el amontonamiento de los envases individuales y el innecesario manoseo y mezcla de los productos por parte del comprador, como es el caso de cuando se encuentran sueltos en la refrigeradora. Para el consumidor este envase ofrece la posibilidad de cerrarlo nuevamente (Figura 2).

Bibliografía

1. Verordnung zur Neuordnung lebensmittelrechtlicher Kennzeichnungsvorschriften vom 22. Dezember 1981

2. Höchstzulässige Verkaufsfristen für vorverpacktes Fleisch und vorverpackte Fleischwaren der Firma Migros/Schweiz

3. Empfohlene Mindesthaltbarkeitsfristen für vakuumverpackte Fleisch- und Wurstwaren. Rundschreiben der Deutschen Fleischwarenindustrie vom 19. Januar 1983

4. HECHELMANN, H.; Z. BEM: Haltbarkeit von vorverpackter Brühwurst. Mitteilungsblatt der BAFF Nr. 42 vom 01. 12. 1973, S. 1994

5. KLETTNER, P.-G.: Die Wirkung des Lichtes auf Farbe, Geruch und Geschmack von Fleischerzeugnissen. Mitteilungsblatt der BAFF Nr. 84 vom 01. 06. 1984, S. 5943

6. LEISTNER, L.; W. RÖDEL: Inhibition and inactivation of vegetative microbes. Academic Press, London (1976)

7. NITSCH, G.: Fehlfabrikate bei Brühwurst. Die Fleischwirtschaft **56**, 1579 (1976)

8. SCHWARZ, A.: Festlegung von Haltbarkeitsfristen für vorverpackte Fleischwaren. Die Fleischwirtschaft **57**, 1409 (1977)

9. TÄNDLER, K.: Kühlmöbelkontrolle hilft Qualität erhalten. Die Fleischwirtschaft **53**, 319 (1973)

10. TÄNDLER, K.: Qualitätserhaltung bei vakuumverpacktem Brühwurst-Aufschnitt. Die Fleischwirtschaft **53**, 1417 (1973)

11. TÄNDLER, K.: SB-Verpackung von Fleischwaren-Anschnittstücken und Fleischwaren-Aufschnitt. Die Fleischwirtschaft **53**, 1678 (1973)

12. TÄNDLER, K.: Verschenkte Qualität im SB-Frischwurst-Angebot. Lebensmittel Praxis H. 12, 83 (1975)

13. TÄNDLER, K.: Amtliche Haltbarkeitsfristen für vorverpackte Fleisch- und Wurstwaren. Die Fleischwirtschaft **55,** 1394 (1975)

14. TÄNDLER, K.: Hygiene im Zerlege- und Abpackbereich. Fleischerei **33,** 772 (1982)

15. TÄNDLER, K.: Zur Mindesthaltbarkeit von verpacktem Frischfleisch und Fleischerzeugnissen. Mitteilungsblatt der BAFF (im Druck)

16. WIRTH, F.: Brühwurstherstellung, Grundlagen der Farbbildung. Die Fleischwirtschaft **55,** 17 (1975)

17. WIRTH, F.: Technologie bei DFD-Fleisch. Die Fleischwirtschaft **56,** 988 (1976)

Capítulo 11

Productos de conservación prolongada

A. STIEBING

Se logran productos escaldados de conservación prolongada mediante el **calentamiento intenso** (valor F) en un recipiente herméticamente cerrado o por **secado** intenso (a_w) o eventualmente también por una combinación de ambos procesos de conservación.

Para la elaboración de embutidos escaldados de conservación prolongada esta obligado el empleo de materia prima muy fresca. Pues incluso en un producto suficientemente calentado y microbiológicamente estable, durante el proceso de calentamiento se produce una degradación del valor sensorial, por ejemplo: disminución del aroma, deficiencias en el color y en la consistencia. Esto origina finalmente un deterioro abiótico cuya aparición está directamente ligada al grado de frescura de la materia prima. Por ello: **cuanto más fresca es la materia prima, tanto más apropiada es para la elaboración de productos de conservación prolongada.** Además, el tiempo de almacenamiento depende del contenido de oxígeno, del efecto de la luz, pero sobre todo, de la temperatura de almacenamiento y del proceso de calentamiento empleado.

1. Instalaciones para el tratamiento calorífico

El tratamiento por calor de los productos frescos y de las conservas de caldera tiene lugar en una **caldera para agua** abierta (baño maría), o en el **horno de cocción** (vapor de agua), donde existen temperaturas de aproximadamente 75 a 100°C. Los tiempos de calentamiento en la caldera no se pueden trasladar directamente al horno de cocción, porque es diferente el tipo de transmisión de calor. La transmisión de calor en el horno de cocción depende de la velocidad de flujo de la mezcla de vapor- aire y de la concentración de vapor en la cámara de aire; a medida que aumenta la humedad del aire el producto se calienta más rápidamente. Por ello se debe controlar regularmente el abastecimiento de vapor, sobre todo cuando en la cámara se trabaja con generadores eléctricos de vapor.

En el ámbito industrial para el tratamiento calorífico se utilizan los denominados «hervidores Konti», en los que el calentamiento es un proceso continuo. En este caso se introducen los embutidos en forma continua en un tambor provisto de agujeros dispuestos horizontalmente y cuya cara inferior se sumerge en un baño de agua. Debido a la lenta rotación del tambor los embutidos se desplazan en forma lenta. La temperatura del agua y el tiempo de permanencia en el tambor (tiempo de calentamiento) son variables.

En los últimos años se han desarrollado también los más variados **sistemas de enfriamiento**, como: enfriamiento por ducha, ducha turbulenta, enfriamiento a intervalos y enfriamiento mediante salmuera. Además del sistema de enfriamiento a ser posible rápido pero conservando la calidad y también pequeñas pérdidas de peso por evaporación, se considerarán como ventajas el ahorro de agua y energía. Por ejemplo, en el enfriamiento con salmuera refrigerada (a -7°C) esta se rocía directamente sobre la superficie de los embutidos, con lo cual se alcanza un enfriamiento rápido a 2°C, así los embutidos pueden ser envasados inmediatamente.

Para obtener temperaturas en el agua por encima de los 100°C se requiere el autoclave. En la forma original éste presenta un simple tanque de compensación de presiones, sin la posibilidad de manejar la contrapresión. Una vez cerrada la espita la temperatura sube por encima de los 100°C y simultáneamente dentro del autoclave sube la presión por encima de la presión atmosférica.

La dilatación del contenido en el recipiente de conserva depende de la composición del alimento, del tipo de envase, del tamaño del espacio superior y de la presión en el recipiente; si en el autoclave la temperatura de llenado se eleva demasiado se puede producir un abombamiento (hinchamiento) en el recipiente y como consecuencia se presenta un riesgo de permeabilidad. En la fase de enfriamiento, la diferencia de presión (presión eficaz) es máxima, porque la temperatura del contenido y con ello también la presión, descienden más lentamente que la temperatura del autoclave (presión O del agua). Mientras que algunas latas pueden resistir todavía esta diferencia de presión, según la forma, la resistencia de la hojalata, el perfil de la tapa y según el espacio superior, en cambio a los recipientes sensibles a la presión, como son latas con sistemas de apertura rápida, frascos y sobre todo envases blandos, les impide ser esterilizados en el autoclave normal.

La presión interna en la fase de enfriamiento es muy alta pero puede solucionarse transformando el autoclave normal en un **autoclave de enfriamiento a presión,** mediante la instalación de un circuito de presión hidráulica y una válvula de rebose para el enfriamiento a presión. Mediante ésto se impide la caída de presión que se produce durante el enfriamiento en el autoclave normal, permaneciendo, sin embargo, las diferencias de presión durante la fase de calentamiento, que se pueden compensar solamente mediante los apropiados recipientes de conservas.

En los procesos modernos de elaboración de conservas se utilizan los **autoclaves con sobrepresión**, en los cuales mediante la introducción de vapor de agua o aire comprimido se puede mantener la contrapresión deseada durante toda la fase del tratamiento calorífico y enfriamiento. Aquí la contrapresión se regula de tal manera que se impide en todo momento el abombamiento de la tapa. En el ámbito industrial hoy es más empleado el **autoclave de rotación**, que en principio es un autoclave de sobrepresión: éste fue desarrollado en la década de los 50. En estos autoclaves durante el tratamiento calorífico los recipientes y también el contenido, son agitados dentro de jaulas en rotación con movimiento pendular («rotación cabeza con cabeza»). Debido a este movimiento se mejora la transferencia de calor en los productos que poseen una parte líquida (salchichas en lata con salmuera, Gulasch) o en productos en los que produce líquido durante el tratamiento calorífico (Corned beef), de tal manera que las conservas que mantienen el efecto de calentamiento su tratamiento calorífico dura menos tiempo siendo su proceso menos perjudicial.

Las formas de construcción de los autoclaves de rotación son muy semejantes, existiendo una diferencia entre el autoclave de agua y el de vapor. El **autoclave de agua** tiene un depósito de agua caliente (caldera superior) y otra caldera localizada en un plano más inferior (caldera de trabajo). Luego de completarse la caldera inferior con material a esterilizar se llena la misma con agua calentada a 10°C por encima de la temperatura de esterilización, proveniente de la caldera superior, removiéndose el agua durante la esterilización. La contrapresión se maneja mediante la introducción de vapor o aire comprimido a través de la caldera superior. Al comienzo del enfriamiento se desplaza el agua caliente hacia la caldera superior mediante la introducción de agua fría desde abajo, aprovechando aquella para la siguiente cocción. Las ventajas de los **autoclaves a vapor**, que últimamente se ofertan más y que están compuestos solamente de una caldera en posición horizontal, se basan en el escaso consumo energético, en el corto tiempo del tratamiento calorífico y sobre todo en el bajo costo de adquisición. Los autoclaves a vapor regulan la contrapresión mediante la introducción de aire comprimido. El riesgo de crearse una capa aislante de aire (mala transferencia de calor) se impide mediante la circulación de una mezcla de vapor y aire por medio de ventiladores en la caldera inferior de gran potencia. Al cambiar desde calentamiento al enfriamiento se requiere de una reserva de aire comprimido suficientemente grande, para equilibrar la caída de presión debido a la rápida condensación del vapor. En el tratamiento de frascos se aconseja refrigerar al comienzo del enfriamiento con agua templada para evitar las roturas.

Los autoclaves de tipo continuo no son habituales en la industria cárnica, dado que requieren para un óptimo rendimiento un gran número de unidades y también son menos flexibles.

2. Recipientes - Condiciones de presión

Una etapa importante en la elaboración de conservas es la elección de los recipientes y la conservación de las óptimas condiciones de presión durante toda la fase de calentamiento y enfriamiento. Bajo el término de «conserva» se considerarán además de los productos en «lata» todos los productos incluidos como envases herméticos. Mientras que antes la hojalata era el primer material de envase, actualmente es más importante el envase de aluminio, con excepción de las salchichas en lata. Debido a su fácil manipulación éste se emplea especialmente para latas con sistema de apertura rápida. El vidrio conserva su puesto desde hace años. Su desventaja es el peso relativamente elevado y la fragilidad, mientras su ventaja es el ser químicamente inerte (no afecta al sabor) y ser transparente. El cliente puede ver lo que está comprando. Los envases blandos de aluminio y laminados mixtos de material sintético, a pesar de las ventajas en la elaboración, almacenamiento y empleo, son aceptados por el consumidor sólo de manera limitada. El fabricante de productos cárnicos menciona como desventajas, la escasa capacidad de llenado y la necesidad de dispositivos fijadores especiales o intermedios para su esterilización en el autoclave. Solamente para los «productos envasados en tripas tratados en autoclave» y sin refrigeración, ofrecidos en los últimos tiempos por cadenas de alimentación se emplean plásticos impermeables al oxígeno (por lo general PVDC), como material para tripa.

La presión interna en el recipiente provocada durante el tratamiento calorífico está en relación con la dilatación térmica del contenido (cuanto más elevado es el contenido de agua, tanto mayor es el aumento de volumen), por la dilatación de los gases del vapor de agua incluidos (los gases son comprimibles), por el tipo y dimensiones del recipiente (formas angostas y elevadas son más sensibles a la presión) y por el tamaño del espacio superior (mayor espacio superior - menor presión).

La elasticidad del recipiente empleado desempeña también un papel respecto de la magnitud de la presión interna. Se hace una clasificación entre recipientes totalmente elásticos, parcialmente elásticos y rígidos. Dentro de los **totalmente elásticos** son característicos los **botes de hojalata y aluminio,** como también los **laminados mixtos de aluminio y material sintético**. En las latas con perfiles estriados se produce durante el tratamiento calorífico un abombamiento de la tapa de manera continua, mientras que los perfiles acanalados y de forma aplanada se abomban bruscamente cuando existe una diferencia de presión respecto de la presión del autoclave (presión eficaz). Un abombamiento de la tapa tiene lugar cuando la diferencia de presión entre autoclave y presión interna de la lata es mayor de 0,5 a 0,8 bar. Sin embargo, este valor varía en relación a la forma de la lata. En latas de gran diámetro, la tapa de superficie relativamente grande puede compensar el aumento de volumen más fácilmente. En el caso de latas más estrechas la tapa y el piso resisten solamente un pequeño aumento de volumen. El levantamiento de la tapa se previene mediante un apropiado manejo de la presión y de la regulación del espacio superior; la falta de este control puede provocar fallos en la hermeticidad del envase y también provocar el reventón de las tripas en el caso de salchichas en lata. Cuando en el autoclave existe una presión demasiado elevada y un espacio superior grande se puede producir, sobre todo en el caso de latas de forma angosta, una contracción en las paredes de la lata generalmente en la zona del plegado lateral.

Como regla general, para la determinación de las condiciones de presión, se pueden aplicar los guientes valores:

Temperatura de calentamiento	*Sobrepresión*
105 a 110°C	1,5 bar
110 a 115°C	1,8 bar
115 a 120°C	2,0 bar
125°C	2,5 bar

Para la aplicación de vacío en bolsas y recipientes de plástico es posible compensar la presión interna mediante la necesaria contrapresión, dado que el plástico es flexible y se ajusta al contenido. En cambio para los envases blandos con espacio superior el manejo de la contrapresión se debe ajustar específicamente de acuerdo con la presión interna. Las variaciones de presión no deben superar los 0,3 bar. Sin embargo, en ambos casos la presión del autoclave durante el calentamiento y enfriamiento no debe ser superior a la presión interna, para evitar abombamientos y con ello el riesgo de pérdida de hermeticidad.

Los **frascos** con tapa de hojalata o aluminio pertenecen a los envases con **elasticidad parcial** porque solamente la tapa se puede dilatar. Se consideran envases **rígidos** las **botellas** y **frascos con tapas de vidrio**, los que no poseen ninguna capacidad de dilatación en éstas y en las que solamente el espacio superior actúa como regulador, debiendo estar éste en todos los casos correctamente determinado (5 a 8%).

Los sistemas de cerrado de frascos de vidrio del tipo **tapas de espiración**, por ejemplo Pano, Omnia y también la tapa con arandela de goma extraíble) no son herméticos inmediatamente después del cerrado. Cuando la presión interna (por ejemplo debido al calentamiento del envase) se encuentra 0,2 bar por encima de la presión del autoclave escapa aire y también líquido por el lugar de cierre. En el enfriamiento se produce una disminución de la presión, debido a la condensación del vapor de agua y la contracción del volumen, por lo cual la tapa es presionada y el frasco queda cerrado. El vacío producido depende del tamaño del espacio de cabeza, de la temperatura de llenado, de la magnitud del calentamiento y de la contrapresión. Cuando se produce una contrapresión demasiado elevada entonces no puede escapar aire del espacio superior localizado en la cabeza y como consecuencia no se produce el vacío.

Los frascos con **«cierre twist-off»**, que han tenido gran difusión deben, por el contrario, ser **sometidos al vacío** antes del cerrado. Esto se logra por introducción de vapor para eliminar el aire del espacio de cabeza. Tras el cerrado, debido a la condensación del vapor de agua y la contracción del volumen, se produce el vacío. Los frascos de tapa con arandela de goma pueden cerrarse también al vacío, de tal manera que no son necesarios los dispositivos fijadores de la tapa, habituales en la práctica doméstica para la fijación de la misma. Durante el tratamiento calorífico debido al vacío en el envase no aumenta en forma tan marcada la presión interna.

3. Conservas de embutidos escaldados

En el tratamiento calorífico de la masa de los embutidos escaldados (por ejemplo Lyoner, Bierwurst, Jagdwurst, Schinkerwurst) el centro de ella se calienta muy lentamente porque la transmisión de calor desde la pared del envase hasta el interior del contenido se efectúa por conducción, mientras que la nivelación de la temperatura para salchichas en latas con salmuera se produce de manera mucho más rápida por la circulación del calor a través del líquido (convección). Por tanto en la masa de los embutidos escaldados se produce, según el envase, proceso y temperatura de calentamiento, un mayor o menor daño por la cocción de las capas más externas.

Formas de las latas

Con la elección de recipientes cuyas formas son las **más apropiadas para la penetracción de calor** se disminuye el daño que sufren las zonas más externas. Cuanto mayor es la superficie de un recipiente en comparación al volumen (**superficie específica**), tanto más rápidamente se consiguen los resultados al tratamiento. Un recipiente es apropiado para la penetración de calor cuando una dimensión (altura o diámetro) es marcadamente mayor en comparación con las otras. La Tabla 1 muestra esta relación.

Tabla 1. Influencia de la forma del recipiente sobre la penetración del calor en embutidos escaldados

Recipiente D × H mm	Peso neto g	Temperatura de calentamiento °C	Tiempo de permanencia min	Valor F
82 × 60*	200	110	75	0,6
73 × 58	200	110	60	0,6
99 × 36	200	110	40	0,6
163 × 10	200	110	17	0,6

* Frasco

Así por ejemplo, en la lata de tamaño ∅ 99 × 36 mm se requiere solamente un tratamiento calorífico de 40 min frente a los 60 min necesarios para el tamaño de poco adecuado de ∅ 73 × 58 mm. El ahorro del tiempo de cocción es del 33%, mejorándose además la calidad. Resulta sorprendente lo poco que se considera esta simple posibilidad para mejoramiento de la calidad. Naturalmente que en el caso de las latas, debido a los costos de empaquetado, el diámetro no se puede aumentar a voluntad. Pero mediante el empleo de envases blandos, favorables a la penetración de calor, se puede mejorar mucho la calidad de las conservas de embutidos escaldados (sin salmuera).

Cocción gradual

La calidad de los productos cárnicos en los que la transferencia de calor se efectúa fundamentalmente por una conducción calórica lenta (por ejemplo Bierwurst, Jagdwurst) se afecta también por el **proceso de calentamiento**. En los tratamientos caloríficos habituales con temperatura constante del agua del autoclave, debido a la acción prolongada de las altas temperaturas de trabajo en la parte superficial de los botes, especialmente en las latas cuyo formato no permite una buena transmisión del calor, se produce una alteración por la cocción en las capas externas (separación marcada de la grasa y de la gelatina, alteraciones en la consistencia en el sabor y en aroma).

Para contrarrestar estas deficiencias de calidad se aplicó con cierto éxito la **cocción gradual** para **envases cuya forma no facilita la penetración del calor** (REICHERT, 1976). En este caso la temperatura de calentamiento que comienza, por ejemplo, a 80°C al principio se eleva en forma escalonada, hasta alcanzar la temperatura final de, por ejemplo, 115°C; si bien así se alarga el tiempo necesario para el tratamiento calórico, se disminuyen, sin embargo, las alteraciones por cocción de las capas externas. Las etapas se regulan de tal manera que tenga lugar en el centro térmico del envase una elevación continua de la temperatura. Un avance de la cocción gradual lo constituye el **calentamiento Delta-T**.En este procedimiento la temperatura de calentamiento en el centro térmico aumenta de modo continuo, de acuerdo con una diferencia de temperatura dada (Delta-T), de por ejemplo 30°C. Si, por ejemplo, en el centro la temperatura es de 55°C, entonces se regula la temperatura de calentamiento a 85°C, para el caso de 56°C a 86°C y así sucesivamente hasta que la temperatura final (por ejemplo 115°C) sea alcanzada y luego mantenida en forma constante.

Con el sistema del calentamiento Delta-T se mejora la calidad del pastel de carne como conserva total (F = 4,5; 99 x 119; peso neto 800 g), aunque el tiempo total de tratamiento calorífico fue de 240 min (temperatura inical 50°C, Delta-T, 30°C, temperatura final 117°C), mientras que para una temperatura de calentamiento constante de 117°C se requerían solamente 140 min. La separación de gelatina podía ser disminuida mediante el calentamiento Delta-T, frente al control, independientemente de la diferencia de la temperatura elegida. Por ejemplo, con un Delta-T de 30°C, puede hacerse disminuir la separación de gelatina de un 6% a menos de un 1%. Respecto de la conservación de la vitamina B_1, la condición de calentamiento más favorable implicaba una temperatura de calentamiento inicial de 50°C, un Delta-T de 30°C hasta una temperatura final de 117°C (Müller, 1981).

Empleo del vacío

En la elaboración de conservas de embutido escaldado destinadas a una conservación más prolongada la calidad se ve favorecida por disminución del efecto del oxígeno, para lo cual se extraerá el aire y el oxígeno localizados en el espacio superior del envase y en la masa (WIRTH, 1974).

Por acción de oxígeno se producen modificaciones oxidativas que provocan efectos negativos en el olor y en el sabor. En las conservas elaboradas a partir de la masa picada con la cúter de vacío, la degradación oxidativa de la grasa evoluciona más lentamente que en la pasta procesada en cúter normal. En algunos países es corriente,desde hace tiempo, el **cerrado al vacío** de las conservas. El interés del cerrado al vacío radica en la posibilidad de control del mismo, pués ante la presencia de un vacío visible desde el exterior (hundimiento de la tapa) se puede suponer la existencia de un cierre hermético de larga duración.

Además el empleo del cierre al vacío en latas con espacio de cabeza tiene la ventaja de presentar un acortamiento en el tiempo de calentamiento de aproximadamente un 5%, debido a un menor efecto de aislamiento del aire y un contacto más estrecho de las paredes con el contenido (WIRTH, 1974).

La decoloración del embutido escaldado por acción del oxígeno localizado en el espacio superior es un problema no solucionado por los fabricantes. Si no es posible cerrar al vacío, las variaciones de color, consideradas negativas para el consumo, se disminuirán mediante el rociado de una **solución de ácido ascórbico** o por **aplicación de vapor** en el espacio superior (eliminación del aire) antes del cerrado. Para conseguir en el momento de la apertura una superficie lisa de color agradable se esterilizarán las latas «cabeza abajo», siendo también así etiquetadas. En el caso de frascos, en los que debido a la dilatación del contenido se crea un espacio superior más grande, donde quedan en el cierre al vacío («twist-off») restos de oxígeno, se tapa la superficie del contenido con una película impermeable al oxígeno, para evitar las decoloraciones del espacio superior.

Valores de referencia para el tratamiento calorífico

En la Tabla 2 se representan los valores de referencia para el tratamiento por calor de conservas de embutido escaldado. Se debe entender que se trata solamente de **recomendaciones** generales, dado que la transmisión de calor es influida por diversos factores variables, como son la composición de la masa, tecnología de evaporación, tipo de cerrado y tipo de instalación de calentamiento. Además, entre otras cosas, la transmisión de calor depende en gran medida del contenido de grasa (Gráfico 1). Cuanto mayor es el contenido de grasa (la grasa es un mal conductor del calor en el calentamiento por conducción), tanto menor es el efecto del tratamiento calorífico (valor F) a igual tiempo de permanencia. Dicho de otra manera, un mayor contenido de grasa significa un tiempo más prolongado del tratamiento calorífico.

Conservas en caldera abierta

LÜCKE (1984) examinó la estabilidad microbiológica de «conservas de caldera» de embutidos escaldados (calentados en caldera abierta, es decir por debajo de los

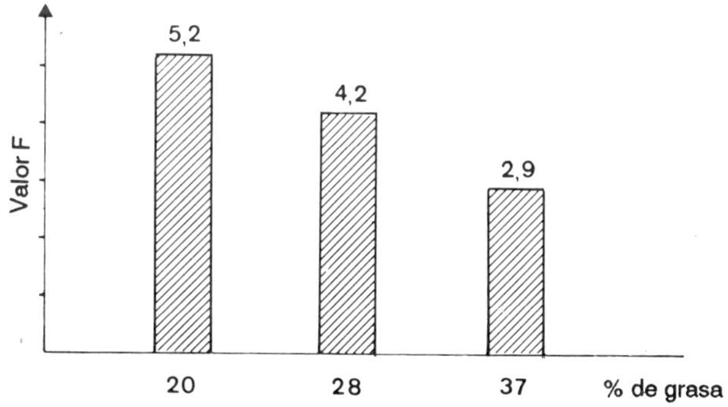

Gráfico 1.
Influencia del contenido de grasa sobre el efecto de calentamiento de Lyoner (forma de lata Ø 73 × 58 mm., temperatura 117°C, tiempo de permanencia 60 min).

Tabla 2. Valores de referencia para el calentamiento de conservas de embutido escaldado (por ej, Lyoner, Jagdwurst, Bierwurst, Schinkenwurst).

Recipiente D × H mm	Peso neto g	Temp. de calentamiento °C	Tiempo de incremento min	Tiempo de permanencia min	Valor F
Conservas de caldera					
73 × 58	200	100	–	90	0,4
99 × 36	200	100	–	110	0,4
99 × 63	400	100	–	140	0,4
Productos en tripa tratadas en autoclave					
45	–	106	6	60	0,4
Conservas tres cuarto					
73 × 33	100	110	6	35	0,6
73 × 58	200	110	6	60	0,6
73 × 58	200	80	–	15	
Cocido en etapas		90	2	15	
		100	2	20	
		110	2	25	0,6
99 × 36	200	110	6	40	0,6
82 × 60*	200	110	6	75	0,6
99 × 63	400	110	6	85	0,6
99 × 119	800	110	6	115	0,6
Conservas totales					
73 × 33	100	117	6	32	4,0
99 × 36	200	117	6	37	4,0
73 × 58	200	117	6	60	4,0
99 × 63	400	117	6	100	4,0
99 × 119	800	117	6	140	4,0
99 × 119	800	50 - 117**	–	240	4,0

* Frasco ** Delta - T= 30°C

100°C) obtenidas del comercio (valor F_c 0,2 a 0,5). Un 80% de las latas soporta un almacenamiento de 4 semanas de 25°C. El 10% muestra multiplicación de representantes del género *Bacillus* pero sin signos de putrefacción. Esta putrefacción microbiana está limitada por la falta de oxígeno (potencial redox). El 10% restante se deterioró durante el almacenamiento. Lücke dedujo de sus investigaciones de inoculación de gérmenes en botes que las conservas de caldera abierta deberían conservarse a una **temperatura de almacenamiento por debajo de los 10°C.** Es posible un almacenamiento sin refrigeración solamente cuando simultáneamente existe una a_w inferior a 0,97 para embutidos escaldados curados y para los no curados («productos blancos»), una a_w por debajo de 0,96. Mediante una disminución del agua agregada, elevación de grasa y sal añadida, se logra también para los embutidos habituales en el comercio, una disminución del a_w por debajo de 0,97 pero no por debajo de 0,96.

«Productos embutidos con tripa y tratados en autoclave»

Desde hace pocos años se ofrecen, especialmente en las cadenas de supermecados, embutidos escaldados embutidos en tripa no refrigerados. Se trata por lo general de embutidos elaborados en tripa artificial (por lo general PVDC, Ø 38 a 45 mm), cerrados con grapa y tratados en autoclave a 103 a 108°C bajo contrapresión. Los fabricantes consideran que su tiempo de conservación es de 6 a 8 semanas.

De los productos embutidos en tripa y tratados en autoclave obtenidos en el comercio, examinados por HECHELMANN y LEISTNER (1984), el 68% de los embutidos escaldados tras el tiempo de conservación indicado y a una temperatura de almacenamiento de 25°C estaba en una situación inestable, es decir que la carga de microorganismos era mayor que 10^5/g. Los embutidos contenían un promedio de 54% de agua, 30% de grasa y 2,3% de sal común; el pH era en promedio de 6,3 y la a_w de 0,967. Comparando los productos embutidos tratados en autoclave con el producto fresco se encontraba en aquellos más elevada la cantidad de sal común y de grasa y estaba disminuida la cantidad de agua. En el 27% de los embutidos escaldados el «cierre con grapa» no cerraba con total hermeticidad; evidentemente en la práctica hasta ahora no se le da mayor importancia a la hermeticidad de las grapas. Pero si la grapa no es hermética, sobre todo durante la refrigeración de los embutidos en el agua, pueden penetrar microorganismos (aspiración por «depresión») que provocarán en poco tiempo su deterioro. Sobre la base de estas investigaciones se sugiere que para obtener una suficiente estabilidad la a_w debe encontrarse por debajo de 0,97 para el caso de **embutidos escaldados curados** (sin curar < 0,96) **y el valor F_c por encima de 0,4. El almacenamiento sin refrigeración** no debería exceder de las **6 a 8 semanas** debido a la poca seguridad en la hermeticidad de la grapa.

4. Salchichas en lata

Hace 20 años se elaboraban todavía las salchichas en lata solamente como semiconservas. Frecuentemente se evitaba un tratamiento por calor mayor debido a las deficiencias en la fijación de agua, fijación de grasa y a la estructura de las salchichas y porque se originaban frecuentes reventones. Por eso eran tan elevadas las pérdidas en los meses de verano causadas éstas por deterioro microbiano. No obstante en la década de los 70 se efectuaron avances con los que se pretendia obtener salchichas en lata en forma de conservas tres cuartos y de conservas totales, además todas ellas en óptimas condiciones, incluso como conservas para zonas tropicales manteniendo además las buenas características sensoriales (WIRTH, 1973 a,b, 1974).

Para lograr una calidad aceptable en la totalidad del proceso de fabricación, los procesos como son formulación, elección del material, técnica de picado y embutido, condiciones de ahumado y secado, es decir la totalidad de ellos deben estar orientados hacia el producto final, hacia la salchicha en conserva, es decir, que la tecnología de la salchicha en lata se diferencia en gran medida de la del producto fresco. Dado que en la elaboración de conservas tres cuartos o conservas totales la acción térmica sobre la masa es claramente mayor que para el producto fresco, se deben utilizar todas las posibilidades para mejorar la fijación de agua la fijación de grasa y la formación de la estructura del producto.

Calentamiento a elevada temperatura durante corto tiempo

Pero también el tratamiento calorífico influye en gran medida sobre la calidad de las salchichas en lata. La condición técnica es que un autoclave ofrezca la posibilidad de un tratamiento calorífico muy breve y un enfriamiento muy rápido. Muy importante es, además, el **control seguro de la contrapresión** durante el calentamiento y enfriamiento. La esterilización en autoclave de rotación ofrece en este caso ventajas adicionales. Si se dan estas condiciones técnicas entonces se puede aplicar también en las salchichas en lata el **tratamiento calorífico** HTST (High-Temperature-Short-Time) al igual que para los alimentos líquidos (por ejemplo leche, jugo de fruta). El desarrollo de este proceso se basa en la determinación de que a elevadas temperaturas durante tiempo corto se puede ofrecer un mejor producto que con un tratamiento calorífico durante un tiempo más prolongado a temperaturas más bajas. Naturalmente que esto no es válido en todos los casos, pués con respecto a la calidad de las salchichas, existe un límite superior de acción térmica el cual difiere de acuerdo con la formulación y la tecnología. Pero teniendo en cuenta estas acciones térmicas máximas, el calentamiento durante corto tiempo a elevadas temperaturas ofrece un mejor producto en relación con la estructura (firmeza, «mordido») y el sabor. El Gráfico 2 muestra las curvas de temperatura interna y los valores F obtenidos de las mismas para salchichas en lata calentadas comparativamente a 115°C, 120°C y 125°C. En el examen sensorial se consideraron como mejores, tanto, por un panel de catadores ca-

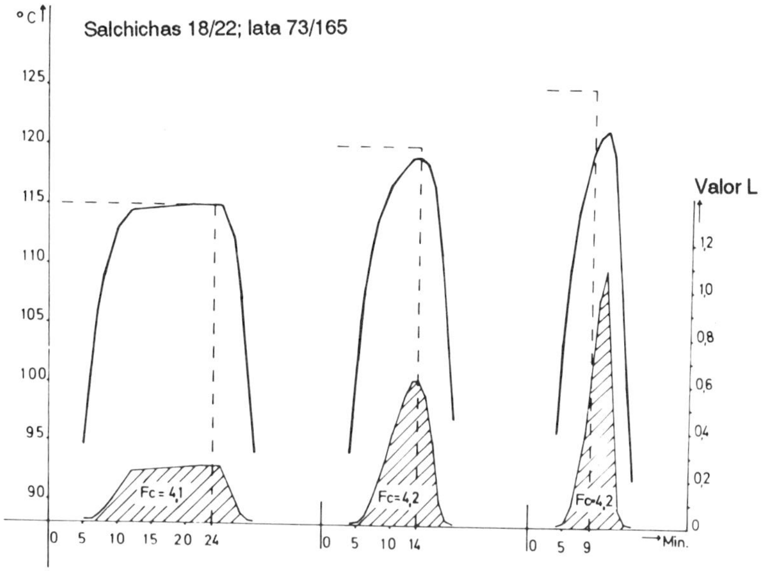

Gráfico 2. Calentamiento comparativo de salchichas en lata para conservas totales (valor F_c aprox. 4,0) a 115°, 120° y 125°C (WIRTH, 1973 b)

lificados como también por un test de preferencia de consumidores, las salchichas calentadas a elevada temperatura durante corto tiempo a 125°C durante solamente 9 min. (tiempo de permanencia). El fabricante, frecuentemente, no conoce el límite superior de temperatura respecto del efecto térmico sobre sus salchichas en lata. No es necesariamente cierto que, por ejemplo, una salchicha calentada a 110°C y que presenta una consistencia media tras este tratamiento calorífico, no permita ser calentada a una temperatura más elevada, pues la misma salchicha se somete a una acción térmica de 115°C se logra con un tiempo más corto el mismo efecto de esterilización y sus características sensoriales (WIRTH, 1973 b) pueden ser superiores.

Pero el tratamiento calorífico a elevada temperatura durante corto tiempo se ofrece solamente cuando las salchichas no se encuentran envasadas en forma demasiado compacta, porque con ello se consigue que una suficiente proporción de salmuera asegure una rápida transmisión del calor. También se puede emplear el proceso de HTST para **salchichas sin salmuera** (por ejemplo envases blandos). Sin embargo, se tendrá en cuenta que las salchichas sean envasadas en una sola capa (sin apilar) y que en el autoclave entre los diferentes paquetes exista el espacio suficiente para que el medio calefactor (agua, vapor, etc.) pueda circular libremente.

Valores de referencia para el tratamiento calorífico

En la Tabla 3 se presentan sugerencias para el tratamiento por calor salchichas en lata de diferente calibre y latas de diferente diámetro.

Se considerará que los tiempos de calentamiento presentados son valores de referencia, los cuales no pueden reemplazar la determinación de la temperatura central, bajo condiciones operativas del establecimiento. Los tiempos presentados son tiempos de permanencia, es decir, que la temperatura indicada debe actuar durante este lapso. El tiempo necesario de calentamiento para lograr un determinado valor F depende en el caso de una relación igual salchicha-salmuera (1:1), en primer lugar del calibre de la salchicha y de la temperatura de calentamiento, mientras que el calibre

Tabla 3. Valores de calentamiento para la fabricación de salchichas en lata como semiconservas, conservas trescuarto, conservas totales o conservas para el trópico (WIRTH, 1973 b)

Diámetro	Tiempo de permanencia en minutos				
Calibre de la lata	Calibre de la salchicha	Semiconserva (90°C en la salchicha)	Conserva trescuartos (Fc ~ 0,6) St/Rot	Conserva total (Fc ~ 4,0) St/Rot	Conserva para trópico (Fc ~ 15,0) St/Rot
99	18/22	~ 100° = 10'	105° 40'/36' 110° 20'/18' 115° 12'/10'	115° 28'/25' 120° 18'/17' 125° 12'/10'	120° 29'/25' 125° 14'/13' 130° 10'/8'
	28/32	~ 100° = 15'	105° 45'/40' 110° 25'/24' 115° 20'/18'	115° 35'/32' 120° 24'/22' 125° 16'/15'	120° 32'/30' 125° 20'/19' 130° 15'/13'
73	18/22	~ 100° = 8'	105° 36'/34' 110° 18'/17' 115° 9'/9'	115° 24'/23' 120° 14'/13' 125° 9'/8'	120° 24'/24' 125° 12'/11' 130° 8'/7'
	28/32	~ 100° = 15'	105° 40'/38' 110° 23'/22' 115° 15'/15'	115° 33'/31' 120° 22'/20' 125° 15'/14'	120° 32'/29' 125° 19'/18' 130° 14'/13'
230	28/32	~ 100° = 15'	105° 45'/44' 110° 28'/27' 115° 23'/18'	115° 33'/30' 120° 28'/25' 125° 19'/17'	120° 38'/36' 125° 27'/26' 130° 20'/19'

St = Calentamiento estático; Rot = Calentamiento por rotación a 10 R/min.

de la lata y el tratamiento por calor (estático/rotación) presenta una escasa influencia. Esto se explica por el hecho de que en la lata la temperatura de la salmuera, en el caso del envasado no demasiado compacto, se acerca muy rápidamente a la temperatura del medio de calentamiento. La Tabla 4 muestra la importancia de la relación salchicha-salmuera (STIEBING y REICHERT, 1977).

Tabla 4. Influencia de la relación salchicha-salmuera sobre el efecto de calentamiento para el caso de salchichas de Viena (∅ 20/22 mm con 90 g; tamaño de la lata 163 × 260 mm)

Temp. de calentamiento °C	Tiempo de calentamiento min	Valor F Cantidad 30 unidades	 Cantidad 40 unidades
110	26	0,8	0,4
118	17	1,2	0,5

En un envasado no demasiado compacto de las salchichas en sus recipientes, la salmuera puede circular libremente durante el calentamiento (convección), por lo cual el ahorro de tiempo que brindaría el calentamiento por rotación, es relativamente pequeño. No obstante, la ventaja de calentamiento por rotación radica en que se mejora la homogeneidad de la temperatura en el agua del autoclave por la formación de turbulencias más fuertes. Esto es importante especialmente en la esterilización de salchichas debido al corto tiempo de calentamiento.

Espacio superior

Cuando el contenido es líquido, como por ejemplo en las salchichas en lata, durante el calentamiento por rotación en el espacio superior no se produce una verdadera aceleración de la difusión del calor, contrariamente a lo que ocurre en los productos viscosos como es Gulasch. Por tanto las latas (no así los frascos) pueden ser completadas hasta el borde de la lata con salmuera en el caso de que la masa procesada con la cúter sea normal, disminuyéndose con esta técnica el porcentaje de oxígeno en el envase y al mismo tiempo las **modificaciones oxidativas** sobre la superficie de las salchichas (coloración grisácea, empalidecimiento y extremos verdosos). Además ha demostrado también ser efectiva la adición de ascorbato de sodio.

Tabla 5. Posibilidades de influenciar la presión efectiva en salchichas en conserva (tamaño de la lata 73 × 240 mm, temperatura de esterilización 112°C, tiempo de permanencia 20 min, presión del autoclave 2 bar, disminución contínua de la presión en la fase de refrigeración) (N.N., 1983)

Procesado con cúter al vacío	Espacio superior %	Temperatura de llenado °C	Máxima Presión interna de la lata bar	Presión eficaz bar	Abombamiento de la tapa/piso
–	0	15	2,5	0,5	–
–	2	15	2,5	0,5	–
si	0	15	5,5	3,5	si
si	0	50	3,8	1,8	si
si	0	60	3,0	1,0	–
si	2	15	2,5	0,5	–

Además de la influencia del espacio superior sobre la calidad del producto y sobre la transmisión del calor también posee un importante efecto sobre la **presión interna** en el envase (Tabla 5). Debido al procesado con la cúter de vacío la pasta o masa posee muy poco aire comprimible, por lo cual durante el tratamiento calorífico se origina una marcada dilatación o aumento en el volumen de los embutidos como consecuencia una gran elevación de la presión interna. Sin embargo, con un relativamente pequeño espacio superior de solamente un 2% se reduce la presión eficaz a valores semejantes a los del procesado con la cúter. La temperatura de la pasta al ser embutida no influye tanto sobre la presión eficaz.

Reventón de la envoltura del embutido

Cuando se emplean tripas finas de colágeno y tripas de cerdo, el reventón de estas tripas durante la esterilización o durante su recalentamiento en la cacerola son un problema para los fabricantes. La gastronomía exige, en parte, salchichas que pueden conservarse a una temperatura de 70°C durante 1 hora sin que revienten. Frecuentemente se intenta salvar el «problema de reventones» mediante la aplicación de un tratamiento térmico moderado (menor temperatura, menor valor F) si bien la estabilidad de la masa permite un calentamiento más intenso. Los factores que influyen sobre la resistencia al reventón, han sido presentados detalladamente por WIRTH (1973 b).

La causa más frecuente para el reventón de la envoltura del embutido es la **fuerte presión por imbibición de vapor de agua** que se origina durante el calentamiento, es decir, una presión interna demasiado intensa en la salchicha. Por tanto, todas las medidas tecnológicas que mejoren la fijación de agua y la capacidad de imbibición como son menor adición de agua, procesado de carne caliente, elevada salazón, utilización de fosfato y proteína láctea, adición de corteza cruda de cerdo o también procesado con cúter de vacío, favorecen la rotura de la tripa de las salchichas. Seguramente la solución no es procurar una menor fijación de agua y una menor firmeza con el fin de impedir el reventón, sino que para la elaboración de salchichas en lata se requiere una excelente fijación para que la intensa acción térmica no afecte la calidad. Existen diversas posibilidades para evitar el reventón de las salchichas por la causa de una presión interna muy elevada, sin tener que renunciar a las buenas características de fijación de la masa. Así en aquellos agregados que durante su tratamiento calórico se embeben con exceso por admisión de agua, se aconseja evitar anticipadamente dicha imbibición. Así por ejemplo, la proteína láctea no debería ser agregada en seco, o sea en polvo, sino como jalea o emulsión.

Para las salchichas procesadas con la cúter de vacío se puede evitar la presión interna del envase aumentando el espacio superior de la lata o por mayor temperatura de llenado lo que no afecta a la presión interna de las salchichas. A partir de los valores de la Tabla 5 se deduce que la masa procesada con la cúter de vacío desarrolló una gran presión porque posee poco aire comprimible. Por otro lado, una masa con una eleva proporción de aire (oxígeno) no es recomendable en función de las modificaciones sensoriales que surgen durante el almacenamiento (color, sabor). En este caso es aconsejable una inyección de gas nitrógeno.

Un importante factor de resistencia contra el reventón es la forma de embutir la tripa, pues el reventón se produce solamente cuando, independientemente de las fallas que pueden tener la tripa, ésta no puede soportar la dilatación de la masa que se produce durante el proceso de tratamiento calorífico. Frecuentemente en la práctica las salchichas se embuten en forma demasiado compacta; sobre todo cuando la masa es de buena capacidad de fijación se debería embutir con menor presión.

A la **técnica de ahumado** también se le debe prestar atención pués los componentes de humo originan, además de la formación de olor y de aroma, una desnaturalización, provocando con ello un endurecimiento de la tripa. La tecnología debe prevenir que se tornen frágiles porque entonces la tripa posee una escasa elasticidad.

Sobre todo ha demostrado ser muy eficaz para evitar el reventón el **secado de las salchichas** antes de su colocación en los envases. De esta manera se extrae de las salchichas una cantidad de agua similar a la que incorporan de la salmuera durante o después del calentamiento. Debido a ello se disminuye marcadamente la presión interna de las salchichas durante o después del calentamiento. Es adecuado, un secado hasta un 15 a un 30% respecto del peso inicial, según la formulación y efecto del tratamiento calorífico. Para evitar una modificación microbiológica que provoque, por ejemplo, una acidificación de la masa, sobre todo en tiempos de secado prolongados, se recomienda un calentamiento previo de las salchichas (durante el ahumado) a 75°C.

Para que las salchichas incorporen en lo posible poca agua antes del tratamiento por calor, los envases se cerrarán y esterilizarán lo más pronto posible tras la introducción de la salmuera. Se recomienda emplear una salmuera fría porque las salchichas no se embeben tanto como con salmuera caliente.

En un llenado del envase demasiado compacto al aumentar el tiempo de calentamiento se favorece el reventón en las zonas de presión. Los métodos de calentamiento a temperatura elevada durante corto tiempo ofrecen menos posibilidades para que el producto incorpore agua que los tratamientos calóricos más prolongados (WIRTH, 1973 b). Además se pueden lograr valores F más elevados para protección de la calidad, como, por ejemplo, en conservas totales, sólo con elevadas temperaturas de esterilización. Resultan sorprendentes los ensayos de REICHERT (1977) respecto a la temperatura óptima para salchichas de gran capacidad de imbibición. Con temperaturas de esterilización de entre 106 y 116°C la resistencia al reventón a igual valor F (0,1 a 0,3) era la misma, mientras que mediante el empleo de un tratamiento calórico escalonado (90°/ 100°/ 104°C) se lograban resistencias al reventón bastante mayores.

El reventón de las tripas se debe frecuentemente también a un deficiente **manejo de la presión** durante el calentamiento y enfriamiento. Finalmente, también en los pliegues que se forman en las salchichas comprimidas (salchichas demasiado largas para el envase), en las partes de la tripa sin ahumar, las torsiones previas de la tripa, o la calidad de la tripa todas ellas son causas para que se produzcan posibles roturas.

5. Embutido escaldado de conservación prolongada

La elaboración de embutidos escaldados de conservación prolongada almacenados sin refrigeración (tiroler, salami cocido, krakauer, embutido escaldado de conservación prolongada de pequeño calibre, mortadela italiana) es conocida desde hace tiempo y se debe a una experiencia empírica. Hoy sabemos que la conservabilidad de estos productos se debe principalmente a la disminución de la a_w y se clasifican dentro del grupo de los denominados a_w-SSP. Para la mortadela italiana esto se logra principalmente por la adaptación de la fórmula del embutido escaldado de conservación prolongada, al mecanismo de secado. Los valores a_w de la auténtica mortadela italiana se acercan a 0,94 y 0,95, mientras que los embutidos escaldados de conservación prolongada de elaboración alemana presentan valores, según el secado, de entre

0,96 a 0,90 y en embutidos de conservación prolongada de pequeño calibre sus valores son hasta de 0,80.

Para obtener un bajo contenido de agua inicial en el **embutido escaldado de conservación prolongada** de acuerdo con el sistema de **fabricación alemana** se efectúa el procesado con la cúter con un pequeño añadido de hielo (agregado de solamente un 10 a un 20% respecto de la carne magra). La adición de sal con nitrito para curado es de un 2,0 a un 2,5%. Para un secado rápido se requieren tripas naturales y artificiales de buena permeabilidad al vapor de agua. Tras el enrojecimiento, ahumado y tratamiento calórico a una temperatura central de por lo menos 75°C para destruir los microorganismos vegetativos, los embutidos sometidos al secado. Aquí, durante la fase de secado, se presta especial atención a la temperatura, porque tras tratamiento cálorico los productos poseen aún valores de a_w de aproximadamente 0,97, existiendo por tanto la posibilidad de reproducción de las especies esporógenas de *Bacillus* y *Clostridium*. Por lo tanto, mientras el valor a_w se encuentre **por encima de 0,95 la temperatura de conservación se debe mantener por debajo de los 10°C** al menos en la primera fase de secado (LEISTNER *et al.* 1979). En relación con el calibre de los embutidos el tiempo requerido de secado es de 1 a 3 semanas. La humedad relativa ambiental debería disminuirse de un 85 a un 75%. Se tendrá en cuenta que la superficie de los embutidos escaldados de conservación prolongada permanece expuesta durante largo tiempo a la contaminación de microorganismos que crecen por debajo de una $a_w = 0,95$ (sobre todo levaduras, hongos). Mediante el ahumado en frío o el envasado al vacío el desarrollo de estos microorganismos disminuye.

Debido a que por el tratamiento calórico son inactivadas las enzimas propias de la carne y también las microbianas, como por ejemplo las lipasas que originan una disminución de calidad por degradación grasa, los embutidos escaldados tienen mejor aptitud para el almacenamiento prolongado que los embutidos secos (WIRTH, 1979). El tiempo para la conservación de la buena calidad depende fundamentalmente del **grado de frescura del material inicial.** En especial el uso de grasa con un prolongado tiempo de almacenamiento o que es blanda provoca un drástico acortamiento de la estabilidad del producto en el almacenamiento. Un factor que afecta al tiempo de almacenamiento es el momento del envasado rápido. Para el salami cocido (tripa de fibra ∅ 60 mm) el envasado rápido con pérdidas de peso de 35% (contenido de agua residual aproximadamente 30%), originaba durante el almacenamiento una degradación de la grasa más rápida. Por otro lado, el almacenamiento más prolongado sin envasar, presentaba una degradación de grasa más enérgica (efecto del oxígeno). La mayor estabilidad en el almacenamiento se presentaba cuando los embutidos eran envasados con un **contenido de agua residual** de un **25%** (merma de peso 40%). El contenido de grasa era entonces de un 50%. En embutidos escaldados con menor proporción de grasa o una eventual mayor proporción de carne, el contenido de agua residual podría ser mayor (alrededor de un 30 a un 35%).

Era sorprendentemente escasa la influencia de la temperatura de almacenamiento de 10°C frente a la de 20°C, sobre el desarrollo de las modificaciones sensoriales y químicas. La **«frescura del tocino»** y el **«momento en el que se efectúa el envasado»** poseían una influencia mucho mayor. Bajo condiciones óptimas en la selección de la materia prima y en el tratamiento, los embutidos escaldados de conservación prolongada **envasados al vacío poseían una capacidad de almacenamiento sin refrigeración de 18 meses** (WIRTH, 1979).

Desde hace algunos años en el país y en el extranjero se oferta un nuevo tipo de productos, **los embutidos de pequeño calibre de conservación prolongada** (calibre 18 a 30 mm) calentados (y sin calentar), los cuales pueden ser almacenados sin refrigeración durante un tiempo prolongado. Demostró ser eficaz una tecnología en la que las salchichas escaldadas de conservación prolongada eran sometidas a un preenrojecimiento a 50°C siendo luego calentadas directamente en humo, relativamente seco, a aproximadamente 80 a 90°C hasta obtener una temperatura en el centro de la pieza de 75°C. A continuación tenía lugar el posterior secado con humedad relativa de 70 a 75%. En general, estos productos pueden ser envasados pasados los 3 a 4 días. El **contenido de agua residual** no debería superar el **25%** y la a_w no debería ser superior de **0,85** (TÄNDLER y RÖDEL, 1982).

Cuando la a_w es mayor se puede producir la desgerminación de esporas de hongos y una «untuosidad» debido de una contaminación secundaria de levaduras y bacterias que llegan a los embutidos durante el tratamiento y envasado de los mismos. Estas modificaciones se presentaban antes en las envolturas de laminados mixtos con elevada permeabilidad al oxígeno, que en aquellos que eran muy impermeables al gas. Un ahumado demasiado intenso no es adecuado en el almacenamiento prolongado porque produce en los envases impermeables al gas, sabores «fenólicos» sabor a «alquitrán» sabores extraños. Valores de a_w inferiores a 0,85 eran suficientes para evitar en los envases al vacío modificaciones microbiológicas.

El tiempo de conservación de la buena capacidad sensorial depende fundamentalmente del grado de **permeabilidad al oxígeno** de las películas empleadas. En películas combinadas de 60 a 100 cm^3 O_2/m^2/ día se detectaban modificaciones en el color a los ocho días, mientras que en los laminados mixtos transparentes de alcohol polivinilo y polietileno (PVAL-XX) muy impermeables al gas, con solamente 0,1 cm^3 O_2/m^2 día se presentaba una conservación de la calidad tan prolongada como en el caso de las láminas de aluminio impermeables al gas. Mediante el procesamiento con la cúter de vacío se conseguía siempre una mejor conservación de la calidad. Cuanto mayor era la permeabilidad al oxígeno del material de la película, tanto mayor era el efecto negativo de la iluminación (oxidación de color y de las grasas). Una disminución de la temperatura de almacenamiento a 10°C no presentaba, en los embutidos escaldados de conservación prolongada, ninguna ventaja importante. Mediante la inoculación de gas (N_2 y/o CO_2) se impedía, en el caso de bolsas de aluminio, las «fracturas por pliegues» y además la exudación de aceite y grasa de las salchichas. Si se usa nitrógeno se aconseja emplear gas muy purificado, porque el nitrógeno técnico contiene restos de oxígeno, lo que origina deficiencias de la calidad en el almacenamiento prolongado. Empleándose material inicial fresco y con óptimas condiciones de elaboración y envasado, las salchichas escaldadas de conservación prolongada poseen una **capacidad de almacenamiento sin refrigeración de 7 a 8 meses** sin que aparezcan defectos de calidad (TÄNDLER y RÖDEL, 1983).

La **mortadela italiana** es un tipo de embutido similar al embutido escaldado de gran calibre, elaborado a partir de carne de cerdo. La fórmula contiene un 10% de panzas precocidas y hasta un 5% de leche en polvo. De acuerdo con la calidad la proporción de panzas puede ser mayor, a veces se le agrega también cortezas. Para disminuir la a_w es importante que al producto no se le agregue agua. El picado no se realiza en la cúter sino habitualmente en dos picadoras acopladas con diferentes placas con diámetros de 16 a 0,9 mm. La masa picada se mezcla con tocino preescaldado cortado en dados. Tradicionalmente se usan vejigas de vacuno y también tripas artificiales permeables al vapor, de distintos calibres. Debido a un posterior tratamiento calórico a 85°C, hasta obtener una temperatura central de 78°C y una humedad relativa del 85 al 90%, los embutidos pierden, por el secado, aproximadamente un 10 a un 15% de su peso; para las vejigas de vacuno se necesitan aproximadamente 35 horas para esta pérdida.Tras este tratamiento térmico, los embutidos poseen una actividad agua de aproximadamente **a_w = 0,95 a 0,94** y un contenido de sal común de aproximadamente 3% (WIRTH y LEISTNER, 1982). Esta baja actividad agua obtenida sin posterior secado se debe al no añadido de agua a la fórmula, a la mayor concentración de sal, al agregado de leche en polvo y a panzas precocidas (pérdida de agua) como también a la marcada eliminación de agua durante el prolongado tratamiento térmico. Por ello estos embutidos pueden ser almacenados sin refrigeración inmediatamente después de la elaboración. Sin embargo, en estos productos está favorecido el desarrollo de hongos sobre la superficie. El desarrollo de hongos puede ser neutralizado mediante el empleo de tripas impermeables al vapor de agua, pero como entonces no se produce durante el calentamiento el descenso de la a_w, esto debe ser tenido en cuenta al crear la fórmula. Mediante el empleo de carne en salmuera, agregado de un 3% de sal común, 1% de azúcar, 3% de leche magra en polvo o en lugar de ésta 10% de carne liofilizada, se puede lograr desde un principio una a_w inferior a 0,95 (LEISTNER *et al.* 1979).

6. Controles técnicos en el establecimiento

Para una segura elaboración de conservas, además de la determinación y fijación de datos de esterilización, se requiere el control de la regulación de la temperatura y presión del autoclave a determinados intervalos de tiempo debiéndose graduar nuevamente cuando sea necesario. Se aconseja también cerrar los aparatos utilizados para graficar los diagramas del autoclave y hacerlos examinar diariamente por un controlador responsable (control de calidad) para mantener los datos prescritos.

Para autoclaves que utilizan agua de enfriamiento a través de una recirculación de agua refrigerante (por ejemplo, torre de enfriamiento) se puede producir un enriquecimiento e incluso selección de los microorganismos en el agua refrigerante. El sistema de enfriamiento debe ser limpiado y desinfectado a intervalos regulares. También los restos de contenido adheridos a la lata pueden dismunir la calidad del agua refrigerante. Por ello se aconseja limpiar las latas antes del tratamiento en autoclave.

Dado que la formulación y la tecnología de elaboración influyen sobre el tratamiento calórico es necesario, a fin de aumentar la seguridad durante la conservación por calor, estandarizar la elaboración en su totalidad y nombrar controladores para supervisar el proceso de producción continuada (como por ejemplo formulación, temperatura de llenado o peso de la carne, espacio superior, tiempo de permanencia antes del tratamiento en autoclave, etc.).

El correspondiente cerrado de los envases ayuda a disminuir el deterioro de las conservas. Hoy ya no es suficiente juzgar los cierres solamente por su aspecto exterior y eventualmente por medio de controles de presión. La producción cada vez mayor obliga a la supervisión y control del cerrado a través de mediciones exactas, por ejemplo en la costura de las latas, en la hermeticidad de la costura, la altura de la costura y la solapa; para los frascos se debe garantizar el vacío y la seguridad; para los de envases blandos el espesor del cierre. La cantidad y tipo de controles de cerrado de envases debe efectuarse de tal manera que posibilite reconocer a tiempo defectos en la calidad del cierre y este número de controles debe ser apropiado para conseguir una fiable valoración de la calidad de cerrado.

Los resultados de los controles efectuados deben ser en todos los casos registrados en forma escrita pues solo de esta manera posibilita la obtención de conclusiones y comprobaciones de todo tipo. La cartilla de control técnico ha demostrado ser un instrumento racional para la supervisión de la fabricación. La misma permite reconocer anticipadamente las tendencias, anormalidades y causas de fallos que por ser más que casuales pueden ser evitadas. Otra ventaja radica en la evidencia y la manifestación de los resultados, no solamente para los directores de producción sino para el trabajador responsable de la elaboración.

Bibliografía

1. HECHELMANN, H.; L. LEISTNER: Mikrobiologische Stabilität autoklavierter Darmware. Mitteilungsblatt der BAFF Nr. 84 vom 01. 06. 1984, S. 5894 - 5899

2. LEISTNER, L.; F. WIRTH; I. VUCKOVIC: SSP (Shelf Stable Products) - Fleischerzeugnisse mit Zukunft. Die Fleischwirtschaft **59**, 1313 - 1318 (1979)

3. LÜCKE, F. K.: Mikrobiologische Stabilität im offenen Kessel erhitzter Wurstkonserven. Mitteilungsblatt der BAFF Nr. 84 vom 01. 06. 1984, S. 5900 - 5905

4. MÜLLER, W.-D.: Einfluß der Delta-T-Erhitzung auf die Qualität von Fleischpastete nach TL im Dosenformat 99 x 119 mm. Jahresbericht für das Bundesamt für Wehrtechnik und Beschaffung, Koblenz (1981)

5. N. N.: Drucksteuerungsproblem bei verschiedenen Behältnisformaten. Aus dem Institut für Lebensmittelkonservierung - KIN e. V., Neumünster. Die Fleischerei **34**, 24 - 26 (1983)

6. REICHERT, J. E.: Die Stufenkochung als Mittel zur Qualitätsverbesserung von Fleischprodukten. Die Fleischwirtschaft **56**, 611 - 614 (1976)

7. REICHERT, J. E.: Einflußmöglichkeiten auf die Platzfestigkeit von sterilisierten Würstchen beim Wiedererwärmen. Die Fleischerei Heft 4, 67 - 68, Heft 5, 35 - 37 (1977)

8. STIEBING, A.; J. E. REICHERT: Praktische Unterlagen zur Festlegung der Sterilisationsbedingungen von Würstchenkonserven in Abhängigkeit vom Würstchenkaliber, der Erhitzungstemperatur und dem Erhitzungseffekt (F-Wert). Die Fleischwirtschaft **57**, 1277 - 1283 (1977)

9. TÄNDLER, K.; W. RÖDEL: Herstellung und Haltbarkeit von dünnkalibrigen Dauerwürsten. I. Herstellung. Die Fleischwirtschaft **62**, 457 - 462 (1982)

10. TÄNDLER, K.; W. RÖDEL: Herstellung und Haltbarkeit von dünnkalibrigen Dauerwürsten. II. Haltbarkeit. Die Fleischwirtschaft **63**, 150 - 162 (1983)

11. WIRTH, F.: Herstellung haltbarer Dosenwürstchen. I. Fertigung hitzestabiler Würstchen. Die Fleischwirtschaft **53**, 661 - 673 (1973 a)

12. WIRTH, F.: Herstellung haltbarer Dosenwürstchen. II. Erhitzung der Würstchen. Die Fleischwirtschaft **53**, 839 - 846 (1973 b)

13. WIRTH, F.: Vakuum-Einfluß auf Fleischkonserven. Die Fleischwirtschaft **54**, 1301 - 1305 (1974)

14. WIRTH, F.: Weißwurst als Vollkonserve. Die Fleischwirtschaft **54**, 1473 - 1478 (1974)

15. WIRTH, F.: Versuch roher und erhitzter Fleischerzeugnisse bei langer Lagerung. 25. Europ. Fleischforscherkongreß, Budapest, Ungarn (1979)

16. WIRTH, F.; L. LEISTNER: Informationsreise zum Studium der Herstellung und Stabilität traditioneller italienischer Fleischerzeugnisse. Mitteilungsblatt der BAFF Nr. 78 vom 01. 12. 1982, S. 5306 - 5310

Ampliación de la Tabla 8.*(Capítulo 3)*

Productos	Tipo	Carne empleada	Ahumado	Curado	Diámetro mm	Observaciones
Bierschinken	escaldado	vacuno/cerdo	si	si	90	–
Bierwurst	escaldado	vacuno/cerdo	si	si	60	–
Bockwurst	escaldado	vacuno/cerdo	si	si	30	salchicha
Bratwurst	escaldado	cerdo	no	no	30	salchicha para freir/asar
Brühwurstpasteten	escaldado	vacuno/cerdo	no	si	–	en molde
Cabanossi	escaldado	vacuno/cerdo	si	si	30	–
Fleischkäse	escaldado	vacuno/cerdo	no	si	–	en molde
Fleischwurst	escaldado	vacuno/cerdo	si	si	60	–
Gelbwurst	escaldado	vacuno/cerdo	no	no	60	–
Göttinger	escaldado	vacuno/cerdo	no	si	60	–
Jagdwurst	escaldado	vacuno/cerdo	si	si	60	–
Knacker	escaldado	vacuno/cerdo	si	si	30	salchicha
Krakauer	escaldado	vacuno/cerdo	si	si	60	–
Lyoner	escaldado	vacuno/cerdo	si	si	60	–
Mortadella	escaldado	vacuno/cerdo	si	si	60	–
Rostbratwurst	escaldado	cerdo	no	no	30	salchicha para asar
Schinkenpastete	escaldado	vacuno/cerdo	no	si	–	en molde
Schinkenwurst	escaldado	vacuno/cerdo	si	si	60	–
Stadtwurst	escaldado	vacuno/cerdo	si	si	60	–

Ampliación de la Tabla 10. *(Capítulo 3)*

Productos	Tipo	Carne empleada	Ahumado	Curado	Diámetro mm	Observaciones
Schinkenpastete	escaldado	vacuno/cerdo	no	si	–	en molde
Bierschinken	escaldado	vacuno/cerdo	si	si	90	–
Kaiserjagdwurst	escaldado	vacuno/cerdo	si	si	60	–
Pilzpastete	escaldado	vacuno/cerdo	no	si	–	en molde
Jagdwurst	escaldado	vacuno/cerdo	si	si	60	–
Schinkenwurst	escaldado	vacuno/cerdo	si	si	60	–
Mortadella	escaldado	vacuno/cerdo	si	si	60	–
Leberpastete	escaldado	vacuno/cerdo	no	si	–	en molde
Bierwurst	escaldado	vacuno/cerdo	si	si	60	–
Fleischwurst	escaldado	vacuno/cerdo	si	si	60	–
Kochwurst	cocido	vacuno/cerdo	no	si	60	–
Rostbratwurst	escaldado	cerdo	no	no	30	salchicha para asar
Rindswurst	escaldado	vacuno	si	si	30	–
Siedewurst	cocido	vacuno/cerdo	no	si	60	–
Frühstückswurst	crudo	vacuno/cerdo	no	si	60	–
Vesperwurst	crudo	vacuno/cerdo	no	si	60	–
Leberwurst	cocido	vacuno/cerdo	si	si	60	–
Mettwurst	crudo	vacuno/cerdo	si	si	60	–
Teewurst	crudo	vacuno/cerdo	si	si	60	–
Streichmettwurst	crudo	vacuno/cerdo	si	si	60	untable
Schmierwurst	crudo	vacuno/cerdo	no	si	60	untable